高职高专规划教材

机械设备维修基础

闫嘉琪　李　力　编

北　京
冶　金　工　业　出　版　社
2021

内容提要

本书从管理和技术角度介绍设备维修的内涵、意义、监测、诊断和具体维修方式与技术。

全书内容可分为三大块。第1章和第2章是专业基础知识，是学习本课程的前提。第3章零部件失效与分析，作为维修入门话题诠释了“为什么”要进行设备维修。第4章至第9章具体讲解设备维修体制与管理要求（含安全方面）、设备润滑工作、动态监测与故障诊断、设备检查与修理、安装与试运转和液压系统故障排除技术等内容。

本书可作为高等职业院校相关专业师生的教材及参考书，也可作为企业基层设备管理、技术人员的再培训教材，也可供现场设备维修人员参考。

图书在版编目(CIP)数据

机械设备维修基础/闫嘉琪，李力编．—北京：冶金工业出版社，2009.8（2021.1重印）
ISBN 978-7-5024-4813-4

Ⅰ.机…　Ⅱ.①闫…　②李…　Ⅲ.机械设备—维修　Ⅳ.TH17

中国版本图书馆CIP数据核字(2009)第143081号

出 版 人　苏长永
地　　址　北京市东城区嵩祝院北巷39号　邮编　100009　电话　(010)64027926
网　　址　www.cnmip.com.cn　电子信箱　yjcbs@cnmip.com.cn
责任编辑　戈　兰　宋　良　美术编辑　彭子赫　版式设计　孙跃红
责任校对　王永欣　责任印制　李玉山
ISBN 978-7-5024-4813-4
冶金工业出版社出版发行；各地新华书店经销；北京建宏印刷有限公司印刷
2009年8月第1版，2021年1月第4次印刷
787mm×1092mm　1/16；12.25印张；323千字；182页
28.00元
冶金工业出版社　投稿电话　(010)64027932　投稿信箱　tougao@cnmip.com.cn
冶金工业出版社营销中心　电话　(010)64044283　传真　(010)64027893
冶金工业出版社天猫旗舰店　yjgycbs.tmall.com

前　言

高等职业教育的根本任务是培养适应生产建设、管理和服务一线需要的高素质技能型人才。为此，按厂校人员携手合作，共同编写高职教材的思路，由多年从事高职高专教育教学工作的教师和多年在生产一线从事设备管理与设备维修工作的技术人员共同编写了本书。

本书编写的宗旨是：理清思路、贴近生产、突出重点、重在应用。遵循“理论教学以必需、够用为度，重在应用”的指导思想，在编写过程中注重应用性、实用性和直接性，紧密结合企业生产状况和管理需要，力求使本书在解决现场问题时起到引导、借鉴作用。根据培养目标需要，设备维修总授课时间为 72 ~76 课时，教师可根据具体情况适当安排授课深度。

授课计划建议：

（1）第 1、2 章属专业基础课内容部分，教师可根据学生具体状况，有选择性地讲解。第 6 章可侧重生产现场常用的几种基础技术讲授，其余仅作简单的介绍。

（2）第 3、4、5、7、8、9 章应作为重点内容讲解。把零部件失效与分析放在第 3 章是为了使学生认识为什么要进行设备维修。只有知道“为什么”，才能知道“怎么办”，这是现场生产设备的客观发展规律，我们要重视这个发展规律。第 4、5、7、8、9 章论述的是设备维修“是什么”及“怎么办”。其中，第 4 章侧重管理常识，这是设备维修不可或缺的内容，可选择性讲授。这章的重点是事故分析的方法与现场安全技术。在讲解第 5、7、8、9 章时，需要辅以实物或教具来提高感性认识。此外还要加强课堂内外的练习，以夯实基础，快速提高学生的思维与判断能力。如果有条件，使用多媒体视频教学，效果更佳。

本教程由闫嘉琪、李力编写，朱光东担任主审，贾寿峰同志为本教程的编写做了很多具体工作。作为校企合作教材，该教程还得到了天津冶金职业技术学院张建国院长和天津冶金钢线钢缆集团总工程师王亚志同志的审阅把关。另外，本教程在编写过程中参考了大量的文献资料，在此对这些文献的作者表示由衷的感谢！

由于编者水平所限，书中不妥之处，敬请各位读者批评指正。

编　者

2009 年 4 月

目　录

0　绪论 …… 1

1　机械工程材料 …… 3

1.1　钢铁基础知识 …… 3
1.1.1　五种元素（C，Mn，Si，P，S） …… 3
1.1.2　钢的常用热处理方法及应用 …… 4
1.1.3　碳素钢与合金钢 …… 6
1.1.4　生铁与铸钢 …… 9
1.1.5　金属压力加工 …… 10
1.1.6　型钢 …… 10
1.1.7　钢管 …… 11
1.1.8　金属丝方孔筛网 …… 11
1.1.9　钢的力学性能及经验公式 …… 12
1.1.10　常用钢铁材料的力学性能 …… 13
1.2　有色金属及其合金 …… 14
1.2.1　常用有色金属及合金产品 …… 14
1.2.2　铸造铜合金与铸造轴承合金 …… 15
1.3　常用非金属材料 …… 16
1.3.1　工程塑料 …… 16
1.3.2　橡胶制品 …… 17
1.3.3　平面毛毡 …… 21
1.3.4　玻璃 …… 21
1.4　复合材料 …… 21
复习思考题 …… 22

2　设备维修基础知识 …… 23

2.1　金属力学性能 …… 23
2.1.1　力学性能术语 …… 23
2.1.2　硬度与抗拉强度的关系 …… 25
2.2　公差与配合 …… 26
2.2.1　公差与偏差 …… 26
2.2.2　公差与配合的选择 …… 26
2.2.3　基本偏差的选用 …… 28
2.3　金属加工技术常识 …… 28

2.3.1　金属切削加工 …… 28
2.3.2　表面强化技术 …… 30
2.3.3　数控机床与加工中心 …… 31
2.4　设备管理术语 …… 31
2.4.1　技术经济指标 …… 31
2.4.2　设备的有形磨损与无形磨损 …… 32
2.4.3　标准化的意义与代号 …… 33
复习思考题 …… 33

3　零部件失效与分析 …… 34

3.1　概述 …… 34
3.2　零部件磨损 …… 34
3.2.1　磨损的分类 …… 34
3.2.2　磨损过程 …… 38
3.3　零部件变形 …… 39
3.3.1　变形的原因 …… 39
3.3.2　减少变形的措施 …… 40
3.4　零部件断裂 …… 40
3.4.1　断裂类型 …… 41
3.4.2　原因与防范措施 …… 42
3.5　零部件腐蚀 …… 43
3.6　滚动轴承的损坏 …… 44
3.6.1　滚动轴承的选择 …… 44
3.6.2　尺寸精度和旋转精度 …… 45
3.6.3　轴承游隙 …… 45
3.6.4　滚动轴承的初期与后期损坏形式 …… 45
3.7　齿轮轮齿的失效形式 …… 46
3.8　轴的失效 …… 48
3.9　离心通风机故障及原因分析 …… 49
复习思考题 …… 50

4　设备维修体制 …… 51

4.1　设备故障与设备事故 …… 51
4.1.1　设备故障与设备事故的概念 …… 51
4.1.2　事故类型 …… 51
4.1.3　事故分析 …… 52
4.2　设备维修 …… 54
4.2.1　设备维修含义 …… 54
4.2.2　设备维修的宗旨与任务 …… 54

4.2.3　维修性与维修思想 …… 54
4.3　设备运行维护制度 …… 55
4.3.1　事后维修制 …… 56
4.3.2　计划预防修理制 …… 56
4.3.3　全员生产维护制 …… 56
4.3.4　预知维修制 …… 58
4.4　设备维护安全规程 …… 58
4.4.1　安全工作总体要求 …… 58
4.4.2　安全规程通则 …… 59
4.4.3　专项规程 …… 59
4.4.4　机电安全技术常识问答 …… 61
4.5　运行维护制度应用实例 …… 62
4.5.1　机械设备 …… 62
4.5.2　电气设备 …… 63
复习思考题 …… 64

5　设备润滑工作 …… 66

5.1　概述 …… 66
5.2　润滑工作的职责 …… 67
5.2.1　管理层职责 …… 67
5.2.2　执行层职责 …… 67
5.3　润滑管理“五定”工作 …… 67
5.4　润滑类型与机理 …… 68
5.4.1　润滑类型 …… 68
5.4.2　润滑工作机理与特征 …… 68
5.5　润滑剂选用的一般依据 …… 70
5.5.1　润滑剂质量指标及使用意义 …… 70
5.5.2　润滑剂的选用 …… 74
5.6　轴承的润滑 …… 75
5.6.1　滚动轴承的润滑 …… 75
5.6.2　滑动轴承的润滑 …… 75
5.7　常用润滑剂 …… 77
5.7.1　常用润滑油 …… 77
5.7.2　常用润滑脂 …… 77
5.7.3　常用防锈油和防锈脂 …… 78
5.8　润滑方式 …… 79
5.9　维修现场润滑知识问答 …… 80
5.9.1　油润滑知识问答 …… 80
5.9.2　脂润滑知识问答 …… 82

5.10　常用机械零部件润滑剂使用实例 …… 83
5.10.1　通用设备 …… 83
5.10.2　专用设备 …… 84
复习思考题 …… 85

6　动态监测与故障诊断简介 …… 86

6.1　概述 …… 86
6.2　动态监测与故障诊断的开展 …… 87
6.3　动态监测与故障诊断的基础技术 …… 87
6.3.1　测温技术 …… 87
6.3.2　振动监测及诊断技术 …… 88
6.3.3　油液分析技术 …… 91
6.3.4　应力、应变测试技术 …… 91
6.3.5　无损检测技术 …… 92
6.4　故障诊断仪器 …… 92
复习思考题 …… 94

7　设备检查与修理 …… 95

7.1　设备检查的内容和要求 …… 95
7.1.1　检查内容 …… 95
7.1.2　设备检查工作的开展 …… 95
7.2　设备修理的分类 …… 96
7.3　零部件修复技术 …… 98
7.3.1　工厂常用修复技术简介 …… 99
7.3.2　常用焊修修复技术 …… 100
7.3.3　常用机加工修复技术 …… 108
7.3.4　常用综合修复技术 …… 111
7.3.5　修复技术的选择 …… 116
7.3.6　选择毛坯的注意事项 …… 117
7.3.7　修复实践 …… 118
7.4　检修前的准备工作 …… 120
7.4.1　设备小修准备工作 …… 120
7.4.2　设备大、中修工程准备工作 …… 120
7.5　拆卸、清洗与检测 …… 122
7.5.1　拆卸 …… 122
7.5.2　清洗 …… 124
7.5.3　检测 …… 125
7.6　机械设备装配 …… 126
7.6.1　装配准备工作 …… 127

7.6.2 装配精度 …… 127
7.6.3 装配手法 …… 127
7.6.4 装配工作注意要点 …… 128
7.7 通用机械零部件装配 …… 128
7.7.1 过盈配合零件装配方法 …… 128
7.7.2 键连接装配 …… 131
7.7.3 滑动轴承装配 …… 132
7.7.4 滚动轴承装配 …… 135
7.7.5 链传动装配 …… 141
7.7.6 圆柱齿轮传动装配 …… 142
7.7.7 联轴器装配 …… 145
7.7.8 减速器装配 …… 147
复习思考题 …… 149

8 设备安装与试运转 …… 150

8.1 安装前准备工作 …… 150
8.1.1 设备开箱与检查 …… 150
8.1.2 设备定位 …… 150
8.1.3 设备基础与基础检验 …… 150
8.1.4 拧紧地脚螺栓注意事项 …… 152
8.1.5 环氧砂浆锚固地脚螺栓 …… 152
8.1.6 垫铁放置 …… 153
8.2 设备找正、找平工作 …… 155
8.2.1 设备找正、找平工作的目的与内容 …… 155
8.2.2 设备找正 …… 156
8.2.3 设备标高面的选择和度量 …… 157
8.2.4 水平性、平行性、垂直性 …… 158
8.3 设备试压 …… 160
8.3.1 水压试验 …… 160
8.3.2 气压试验 …… 161
8.3.3 气密性试验 …… 161
8.4 设备试运转 …… 161
8.4.1 试运转前准备工作 …… 161
8.4.2 试运转作用与步骤 …… 162
8.4.3 空负荷试运转检查项目 …… 163
8.4.4 设备空负荷试车时间 …… 164
8.4.5 试运转结束后工作 …… 164
复习思考题 …… 164

9　液压系统的故障诊断与排除 …… 166
9.1　液压传动概述 …… 166
9.1.1　液压传动工作原理 …… 166
9.1.2　液压传动系统的组成 …… 167
9.1.3　液压传动的优缺点及应用 …… 168
9.2　液压系统常见故障分析 …… 169
9.2.1　系统压力不正常 …… 170
9.2.2　系统流量不正常 …… 171
9.2.3　液压系统中的振动和噪声 …… 171
9.2.4　液压系统油温过高 …… 173
9.2.5　液压执行机构的爬行 …… 174
9.3　液压系统故障的排除 …… 175
9.3.1　液压系统故障特征 …… 175
9.3.2　液压系统故障的排除方法 …… 176
复习思考题 …… 181
参考文献 …… 182

0 绪 论

联合国教科文组织在1974年把设备维修正式列入技术科学学科分类目录中，设备维修成为一门独立学科。目前，随着工业与科学技术的飞速发展，新产品、新技术、新材料不断涌现，管理的理念、模式也在不断更新，因此仅靠一些传统修理技术、日渐老化的专业知识以及在现场处理过的几个技术难题的成功个案经验，已远远不能适应现代快速发展的大环境对设备维修的需求。各行业装备水平迅猛发展的新形势，迫切需要设备维修与时俱进。

设备维修不仅仅是维持简单再生产的需要，它已发展成为生产力的重要组成部分，是企业赢得市场竞争的重要手段之一。它关系到企业的整体效益、生存与发展，甚至关系到一个行业、一个地区的资源合理配置、经济可持续与协调发展。众所周知，管理与技术是现代企业前进的“两个轮子”。有的企业提出这样的口号：以设备为基础，以生产为中心，以经营为先导！可见，设备维修对企业的发展有着重要的意义。

设备维修是设备维护、检查与修理的简称。它是机械类专业及近机类专业的专业课。学习该课程需要联系到前期学习过的多门专业基础课程的知识，如机械原理、机械零件、工程力学、材料力学、金属工艺学、公差配合与测量技术、机械设计基础、机械加工基础、液压传动与气动、电工基础等。此外，还要了解设备安装、维护与修理、动态监测与故障诊断、安全技术、价值工程、设备维修工艺学、企业管理和设备管理等方面的知识。可见，设备维修是一门综合性工程技术应用课程，是从事设备维修、设备管理人员须掌握的课程。

通常所说的设备维修“三性”是指：

（1）极强的实践性。设备维修课程最大的特征是要求学习者紧密联系生产实际，把相关知识有机地融为一体，博采众长，自成一家，并在实际运用中熟悉和完善。

（2）广泛的综合性。如前所述，设备维修课程涉及的知识多而且杂，覆盖面广，学习时课程间的概念、理论切换较快较频，学习者不可偏科。设备一生的管理包含的内容如图0-1所示。设备维修涉及设备一生管理过程中的人、机器（机）、材料（料）、法规（法）、环境（环）、资金流、信息流等要素的计划、组织、指挥、协调和控制。

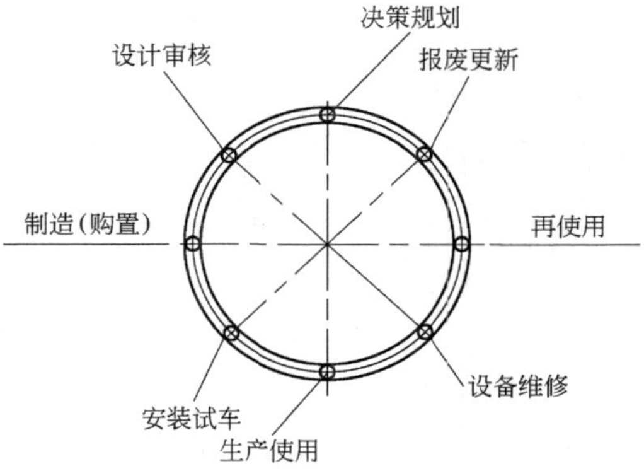

图0-1 设备一生管理示意图

（3）运作的多样性。无论是管理方面，还是维修方面，设备维修在具体运作中呈现出多样性。例如，对同一种设备的修复，各企业采用的方法各不相同，但是异曲同工，都能收到良好的效果。

设备维修所涵盖的内容与各阶段工作内容、相互关系如图0-2所示。

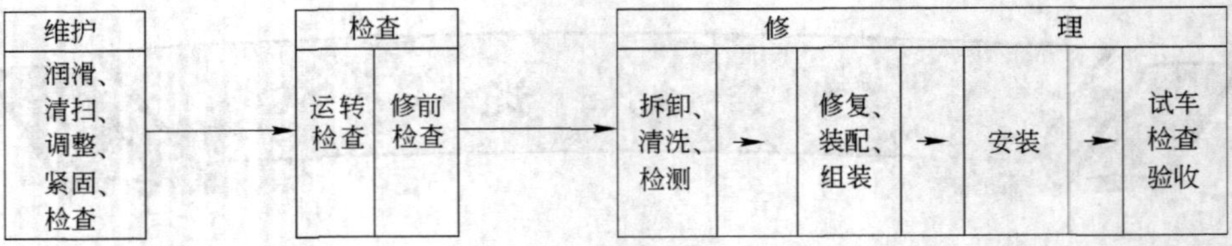

图 0-2　设备维修的内容及相互关系

形势喜人，形势逼人，国家正期待着一大批既懂理论、又能动手解决现场问题的新型技术人才大展身手、贡献力量。加强面向企业的高素质技能型设备维修与管理人才的培养，全面改进和提升设备维修工作正是我国的当务之急。

1 机械工程材料

【教学重点】

本章主要复习机械工程材料和钢铁件热处理的一些基本知识。要求掌握机械设备零部件的制作材料及其性能，设备维修中常用的材料及其性能，优化钢铁零件性能的热处理方法等。

1.1 钢铁基础知识

铁是自然界中存在的主要元素之一，其元素符号为Fe，熔点是1538℃。由于纯铁难以冶炼，因此至今用途不多。纯铁的颜色是银白色的。日常所说的铁都含有碳、锰、硅、硫、磷等元素且含有一些熔渣，所以一般呈黑色。由此可见，日常所说的铁其实是铁和碳、锰、硅等元素组成的合金，因而也被称为铁碳合金。

钢也是铁和碳的合金。一般认为钢的含碳量在2%以下（个别钢种如模具钢Cr12含碳量为2%~2.3%），铁的含碳量在2%以上。钢以生铁和废钢为主要原料，根据不同的性能要求，配加一定的合金元素炼制而成。它的基本成分为铁、碳、硅、锰、磷等元素。钢经过压力加工（轧钢等）成为国民经济各部门所需要的钢材。

1.1.1 五种元素（C，Mn，Si，P，S）

（1）碳。碳是一种非金属元素，化学元素符号为C。碳的化学性质稳定，是构成有机物的主要成分。碳对碳素钢的组织与性能有很大的影响。随着含碳量的增加，碳素钢的屈服强度、抗拉强度和硬度均增大，脆性也增加而且易熔化。减少钢中的含碳量，则其韧性、塑性、可锻性均增大，熔化也较难。

（2）锰。锰是一种金属元素，化学元素符号为Mn，银白色，质硬而脆。锰在钢中属于有益元素，是作为脱氧除硫的元素加入钢中的。锰对碳素钢的力学性能有良好的影响，能提高钢在热轧后的硬度和强度。

（3）硅。硅是一种非金属元素，化学元素符号为Si，旧名为矽，有褐色粉末和灰色结晶等形态。在钢的冶炼过程中，硅是良好的脱氧剂。钢中加入硅能提高钢的硬度和强度，但含硅较高时，钢的伸长率和断面收缩率会急剧降低。

（4）磷。磷是一种非金属元素，化学元素符号为P，常见的有白磷、红磷两种。磷在钢中是一种有害元素，主要危害是引起冷脆现象，即在低温条件下使钢的韧性与塑性显著降低。但在个别情况下磷也能起到有益作用，如改善钢的切削加工性能。

（5）硫。硫是一种非金属元素，化学元素符号为S，又名硫黄，色浅黄，质硬而脆，可制火柴、火药、硫酸等。硫在钢中一般来说是有害元素，主要危害是引起钢在热加工时开裂，产生热脆现象。硫的有益作用是能提高钢材的切削加工性能。

1.1.2　钢的常用热处理方法及应用

热处理是一种改善金属材料与制品（零件、工具等）性能的工艺。它是根据不同目的，将工件加热到适宜的温度，保温一段时间后，用不同的方法冷却，从而改变工件内部组织获得所需性能的一种工艺方法。热处理是强化钢材或制品，使其发挥潜在能力的重要方法，是提高产品质量和寿命的重要途径。国民经济和工业的迅速发展对金属材料的要求不断提高，热处理日益成为各行业中的重要加工环节。

1.1.2.1　常用热处理方法、工艺及分类

目前在厂矿设备维修中，常用的热处理方法大体上分为普通热处理和表面热处理两类。具体如下所示：

热处理分类
- 普通热处理：退火、正火 + 淬火、回火
- 表面热处理
  - 表面淬火：火焰加热、感应加热
  - 化学热处理：渗 C、渗 N、渗金属等

常用热处理工艺曲线如图 1-1 所示。钢的常用热处理方法与作用见表 1-1。

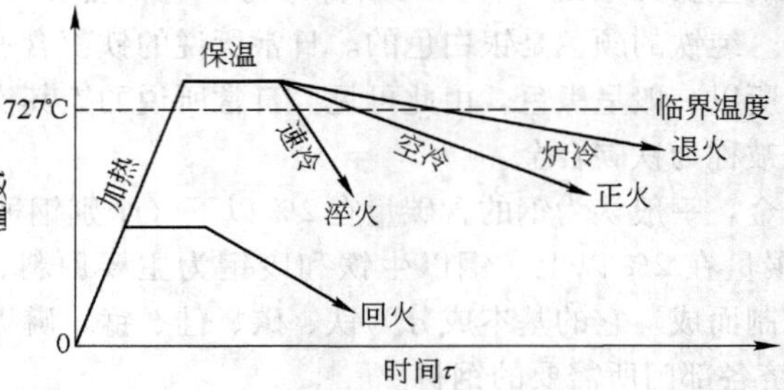

图 1-1　常用热处理工艺曲线

表 1-1　钢的常用热处理方法与作用

工艺名称	工 艺 操 作	作　用
退火（焖火）	将钢件加热到临界温度以上 30 ~ 50℃并保温一段时间，然后再缓慢地冷却（一般用炉冷）。工序在粗加工之前	降低变形抗力，提高塑性；消除内应力；细化结晶组织；消除组织不均匀性，为进一步热处理作准备；扩散去气（去除钢中的氢气）
淬　火	将钢件加热到临界点以上某温度，保温一段时间，然后在水中、油中或空气中快速冷却。工序在粗加工、半精加工之后，精加工之前	提高钢的硬度和强度极限，但淬火会引起内应力且使钢变脆，故淬火后必须回火
回　火①	将淬硬的钢件加热到临界点以下某温度并保温一段时间，然后控制冷却（炉冷），得到较稳定组织。回火是淬火的后续工序，通常也是零件进行热处理的最后一道工序	消除或减小淬火后的脆性和内应力，提高钢的塑性和韧性。通过调整回火温度，工件可得到不同的回火组织并达到所需的硬度、强度、塑性和韧性，从而保证工件在使用中不再发生尺寸与形状的改变
调　质	是淬火后在 500 ~ 650℃进行高温回火的复合热处理。一般作为最终热处理，也可作为表面热处理和化学热处理的预处理	处理后的工件既有足够的强度又有足够的塑性和韧性，即具有较高的综合力学性能。广泛用于要求高强度并承受冲击负荷或交变负荷的重要工件，如轴类、连杆等

续表 1-1

工艺名称	工艺操作	作　用
表面淬火②	这是一种不改变钢的表面化学成分，但改变其组织的局部热处理方法。它仅加热工件表面，使工件表面淬火强化而心部仍保持原始组织。表面淬火后应进行低温回火	使工件的耐磨性好，冲击韧性和疲劳强度高，常用来处理齿轮表面等
正　火	将钢件加热到临界温度以上 30～50℃并保温一段时间后在空气中冷却得到珠光体类组织的热处理工艺。它与退火的主要区别是冷却方式不同。正火后钢件硬度和强度有所提高	它与退火相比，力学性能较高且操作简便、周期短、耗能少，一般应优先考虑采用。可以改善切削加工性能。正火可作为预备热处理（中碳钢等在调质处理前都要进行正火处理），也可作为最终热处理——对性能要求不高的普通铸、焊件、大型零件在淬火有开裂危险时均可使用
渗　碳	把低碳钢件（w_C < 0.4%）放入增碳的活性介质中，加热至 900～950℃后保温，使活性碳原子渗入钢件表面，获得高碳的表面层（硬度达 55HRC 左右），随后进行淬火和低温回火的过程。一般渗碳层达0.5～2mm	适用于低碳钢或低碳合金钢零件。低碳钢经渗碳淬火后，表层硬度高，耐磨性较好，心部保持低的含碳量，韧性较好，可承受冲击重负荷，适用于承受重负荷、受冲击、耐磨的零件，如齿轮齿面、转轴表面等

①根据性能要求不同，回火可分为低温回火、中温回火和高温回火三种。低温回火温度为 150～250℃，得到回火马氏体，硬度为 58～64HRC，主要用于各种工具（量具、刃具、模具等）、滚动轴承和表面淬火件等的热处理。中温回火温度为 350～500℃，得到回火托氏体，硬度为 35～50HRC，一般用于各种弹簧和模具等的热处理。高温回火温度为 500～650℃，得到回火索氏体，硬度为 25～35HRC，广泛用于各种结构零件如轴类、连杆、齿轮等的热处理。

②按加热方式分，表面淬火分为感应、火焰、电接触加热等。其中感应加热适用于中碳钢和中碳合金钢，如 45、40Cr 等。

1.1.2.2 钢的化学热处理

化学热处理是将钢件置入活性介质中，通过加热和保温，使活性介质分解析出活性元素并渗入工件的表面，从而改变钢件的化学成分、组织与性能的一种热处理工艺。

化学热处理与其他热处理不同，它不仅改变钢的组织，而且还改变钢体表层的化学成分，能够有效地提高钢件表层的耐磨性、抗腐蚀性、抗氧化性和抗疲劳强度。目前生产中最常用的化学热处理工艺是渗碳、渗氮和碳氮共渗。按渗碳剂的不同，渗碳分为气体渗碳、固体渗碳和液体渗碳，一般常用的是气体渗碳。常用的渗氮方法有气体渗氮、液体渗氮及离子渗氮等。

表 1-2 列出了渗碳、渗氮工艺的相关内容。通过此表，可加深了解渗碳、渗氮这两种零件维修（制作）工艺的含义、特征及用途。

表 1-2　渗碳、渗氮工艺的对比

工　艺	渗　碳	渗　氮
原　理	将钢件置于渗碳介质中，加热并保温，使碳原子渗入工件的表面	将钢件置于通入氨气（NH_3）的炉体内，加热到 500～550℃，使氨气分解出活性氮元素并渗入到钢件的表层，并向内部扩散，形成一定厚度的氮化层
适用范围	低碳钢或低合金钢零件	较重要的工件，如高速、精密齿轮，高精度机床主轴，贵重的阀门等；不宜承受集中的重负荷的工况

续表 1-2

工艺	渗碳	渗氮
作用	提高零件的抗疲劳强度。低碳钢经渗碳淬火后：（1）表层硬度提高，可达 58～64HRC，耐磨性好；（2）工件心部保持原有低的含碳量，韧性较好，疲劳强度高	与渗碳相比：（1）表层硬度更高，可达 69～72HRC；（2）工件变形较小，渗氮温度较低，渗氮后一般不再进行其他热处理；（3）渗氮层耐腐蚀性能较好，抗疲劳强度可提高 25% 左右
特点	一般渗碳层可达 0.5～2mm。表层产生压应力，有利于零件抗疲劳	氮化层薄，一般为 0.1～0.5mm。表层较脆，不宜承受冲击工况
成本费用	一般	成本高，工艺复杂，生产周期长
辅助工作	渗碳后需进行淬火与低温回火	渗氮前工件应进行调质处理

1.1.2.3　热处理工序安排

热处理工序是指具体操作实施时步骤的先后顺序。热处理的目的与用途不同，它的操作实施手法也不同。在零部件修复（或加工）的全过程中，什么时候采用什么热处理工艺方法非常重要，因为它直接涉及工件热处理的效果，涉及工件热处理是否科学、合理的问题。表 1-3 列出了常用热处理方法的作用与工序安排。

表 1-3　常用热处理方法的作用与工序安排

工艺	目的	工序安排
正火、退火等	降低硬度、易于切削加工，消除毛坯零件的内应力，细化金属晶粒，改善组织，增加韧性	安排在粗加工之前进行
人工时效、退火等	消除毛坯零件在制造和机械加工过程中产生的内应力	安排在粗加工后、精加工之前进行
调质	使工件具有较高的综合力学性能——高韧性与足够的强度	一般作为最终热处理，也可作为表面热处理和化学热处理的预备热处理
表面淬火、渗碳、渗氮等	提高工件的强度、硬度和耐磨性	一般安排在粗加工、半精加工之后，精加工之前进行。表面淬火后，一般只能进行磨削加工
镀铬、镀锌、发蓝等	使工件表面耐磨、耐腐蚀、精致美观	安排在最后工序

1.1.3　碳素钢与合金钢

1.1.3.1　钢的分类

钢的分类方法较多，通常有以下几种：

（1）按质量分，钢可分为普通钢、优质钢和高级优质钢。

（2）按用途分，钢可分为结构钢、工具钢和特种钢。

（3）按化学成分分，钢可分为碳素钢和合金钢，具体如下：

钢
- 碳素钢
  - 低碳钢：含碳量不大于 0.25%
  - 中碳钢：含碳量为 0.25% ～0.60%
  - 高碳钢：含碳量不小于 0.60%
- 合金钢
  - 低合金钢：合金总量不大于 5.0%
  - 中合金钢：合金总量为 5.0% ～10.0%
  - 高合金钢：合金总量不小于 10.0%

1.1.3.2 常用钢种

钢中只含有铁、碳、硅、锰、磷、硫，没有其他合金元素，且硅含量不超过0.4%、锰含量不超过0.8%的钢称为碳素钢。

在钢中除含有铁、碳和少量不可避免的硅、锰、磷、硫元素之外，还含有一种或多种适量的合金元素时，这种具有良好或特殊性能的钢种就称为合金钢。钢中的合金元素有硅、锰、钼、钛、铬、镍、铝、铌、稀土等。根据资源现状，我国侧重发展硅、锰、钛、铌、钒、硼、稀土为主的合金钢系统。根据含合金总量的多少，合金钢分为低合金钢、中合金钢和高合金钢。根据用途的不同，合金钢可分为八大类，如下所示：

- 合金钢（按用途）
  - 合金结构钢
    - 机器用结构钢：如高级结构钢、易切削钢
    - 工程结构钢：如建筑、桥梁、锅炉用钢
  - 合金工具钢：如高速工具钢
  - 特殊性能钢
    - 弹簧钢
    - 轴承钢
    - 不锈耐酸钢
    - 耐热不起皮钢
    - 电工专用硅钢

A 普通低合金钢

普通低合金钢是一种含有少量合金元素（总量小于3%）的普通合金钢。该钢种强度比较高，综合性能较好，并且具有较好的耐腐蚀性、耐磨性、耐低温性、加工性能、焊接性能等。通常1t普通低合金钢可顶1.3t碳素钢使用，其寿命和使用范围更是远远大于碳素钢。它可用一般冶炼方法在转炉中冶炼，因而成本也和碳素钢接近。普通低合金钢按照其特点与用途大致可分为结构钢、耐腐蚀钢、低温用钢、钢筋钢、钢轨钢及其他专用钢等七大类。它们被广泛用于国民经济的各行业之中。

B 碳素工具钢

碳素工具钢是基本上不含合金元素的高碳钢，是含碳量在0.65%~1.35%的优质碳素钢。这类钢主要用于制造一般切削速度、加工硬度和强度不高材料用的加工工具，如车刀、锉刀、锯条等，也可制造形状简单、精度较低的量具、刃具等。碳素工具钢的生产成本低，原料易找，加工性能良好，且热处理后可得到高硬度和高耐磨性，因而是广泛采用的钢种。该钢种用于制造刀具的常用牌号有T8A、T10A、T12A。

碳素工具钢存在两项缺点：1）热硬性差。当工作温度大于250℃时，碳素工具钢由于硬度和耐磨性急剧下降而失去工作能力。2）淬透性差。如制作形状较大的零件时不易淬硬，且容易产生变形和裂纹。因此应注意降低钢中磷、硫等杂质的含量。为提高钢的淬透性，可在钢中添加微量的锰元素（0.5%左右）。此外，还要严格控制成品钢的表面脱碳层，以保证制成的工具钢经热处理后具有很高的硬度与耐磨性。

C 高速工具钢

高速工具钢是在碳素工具钢中加入了较多的钨、钼、铬、钒等合金元素所构成的高合金工具钢，俗称“锋钢”。高速工具钢是一种高碳高合金工具钢，钢中含碳量高达0.7%~1.4%。钢中含有的合金元素，如钨、钼（钨和钼共约为10%~20%）、铬（4%）、钒（1%）等，能形成高硬度碳化物。

按化学成分（主要合金元素）不同，高速工具钢分为钨系（如W18Cr4V）、钼系（如W2Mo9CrV2）和钨钼系（如W10Mo4Cr4V3Al）三大类系。

高速工具钢的强度和冲击韧性较好，热处理后硬度为63～66HRC，切削碳钢材料时切削速度可达30m/min左右。高速钢具有较好的工艺性能和红硬性，可制造多种刃形复杂、切削速度高、耐磨性好、在高温工况下（600～660℃）能保持其切削性能的工具，如铣刀、铰刀、丝锥、刨刀等，也可用于制作冷作模具。为保证高硬度和耐磨性，所有高速钢材都要进行表面脱碳层质量检查。

高速工具钢主要制成棒材、扁钢、模块，少量制成钢丝和钢带。

D　轴承钢

轴承钢是制造滚动轴承的内、外套圈和滚动体的专用钢种，通常为高碳的铬钢。因为滚动轴承运转工作时，需承受很大的交变载荷，故要求其材质具有很高的接触疲劳强度和足够的弹性极限、耐磨性与抗蚀性。轴承钢大部分轧（锻）成棒材，少部分制成钢管、钢丝、钢带和钢板。过去我国一直使用含铬轴承钢，近十几年已试制成功多种适合我国环境资源的无铬轴承钢，部分已代替了铬轴承钢。

轴承钢按化学成分、加工工艺、性能与用途等大致可分为以下四种：

（1）全淬透轴承钢：成分为高碳铬钢，代表钢种一是GCr15、GCr13，其含碳量1%左右，含铬量1.5%左右，主要用于制作中小型轴承以及精密量具、冷冲模、机床丝杠等；二是适当加入了一些硅、锰、钼等元素，以提高该钢的硬度、耐磨性和淬透性的钢种，如GCr15SiMn，主要用于制作大型和特大型轴承。全淬透轴承钢的产量比例最大，占所有轴承钢总量的95%以上。

（2）渗碳轴承钢：成分为铬、钼、镍合金结构钢，其含碳量为0.08%～0.23%。该钢种制成轴承零件后，表面要进行碳氮共渗，以提高该钢的硬度和耐磨性。渗碳轴承钢用于制造承受强冲击载荷的大型轴承，如轧机、矿山机械、铁路轴承等。

（3）不锈轴承钢：成分为高、中碳铬不锈轴承钢，用于制作不锈耐腐蚀的轴承。高碳铬不锈轴承钢有9Cr18、9Cr18MoV等，中碳铬不锈轴承钢有4Cr13等。

（4）高温轴承钢：成分大多选用高速工具钢代用，如W18Cr4V、W9Cr4V和Cr4Mo4V等。该钢种是在高温工况（300～500℃）下使用，因此要求它在高温工况条件工作时仍具有一定的红硬性和耐磨性。

E　焊条钢

焊条钢是专门供电弧焊、气焊、埋弧自动焊、电渣焊和气体保护焊焊条用的钢材，成分随所焊材质不同而不同，大致分为碳素结构钢、合金结构钢和不锈钢三大类。

- 焊条钢
  - 碳素结构钢、合金结构钢（按硫磷含量不同）
    - 优质钢：硫、磷含量小于0.04%，如H08
    - 高级优质钢：硫磷含量小于0.03%，钢号后写A表示，如H08A
    - 特级优质钢：硫磷含量小于0.025%，钢号后写E表示，如H08E
  - 不锈钢：磷含量不大于0.03%，硫含量一般不大于0.03%，如H2Cr13、H0Cr14等焊条。有些牌号的不锈钢焊条，尤其含镍、钼成分时，如H1Cr18Ni9，则硫含量要求不大于0.02%

焊条钢大部分制成钢丝，少部分直接使用线材（盘条）和钢带。一般对焊条钢主要是化学成分和表面质量的要求，对力学性能不做要求。

F　硅钢

含硅量为1.0%～4.5%，含碳量小于0.08%的硅合金钢称为硅钢。硅钢主要用于制作电动机、变压器、电器及电工仪表中的磁性材料。硅钢具有磁导率高、矫顽力低、电阻系数大等特性，因而磁滞损失与涡流损失都小。为满足冲剪加工的需要，要求该钢有一定的塑性。为提高磁感性能，降低磁滞损耗，还要求其有害杂质含量极低，并要求硅钢板形平整，表面质量优良。实际应用中把硅钢轧制成薄板或薄钢带，俗称硅钢片。

按不同的标准，硅钢有不同的分类。按用途，硅钢可分为电动机用硅钢片和变压器用硅钢片两种。电动机用硅钢片要求有较高的塑性，含硅量为0.80%～2.80%。变压器用硅钢片要求铁损小，含硅量为2.80%～4.80%。按生产工艺，硅钢可分为热轧硅钢片和冷轧硅钢片两种。热轧硅钢片主要规格有厚度为0.5mm和0.35mm两种。冷轧硅钢片除有厚度为0.5mm和0.35mm两种规格外，还有厚度为0.20mm、0.10mm、0.08mm、0.05mm等规格，主要应用于电讯工业，如制作脉冲变压器等，与热轧产品相比冷轧产品更精细。

1.1.4 生铁与铸钢

1.1.4.1 生铁

生铁是含碳量大于2%的铁碳合金。它是在高炉中冶炼的。按其用途生铁可分为炼钢生铁、铸造生铁和合金生铁三类。

A 炼钢生铁

炼钢生铁中的铁和碳处于化合状态，故其质硬而脆。其断口呈白色，所以又称为白口铁。它在生铁产量中约占90%。它与铸造生铁的区别在于含硅量不同。

B 铸造生铁

铸造生铁简称铸铁，其含硅量较高（达3.75%），含硫量稍低（小于0.06%）。铸铁中的碳大部分以片状石墨形式存在，断口呈暗灰色，故也称灰口铁、灰铸铁。由于熔点低、流动性好、成本比较低、耐磨性能与减震性能良好，故常用来铸造各种铸铁件，如机器的底座、支架、阀壳、油缸、气缸、箱体、齿轮箱外壳、飞轮、凸轮、轴承座、机床床身等。铸铁在生铁产量中约占10%左右。

铸铁的牌号由“HT+数字”组成。其中“HT”表示“灰铁”之意，数字表示其最低抗拉强度值。例如，HT300表示该牌号铸铁材料最低抗拉强度为300MPa。

球墨铸铁是一种具有优良力学性能的铸铁，是在熔融状态加入易于产生球状石墨的元素（如镁），并经过中间合金处理的铸铁。球墨铸铁的强度和韧性比其他铸铁高且耐磨性能好，其力学性能接近于钢，铸造与耐磨等性能优于钢，因此在机械制造行业中得到了广泛的应用。它有时可用来代替铸钢和锻钢，故亦称韧性铸铁。

球墨铸铁的牌号由“QT+两组数字”组成。其中“QT”表示“球铁”之意，后面的两组数字分别为单铸试块时的抗拉强度和伸长率。例如，制造汽车、拖拉机曲轴选用的QT700-2，表示该牌号铸铁的最低抗拉强度为700MPa，最小伸长率为2%。

C 合金生铁

用含有共生金属如铜、钒、镍等的铁矿石炼成的生铁称为合金生铁。

1.1.4.2 铸钢

在生产中，有些形状复杂的零件很难采用锻压方法成形，而用铸铁又难以满足性能要求，此时就可采用铸钢（如联轴器类）。铸钢的含碳量一般为0.15%～0.6%。铸钢件均需进行热处理。

铸钢的牌号由“ZG+两组数字”组成。其中“ZG”表示“铸钢”之意，第一组数字表示该材料的屈服强度值，第二组数字表示该材料的抗拉强度值。例如，制作联轴器所选用的材质牌号是ZG270-500，这表明该材料的屈服强度值是270MPa，抗拉强度值为500MPa的工程铸钢。

1.1.5 金属压力加工

金属压力加工是指借助外力作用，使金属坯料产生塑性变形，达到所需要的形状、尺寸和力学性能要求的加工方法。它可分为轧制、拉拔、锻造和冲压四大类。

(1) 轧制：使金属坯料通过旋转轧辊的中间缝隙，受压而产生塑性变形的加工方法称为轧制。轧制生产所用坯料主要是钢坯（钢锭）。轧制使金属坯料截面缩小，长度增加，从而获得各种截面形状的轧材，如钢板、型材等。用轧制方法生产钢材，具有生产率高、品种多、易于实现机械化和自动化等优点，因此85%～90%的钢材是轧钢车间生产的。金属在其再结晶温度以上进行的轧制称为热轧，反之，称为冷轧。

(2) 拉拔：在专用设备上将金属坯料通过拉拔模的模孔（这个模孔的截面小于原始轧件坯料的截面）拉出，从而使金属坯料产生塑性变形的加工方法称为拉拔。拉拔后的产品主要是各种细线材、薄壁管及各种特殊几何截面形状的型材。该方法显著特点是所获得的产品具有较高的精度和高质量的表面，故也常用于对轧制件（管材、棒料）的再加工，以提高产品质量。拉拔生产适用于加工低碳钢、有色金属及其合金。它通常是在冷态下进行的，因此也称冷拔。

(3) 锻造：将金属坯料加热到高温，借锻锤的打击或压力机压头的压缩而使金属坯料改变形状的加工方法称为锻造。用锻造方法可以得到成品制件，也可得到供机加工和轧制用的毛坯。按照使用工具的不同，锻造分为手工锻造（如大锤、砧子、手锤等）和机械锻造（如汽锤、水压机等）。按金属变形特征，锻造分为自由锻和模锻两大类。自由锻是指热态金属工件在高度上受到压缩而在水平方向上可以自由延伸的加工方法。它适用于单件、小批量生产形状简单的锻件，也是大型锻件的主要生产方法。模锻是指把热态金属工件放在一定形状的模膛中，使其受压变形充满模膛，从而得到所需形状和尺寸的锻件的加工方法。它适用于生产形状复杂的锻件。模锻产品比较光洁，尺寸精确，可以批量生产。

(4) 冲压：在专用设备上（一般是冲床），将金属板料放置在冲模间，使其受冲压作用而产生分离和变形的加工方法称为冲压。它常有落料、冲孔、弯曲、拉深等加工方式，其基本工序可分为分离和成形两大类，如落料、冲孔加工方式属分离类，弯曲、拉深加工方式属成形类。冲压加工可直接生产各种零件和毛坯。因其通常是在冷态下进行的，故又可称为冷冲压。

1.1.6 型钢

轧制钢材的断面形状和尺寸总称为钢材的品种规格。根据钢材形状特征，钢材可分为型钢、钢板和钢管三大类。其中，型钢根据断面形状又可分为简单断面型钢、复杂断面型钢和周期断面型钢。

H型钢是一种近十几年来新兴的钢材品种，因断面形似英文字母H而得名。为区别工字钢，有时也称其为宽缘工字钢。H型钢断面形状和尺寸合理，截面模数大，抗弯、抗扭、抗压等力学性能好，可大大减轻结构件质量。H型钢的用途广泛，多用于高层建筑、大型桥梁、机器结构中。

- 型钢
  - 简单断面
    - 方　钢
    - 圆　钢
    - 扁　钢
    - 角　钢
    - 六角钢
  - 复杂断面
    - 工字钢
    - H 型钢
    - 槽　钢
    - 窗框钢
    - 支撑钢
    - 钢　轨
  - 周期断面
    - 螺纹钢
    - 竹节钢
    - 犁铧钢
    - 肋骨钢

1.1.7 钢管

钢管的用途很广泛，其用量一般占钢材总量的 8% ~15%。钢管的规格用外形尺寸（无缝管以外径公称，水煤气管以内径公称）及壁厚表示。

钢管按生产方法可分为无缝钢管（如热轧管、冷轧管、冷拔管）和焊接钢管（如直缝焊管、螺旋焊管）。

（1）无缝钢管。无缝钢管是由整块金属制成，表面上没有接缝的钢管。根据生产方法不同，无缝钢管分为热轧管、冷轧管、冷拔管、挤压管、顶管等。无缝钢管主要用做石油钻探管、石化工业用的裂化管、锅炉管、轴承管等。

（2）焊接钢管。焊接钢管是用带钢焊成的、表面有焊缝的钢管。根据焊接方法不同，焊接钢管分为电弧焊管、电阻焊管（高频、低频）、气焊管、炉焊管等。从焊缝分，焊接钢管有直线缝焊管和螺旋缝焊管。焊接钢管比无缝钢管生产率高，成本低，应用更广泛一些。

1.1.8 金属丝方孔筛网

在工业生产中，筛网通常是为过滤流体介质（液体、气体）而设置的，其作用是过滤一切对设备运转不利的杂质和灰尘。例如，机床的切削液、润滑油系统就在其辅助设施中设置有多道金属丝筛网，以保护切削液、润滑油在运转中的清洁。各种冷风机（空调机）、引风机的入口处，也设置有筛网，起到过滤杂质和灰尘的作用。本节所述的金属丝方孔筛网主要是针对车间生产设备的油润滑系统和液压系统。根据现场工况环境需要，应正确选择系统过滤装置所用的金属丝方孔筛网，以起到初级、第一道的防护作用。网孔基本尺寸（粒度）若过大，则不起过滤作用；若过小，则因阻力过大而影响油润滑系统和液压系统的正常运行。金属丝方孔筛网的具体选用可参照表 1-4 所示。

表 1-4　工厂常用金属丝方孔筛网

网孔基本尺寸 /mm	丝直径/mm	筛分面积百分率 /%	单重/kg · m^{-1}		相当英制目数 /目 · in^{-1}
			低碳钢	锡青铜	
1.00	0.25	64	0.635	0.712	20.32
	0.355	54	1.18	1.32	18.75
0.50	0.20	51	0.725	0.813	36.28
	0.16	57	0.493	0.553	38.48
0.25	0.112	48	0.440	0.493	70.17
0.20	0.112	41		0.507	81.41
0.125	0.08	37		0.394	123.90
0.100	0.071	34		0.420	148.54
0.080	0.063	31		0.395	177.62
0.063	0.040	37		0.221	247
0.050	0.032	37		0.178	309.8

注：1. 金属丝方孔筛网的精度分为：1 级—高精度，2 级—较高精度，3 级—普通精度。
2. 标记示例：网孔基本尺寸为 1.00mm，金属丝直径为 0.355mm，2 级精度的金属丝斜纹方孔筛网的标记为：GF2W1.00/0.355（斜纹）GB/T 5330—2003。

1.1.9　钢的力学性能及经验公式

1.1.9.1　强度和刚度

在负荷作用下，金属材料抵抗弹性变形、塑性变形和断裂的能力称为强度。材料抵抗变形的能力称为刚度。刚度的大小由弹性变形范围内应力 σ 与应变 ε 的比值——弹性模量 E 来表示，即 $E=\sigma/\varepsilon$。

根据负荷作用方式的不同，强度可分为屈服强度、抗拉强度、抗压强度、抗弯强度、抗剪强度等。各种强度之间存在着一定的关系，通过拉伸试验可测定各种材料的强度指标。按 GB/T 228—2002 规定，将被测金属材料制成一定形状和尺寸的拉伸试样。试验时，拉伸试验机缓慢增加载荷（静载荷）。随着载荷的不断增加，试样的伸长量也在逐渐增加。此过程中拉伸试验机上的表盘仪器会自动记录拉伸试验过程中的载荷大小与对应的伸长量关系，直至试样拉断为止。这样，便可获得载荷与变形量之间的关系曲线，即拉伸曲线。

钢的力学性能
- 静荷下的强度
  - 弹性极限 σ_e：指试件只产生弹性变形的最大应力
  - 屈服极限（强度）σ_s（$\sigma_{0.2}$）：表明钢材抵抗微量变形的能力
  - 抗拉强度（强度极限）σ_b：指试件在拉断前所承受的最大拉应力值
- 动荷下的强度→冲击韧性 α_k：材料抵抗冲击的能力
- 塑性
  - 伸长率 δ(%)：试件断裂时长度延长的百分率
  - 断面收缩率 ψ(%)：试件断裂时断口面积比原来截面积缩小的百分率

1.1.9.2　硬度

硬度是指材料抵抗其他物体对它表面压入的能力，或说是抵抗局部塑性变形的能力。一般来说，硬度高，材料的强度也较高，耐磨性也好。硬度表示法有多种，如 HB、HRC、HV、HS 等。硬度试验是一种重要的力学性能测定方法，广泛应用在现场成品的质量检验上。因为该法是最简单、最迅速的一种方法，可在工件产品上直接测定且不会造成工件产品的损坏。例如，可在现场应用硬度试验法检验轴承、齿轮和轴颈的质量及材质的真伪。

早期最常用的测定硬度的方法是压入测试法。它是在一定载荷下，应用确定几何形状的压头压入被测试的金属材料表面，根据压入后的变形程度来测定其硬度值。压入后的变形程度越大，说明该金属材料的硬度值越低；反之，则硬度越大。当前测定硬度的方法是利用物体碰撞后，瞬时反弹加速度大小的测试法（新型硬度计）。

（1）布氏硬度。布氏硬度试验是用一个标准钢球，以一定大小的压力将钢球压入被测材料表面。由于材料发生塑性变形，而在表面留下一个小圆坑，如图1-2所示。材料较硬时，小圆坑较小；反之，则大。压力与小圆坑的球面积的比值称为布氏硬度，并以符号HB表示，但不记单位。

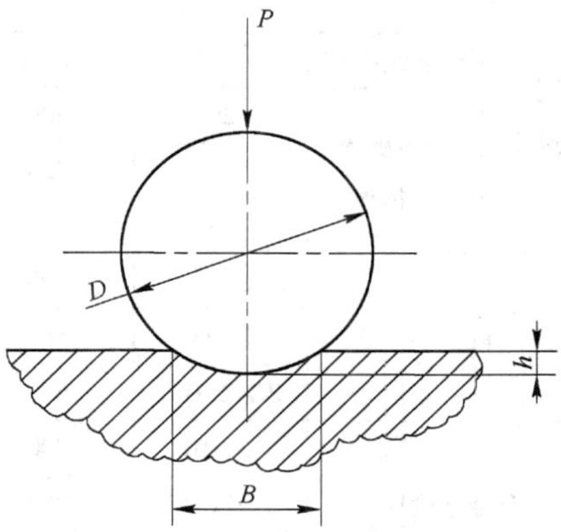

图1-2 布氏硬度试验

（2）洛氏硬度。洛氏硬度试验也是一种压入硬度试验，但它不是测量压痕面积，而是测量压痕的深度——以深度大小表示材料的硬度值。测定洛氏硬度时，采用顶角为120°的金刚石圆锥体压头或直径为1.588mm的淬火钢球压头，在主载荷作用下，将压头压入被测金属表面，保持规定的时间后，卸载主载荷，然后根据残余压痕深度来确定该金属的硬度值。洛氏硬度用符号HR表示，数值大小直接在硬度计显示盘上读出，无单位。其书面表示方法为在符号HR前写出硬度值，例如，某滚动轴承的硬度值测定为58洛氏硬度，则书面表示为“58HR”。为了能用同一硬度计来测定不同硬度范围的金属材料，可采用不同的压头与载荷来组成几种不同的洛氏硬度标尺。每一种标尺用一个字母在HR后予以注明，其中最常用的是HRA、HRB、HRC三种。

洛氏硬度试验测试过程简单、快捷，适用的硬度范围广，由于压痕很小，不会影响被测零件的产品质量，故通常应用它来检测成品件及较薄工件的硬度。但洛氏硬度的测量结果不如布氏硬度精确，因此一般需在不同部位多取几个点检测，然后取其测量的平均值。

1.1.9.3 *硬度与抗拉强度的关系*

由于硬度反映了金属材料在局部范围内对塑性变形的抗力，故材料硬度与强度之间存在着一定的内在联系——强度越高，抵抗塑性变形的抗力越大，其硬度值也越高。这样，根据材料的硬度值就可大致估计出材料的抗拉强度。

大量试验结果表明，钢的硬度数值与其强度极限（抗拉强度）有以下经验关系：

低碳钢（<176HBS）：$\sigma_b \approx 3.6$HBS(MPa)

高碳钢（>176HBS）：$\sigma_b \approx 3.4$HBS(MPa)

合金调质钢：$\sigma_b \approx 3.25$HBS(MPa)

已知σ_b，根据$\sigma_{-1}=0.43\sigma_b$，$\sigma_0=1.3\sigma_{-1}$，$\sigma_s=(0.55\sim0.8)\sigma_b$，$\tau_{-1}=(0.54\sim0.6)\sigma_{-1}$，$\tau_s=(0.55\sim0.62)\sigma_s$，可分别求得所需参数。以上公式中，较大值适用于合金钢，较小值适用于碳素钢。

1.1.10 常用钢铁材料的力学性能

在现场设备维修中，常会遇到选材用材问题，如选用什么钢铁材料来修复设备零部件最为合理。钢材的选择涉及修复质量和维修成本，应予以重视。具体选择时可参考表1-5所列的常用钢铁材料牌号与性能，全面比较、权衡各种材料的技术性能，另外，还要考虑所选钢铁材料热处理方面的性能与效果。科学、合理的零件热处理方法是增强材料力学性能的“良药”。

表 1-5 常用钢铁材料牌号与性能

牌号 \ 性能			抗拉强度/MPa	屈服强度/MPa	伸长率 δ/%	硬度 HB（正火、回火）	硬度 HRC 表面淬火
碳素钢	碳素结构钢	Q235	410～470	230～240	26	126～159	—
	优质碳素结构钢	20	400	220	24	103～156	—
		35	520	270	18	149～187	35～45
		45	600	300	15	170～217	40～50
铸钢		ZG35	500	280	16	≥143	40～45
		ZG45	580	320	12	≥153	40～50
		ZG42SiMn	600	380	12	163～217	45～53
合金结构钢		35SiMn	800	520	15	调质 229～286	45～55
		40Cr	750	550	15	调质 241～286	48～55
		42SiMn	800	520	15	调质 229～286	45～55
球墨铸铁		QT400-18	400	250	18	130～180	—
		QT450-10	450	310	10	160～210	—
		QT500-7	500	320	7	170～230	—
灰铸铁（铸件壁厚 20～30mm 时）		HT200	170	400（抗弯强度）	750（抗压强度）	134～200	200（单铸试棒抗拉强度）
		HT300	250	540（抗弯强度）	1100（抗压强度）	168～251	300（单铸试棒抗拉强度）

1.2 有色金属及其合金

1.2.1 常用有色金属及合金产品

在冶金学上，铁、铬、锰属于黑色金属范畴，其余均属于有色金属。有色金属的种类很多，其中与设备制作和维修关系较密切的，或者说应用较普遍的是铝、铜、锡、锑、锌、铅等。

纯铝具有良好的导电性、导热性和塑性，但其强度低，主要用来制造电缆电线类导电零件。如果在纯铝中加入铜、锰、镁等合金元素，即可制作成力学性能较高的铝合金。铝合金已广泛用于制造各种建材和轻质零部件。

纯铜也称紫铜，性能同铝，多用来制造导电零件。铜与锌的合金叫黄铜。黄铜具有较好的力学性能和抗蚀性，一般用来制作套筒类、管接头和冲压件等。铜与除锌以外的元素所构成的合金统称为青铜。青铜分为锡青铜和无锡青铜。锡青铜具有良好的耐磨性和抗蚀性，一般用于制作滑动轴承、蜗轮、套筒等耐磨性要求很高的零件。

从滑动轴承的工况看，要求轴瓦材质具备下述性能：（1）摩擦系数小；（2）导热性好，线膨胀系数小；（3）耐磨、耐蚀、抗胶合能力强；（4）具有较强的机械强度与可塑性。但这些是理论上的、理想化的要求，在实际运作中是很难找到能同时满足上述要求的材料。为解决这个难题，人们想到了复合办法——采用双层金属制作轴瓦轴承，让两种金属材质在性能上取长补短，共同满足上述要求。在工艺上可采用浇铸或压合的方法，将薄层材料黏附在轴瓦基体上。黏附上去的薄层材料习惯上称为轴承衬。

轴承合金（又称巴氏合金）分为锡锑轴承合金和铅锑轴承合金两大类。锡锑轴承合金的摩擦系数小，抗胶合性能与耐蚀性良好，易跑合且对油的吸附性强，是优良的轴承材料。因价格高且机械强度较差（软），只能将其作为轴承衬材料浇铸在铸钢、铸铁或青铜轴瓦基体上（较薄的一层，3～5mm）。通常用于高速、重载的设备轴承。这种轴承合金当工况温度达到110℃时开始软化，即发生了俗称的“烧瓦”、“擀粘”设备事故。故为保障设备安全运行，必须在《维护规程》中明确地标明设备运转控制温度要求，一般温度控制得比110℃低40～45℃。铅锑轴承合金的各方面性能与锡锑轴承合金相近，但这种材料较脆，不宜承受较大的冲击负荷，一般用作中速、中载的设备轴承。

常用有色金属及合金产品表示方法如表1-6所示。

表1-6 有色金属及合金产品表示方法

有色金属及合金	铜	黄 铜	青 铜	铝	金属粉末	铸造产品	轴承合金
表示方法	T	H	Q	L	F	Z	Ch

1.2.2 铸造铜合金与铸造轴承合金

很多生产设备的轴承由于工况条件所限，只能使用滑动轴承。但这些轴承的轴瓦材料又有较严格的技术指标限制。遇到此情况，一般采用铸造铜合金来制造滑动轴承的轴瓦，如采用青铜、黄铜类材质。在设备维修中常用的铸造铜合金轴瓦牌号与用途如表1-7所示。

表1-7 常用的铸造铜合金轴瓦

合金牌号	[p]/MPa	[v] /m·s⁻¹	硬度HB		温度上限/℃	轴颈硬度	特性及应用
			金属型	砂型			
CuSn10P1 锡磷青铜	15	10	95	80	250	45HRC	用于中速重载、高温及冲击条件下工作的轴承
CuPb5Sn5Zn5 锡锌铅青铜	8	3	65	60	250	45HRC	用于中速、中载工况的轴承，如减速器、起重机的轴承及机床的一般主轴轴承
CuAl10Fe5Ni5 铝铁青铜	30	8	140	140	300	>300HB	用于承受冲击负荷处，轴颈需淬火，如破碎机、剪切机类设备的轴承
CuPb30 铸铅青铜	25（平稳） 15（冲击）	12 8					可浇铸在钢轴瓦上做轴衬，可承受很大的冲击负荷，也适用于精密机床主轴轴承
CuZn38Mn2Pb2 铸锰铅黄铜	10	1	78	68			用于承受冲击及平稳负荷的轴承，如起重机、推土机、破碎机的轴承

青铜的强度高，承载能力大，耐磨性与导热性都优于轴承合金，可在较高温度下（250℃）工作。但其可塑性差，不易跑合，与之相配的轴颈必须淬硬。青铜可单独做成轴瓦，如锡磷青铜、锡锌铅青铜、铝铁青铜，其中，锡磷青铜适用于中速重载；锡锌铅青铜适用于中速中载；铝铁青铜适用于低速重载负荷。

滑动轴承具有外形尺寸小、结构简单、能承受重载与冲击负荷、便于维修的优良性能，应用相当广泛，尤其在重载、大型设备的轴承上应用普遍。较多的滑动轴承采用双金属结构形式——以离心铸造法在铸钢（或铸铁）套筒内壁上浇铸锡锑或铅锑类铸造轴承合金。这样既可节省昂贵的有色金属，又能提高滑动轴承的寿命。铸造轴承合金应用的典型实例就是大型电动机两端的滑动轴承。表 1-8 中列举了常用铸造轴承合金的名称与用途，供参考。

表 1-8　常用铸造轴承合金名称与用途

组别	代号	主要化学成分/%				HBS ≥	应用
		Sb	Cu	Pb	Sn		
锡锑轴承合金	ZChSnSb11-6	10.0～12.0	5.5～6.5		余量	27	适用 800kW 以上的电动机轴承
	ZChSnSb8-4	7.0～8.0	3.0～4.0		余量	24	耐热耐磨高速负荷大，适用于一般大机器的轴承
铅锑轴承合金	ZChPbSb16-16-2	15.0～17.0	1.5～2.0	余量	15.0～17.0	30	用于浇铸 500kW 以下发电机，轧机主减速机轴承等设备轴承的上半部
	ZChPbSb15-5-3	14.0～16.0	2.5～3.0	余量	5.0～6.0	32	用于浇铸压缩机的外伸轴承，功率 100～250kW 的电动机、小型轧机齿轮箱轴承等

1.3　常用非金属材料

1.3.1　工程塑料

塑料是高分子化合物，近几十年来发展很快。它质量轻、强度高、耐蚀性和耐磨性好，不仅在日常生活中到处可见，在工程结构件中也被广泛应用。

塑料按用途可分成通用塑料和工程塑料两类。工程塑料有聚酰胺（PA、尼龙）、聚甲醛（POM）、ABS 等。因其具有良好的力学性能，故能代替金属制造一些零件和工程结构件。表 1-9列出了常用工程塑料的名称特性与用途。

表 1-9　常用工程塑料

名称	特性	应用
改性有机玻璃（372）	有极好的透光性，机械强度高，耐腐蚀，易于成型。质较脆，易擦毛，易溶于有机溶剂中	主要用于制造有一定透明度和强度要求的结构零件，如轧机列齿轮座侧立面窥视孔玻璃窗、油标、油杯、仪器、仪表外廓玻璃等
尼龙 66	疲劳强度和刚性较好，耐热性较好，耐磨性好，但吸湿性大，尺寸稳定性不够	适用于在中等负荷，温度不大于 100℃，无润滑或少润滑条件下工作的耐磨受力传动零件，如联轴器中的尼龙柱销
尼龙 6	疲劳强度、刚性、耐热性稍不及尼龙 66。但弹性好，有较好地消振、降噪能力，其余与尼龙 66 相同	适用于在轻负荷、中温度（80～100℃）无润滑或少润滑、要求噪声低的条件下工作的耐磨受力传动零件。一般用于轻工业、机械行业的轴承、凸轮、销轴等
氯化聚醚（CPE）	能耐各种酸碱和有机溶剂，强度和刚度比尼龙、聚甲醛等低，但耐磨性优于尼龙，尺寸稳定，成品精度高，可用火焰喷镀法涂于金属表面	作耐腐蚀设备与零件——在腐蚀介质中使用的低负荷、精密耐磨受力传动零件
聚四氟乙烯（F-4，俗称塑料王）	几乎能耐包括王水在内的所有化学药品的腐蚀，具有良好的耐老化性，电绝缘性，耐高、低温性，可在 -195～250℃范围内长期使用，摩擦系数很小，有自润滑性。缺点是不能热塑成型，价格较高	制作耐蚀件、减摩耐磨件、绝缘件、密封件，如高频电缆、填料衬垫、无油润滑活塞环、密封圈、输送腐蚀介质的高温管道等

1.3.2 橡胶制品

橡胶是一种天然的或人工合成的高聚物。它具有良好的弹性，还具有一定的耐磨性。在生产中它是一种极好的密封材料。密封的功能是阻止设备泄漏，起密封作用的零件称为密封件。对密封件的基本要求是严密、可靠、寿命长、结构简单紧凑、维修方便、成本低廉，因密封件易损坏，故还应保证互换性，实现系列化、标准化。下面介绍的橡胶板、橡胶密封圈和气、液体专用软管的共同特征是具有良好的弹性和密封性。它们是生产现场最常用的、有代表性的辅助材料，也称为备品材料和易耗损用品。气、液体专用软管的作用是作为输送设备，即把生产现场的气体、液体或动力、能源介质，从源头（如空压机站、乙炔瓶、液压油泵）按规定途径输送到设备、设施工作地点（如气动挡板、液压油缸处），一般输送长度有限，这与宿舍楼层洗漱间供水方式相似。

1.3.2.1 工业用硫化橡胶板

工业用硫化橡胶板是一种常用的辅助材料，用于制作耐冲击及具有缓冲性能或隔热性能的垫圈、垫板类，且能起到密封、减振作用。其多用于静密封类型，如管道法兰盘处，水泵、减速器箱体类设备外侧立面透盖处。表 1-10 介绍了几种常用的硫化橡胶板。

表 1-10 常用硫化橡胶板

类 型	代 号	扯断强度(不小于)/MPa	应 用 范 围
耐油橡胶板	3807	7	较高硬度，可在 -30 ~ 100℃的机油、汽油等介质中工作，用于冲制各种形状的垫圈
	3809	9	较高硬度，可在 -30 ~ 80℃之间工作，用于冲制各种形状的垫圈
耐热橡胶板	4710	10	中硬度，具有耐热性，可在 -30 ~ 100℃、压力不大条件下的热空气、蒸汽等介质中工作，用于冲制各种垫圈和隔热垫板
	4604	4	低硬度，具有优良的耐热耐老化性能，可在 -60 ~ 250℃的空气中工作，用于冲制各种密封垫圈、垫板等

注：代号左起第一位数字表示橡胶板类型（普通、耐油、耐热），第二位数字表示橡胶板硬度的最高值，第三、四位数字表示橡胶板的强度。

A 规格尺寸

工业用硫化橡胶板的公称厚度、宽度及偏差应符合表 1-11 的规定，公称长度及偏差由供需双方商定。

表 1-11 常用工业橡胶板规格尺寸（摘录 GB/T 5574—1994） mm

厚度		宽度	
公称尺寸	偏 差	公称尺寸	偏 差
1.5	±0.3	500 ~ 2000	±20
2.0			
2.5			
3.0	±0.4		
4.0	±0.5		
5.0			

B 耐油性能和拉伸性能

工业用硫化橡胶板的耐油性能分为A、B、C三类。其中，A类为不耐油，B类为中等耐油，C类为耐油。硫化橡胶板的拉伸性能分为七类。其中，1型表示拉伸强度不小于3MPa，2型表示拉伸强度不小于4MPa，3型表示拉伸强度不小于5MPa，4型表示拉伸强度不小于7MPa，5型表示拉伸强度不小于10MPa，6型表示拉伸强度不小于14MPa，7型表示拉伸强度不小于17MPa。

C 标记方法

产品名称—技术特性代号—标准号

例如拉伸强度为5MPa、扯断伸长率为400%、公称硬度为60IRHD、耐热100℃的中等耐油橡胶板，标记为：

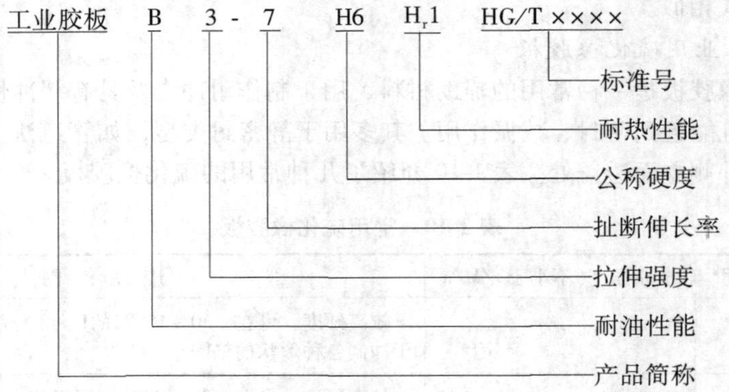

1.3.2.2 O形橡胶密封圈

O形橡胶密封圈是一种应用非常广泛，同时适用于静、动密封两大类型的密封材料。它的适用温度为-60~200℃。O形橡胶密封圈的安装及使用原理为：零部件结合面上设有沟槽，沟槽深略小于O形密封圈的直径，以便安装时保证一定的压缩量（具体数值可参阅设计手册）。利用安装沟槽使密封圈受到预压缩而密封，并在介质压力作用下产生自紧作用而增强密封效果。它具有双向密封功能，即防止设备内部介质（如润滑油）外溢和防止外界粉尘侵入。例如，大型设备箱体上盖与底座之间的水平剖分结合面处，沿四周边采用O形橡胶密封圈密封（与密封膏同时应用），效果较好。O形橡胶密封圈的尺寸如图1-3所示。

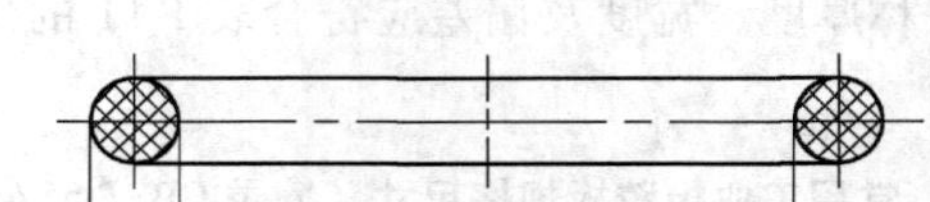

图1-3 O形橡胶密封圈

根据GB/T 3452.1—2005，O形橡胶密封圈标记为：O形圈60×5.30-G-N-GB/T 3452.1—2005。其中，60表示内径$\phi d_1=60$mm；5.30表示截面直径$\phi d_2=5.30$mm；G（或A）是系列代号，一般用途为G系列，航空用途为A系列；N（或S）是等级代号。

1.3.2.3 压缩空气用橡胶软管

生产现场常用空压胶管的型号、内径及适用的最大工作压力如表1-12所示。空压胶管的详细规定见GB/T 1186—1992。

表 1-12　常用空压胶管

公称内径/mm		最大工作压力/MPa		
1 型	2，3 型	1 型	1，2，3 型	2 型
8	20	0.6（a 级） 0.8（b 级）	1.0（C 级）	1.6（d 级）
12.5				
16	25			
25	40			
31.5	50			

注：1. 本表所列空压胶管适用于工作温度为 -20 ~45℃，工作压力小于 1.6MPa 的工业用压缩空气输送。

2. 标记示例：

空压胶管　1 - b - 25　GB　1186

1186——标准号

25——规格

b——级别

1——型号

空压胶管——产品名称

1.3.2.4　氧气胶管

生产现场常用氧气胶管的胶层厚度、内径及适用的工作压力如表 1-13 所示。氧气胶管的详细规定见 GB/T 2550—1992。

表 1-13　常用氧气胶管

工作压力/MPa	内径/mm		胶层厚度不小于/mm	
	公称尺寸	允　差	内胶层	外胶层
2.5	6.3	±0.55	1.5	1.2
	8.0	±0.60		
	10.0	±0.60		
	12.5	±0.65		

注：本表所列氧气胶管适用于温度为 -20 ~45℃的氧气输送。

1.3.2.5　乙炔胶管

生产现场常用乙炔胶管的内径及适用的工作压力如表 1-14 和表 1-15 所示。橡胶软管及软管组合件（油基流体用）适用于 -40 ~100℃的温度范围。乙炔胶管的详细规定见 GB/T 15329.1—2003。

表 1-14　乙炔橡胶软管的尺寸表

公称内径/mm	内径/mm		外径/mm					
	所有型别		1 型		2 型		3 型	
	最小	最大	最小	最大	最小	最大	最小	最大
6.3	5.9	6.9	11.6	13.2	12.6	14.2	13.6	15.2
8	7.4	8.4	13.1	14.7	14.1	15.7	16.1	17.7

续表 1-14

公称内径/mm	内径/mm		外径/mm					
	所有型别		1 型		2 型		3 型	
	最小	最大	最小	最大	最小	最大	最小	最大
10	9.0	10.0	14.7	16.3	15.7	17.3	17.7	19.3
16	15.3	16.5	21.9	23.9	22.9	24.9	24.9	26.9
19	18.2	19.8	—	—	26.0	28.0	28.0	30.0
25	24.6	26.2	—	—	32.9	35.9	34.4	37.4

表 1-15　最大工作压力、试验压力表

公称内径/mm	最大工作压力/MPa			试验压力/MPa		
	1 型	2 型	3 型	1 型	2 型	3 型
6.3	2.5	7.5	14.5	5.0	15.0	29.0
8	2.0	6.8	13.0	4.0	13.6	26.0
10	2.0	6.3	11.0	4.0	12.6	22.0
16	1.6	5.0	8.0	3.2	10.0	16.0
19	—	4.5	7.0	—	9.0	14.0
25	—	4.0	5.5	—	8.0	11.0

1.3.2.6　织物液压软管

在生产现场为输送特定工艺要求的化工类气体、液体和动力、能源介质，通常需要采用织物性液压软管类材料。表 1-16 和表 1-17 介绍了两种液压软管的内径、外径和适用的工作压力等相关技术参数，供参考。一般来说，软管内、外径值越大，则适用的工作压力相应降低。

表 1-16　常用液压软管表 A

公称内径/mm	内径(各型)/mm		外径(1 型)/mm		工作压力/MPa
	最　小	最　大	最　小	最　大	
8	7.7	8.5	13.5	15.1	2.8
12.5	12.3	13.5	19.0	20.6	2.8
16	15.4	16.7	22.2	23.8	2.4
25	25.0	26.4	—	—	—

表 1-17　常用液压软管表 B

公称内径/mm	内径(各型)/mm		外径(2 型)/mm		工作压力/MPa
	最　小	最　大	最　小	最　大	
8	7.7	8.5	14.1	15.7	6.8
12.5	12.3	13.5	18.7	20.7	5.8
16	15.4	16.7	22.9	24.9	5.0
25	25.0	26.4	32.9	35.9	4.0

标记示例：织物液压软管2型，内径12.5mm，适用工作压力为5.5MPa时，标记为：织物液压软管2-12.5 GB/T 15329—1994。

1.3.3 平面毛毡

平面毛毡是一种适用于温度小于90℃、动密封类型的密封材料，也可作防振衬垫和隔热保温材料。平面毛毡通常用于接触式密封、滚动轴承与轴配合的转轴伸出处的密封。一般将平面毛毡做成毛毡圈，装在轴承盖的梯形槽内，压紧在转轴上从而起到密封作用。这种密封形式结构简单、成本低、尺寸紧凑，对轴的偏心窜动不敏感，但摩擦阻力较大，适用于脂润滑，当与其他密封形式组合使用时也可用于稀油润滑。使用这种密封时，转轴表面最好经抛光处理。表1-18所示为生产设备中常用的平面毛毡。

表1-18 常用平面毛毡

类型	牌号	密度/g·cm^{-3}	厚度/mm	断裂强度/MPa	特性和用途
细毛	T112 T111	0.9～0.65	1.5～25	2.5～6	富有弹性，可作防振、密封衬垫。黏合性能好，不易松散，可冲切成各种形状的零件，可作隔热保温材料，可作抛磨抛光材料
半粗毛	T122 T222	0.24～0.38		2.5～4	
粗毛	T132 T232	0.23～0.36		2.5～3	

注：表中所列性能是一等品性能。

1.3.4 玻璃

（1）中空玻璃。中空玻璃是用两片或多片玻璃原片，在其周边用隔离框分开并用密封胶密封，使玻璃层间形成有干燥空气的空气层。玻璃原片可用平板夹层、钢化、吸热、热反射、压花玻璃等。间隔框可采用铝框、不锈钢框等。中空玻璃要求其内表面不得有妨碍透视的污迹及胶粘剂飞溅斑点。

（2）夹层玻璃。夹层玻璃与中空玻璃一样都是由两片或两片以上玻璃原片组合而成，但组合方式不同。夹层玻璃是在各片玻璃之间夹以透明塑料衬片，经热压黏合而成。夹层玻璃按形状可分为平面和曲面夹层玻璃。

（3）钢化玻璃。钢化玻璃又称安全玻璃。它遇超强冲击破坏时，碎片成分散细小颗粒状，无尖锐棱角。钢化玻璃是用普通平板玻璃或浮法玻璃加工处理而成。其生产工艺有两种。一种是将已选玻璃在特定工艺条件下，经淬火法或风冷淬火法加工处理而成。另一种是将已选玻璃通过离子交换法，改变玻璃表面成分，使其表面形成一层压应力层从而得到钢化玻璃。钢化玻璃具有抗冲击强度高（比普通玻璃高4～5倍），抗弯强度大（比普通玻璃高5倍），热稳定性好以及光洁、透明、可切割等特点。平面钢化玻璃厚度有4mm、5mm、6mm、8mm、10mm、12mm、15mm、19mm八种。

1.4 复合材料

复合材料由两种或两种以上的材料复合而成。近十几年来复合材料的研发突飞猛进，应用范围越来越广泛。复合材料保留了各组成材料的优良性能，得到单一材料所不具备的优良综合性能。它具有比强度和比弹性模量高、减振性能好、减摩耐磨性好、自润滑性能好、耐热性好、化学稳定性好和破损安全性好的优点（有些只具备上述部分优点）。与单一材料相比，在质量相同的条件下，复合材料具有更大的承载能力和刚度。复合材料可用于制作消声设备、水泵、风机、叶轮、齿轮、带轮、轴套等零部件。

复合材料一般由增强材料和基体材料两部分组成，可将选定的增强材料用特定的办法覆着于零部件表面，起到特殊的作用（如耐热、耐磨等），效果显著。增强材料有纤维（玻璃纤维、碳化硅纤维等）、丝、颗粒、片材等，均匀地分布在基体中。基体材料有金属基和非金属基两类。金属基主要有铝合金、钛合金等，现已应用的复合钢板有铜-钢、钛-钢、不锈钢复合钢板等。非金属基有合成树脂、陶瓷等。复合材料种类繁多，性能各异。例如，玻璃纤维和合成树脂的合成材料具有优良的强度，可制造密封件、耐蚀件、耐磨及减摩机械零件等。

- 复合材料
  - 按复合材料的组成分
    - 金属基复合材料：金属 + 金属
    - 金属基超硬合金：金属 + 陶瓷
    - 碳纤维增强金属：金属 + 碳素
  - 按结构形式分
    - 层结构复合材料
    - 缠绕结构复合材料

复习思考题

1-1　组成钢的基本成分有哪些元素？

1-2　简述 C 元素对碳素钢性能的影响。

1-3　简述热处理的作用和常用方法，绘出热处理分类的工艺曲线。

1-4　淬火的操作方法有哪些，有何作用？

1-5　轴类零件应采用什么热处理方法？

1-6　为什么淬火钢均应做回火处理？

1-7　简述钢的化学热处理的作用。对齿轮零件进行渗碳处理有什么作用？

1-8　若按化学成分区分，钢材怎么分类？（绘出示意框图）

1-9　钢的强度、刚度和硬度各自的含义是什么，它们之间有何联系？

1-10　说明下列牌号铁碳合金的类别、含义、含碳量，举例说明其中三种的用途。
HT250，ZG230-450，45，16Mn，40Cr，42SiMn，T10A，QT400-1，W18Cr4V，GCr15。

1-11　列出四种以上常用的有色金属合金产品的牌号与名称。

1-12　轧钢车间内有一台 1600kW 主电动机，试判断其所用轴承的种类、材质。

1-13　金属压力加工的含义和作用是什么？简述“冷轧”产品应用范围。

1-14　简述轧钢生产的概念、特点。列出五种你所接触到的轧钢产品名称，应用场合。

1-15　什么是工程塑料，它有哪些性能和用途？

1-16　复合材料有什么特点？

1-17　举例说明碳素钢与合金钢，铸铁与铸钢的力学性能差别。

2 设备维修基础知识

【教学重点】

本章对以前学习过的相关知识要点予以复习，重点包括金属力学性能、公差与配合的选择、金属加工常识等。可根据具体状况，有选择性地学习。在此基础上，本章还简要介绍了设备管理方面的基础知识。

2.1 金属力学性能

2.1.1 力学性能术语

（1）内力。当工件受到外力作用时，工件内部的原子间距就会发生改变。例如，工件受到压力作用时，其内部的原子间距变小而产生斥力来与压力平衡；工件受到拉力作用时，其内部的原子间距变大而产生引力来与拉力平衡。这种在工件内部产生的斥力或引力称为内力。

（2）应力。金属工件在外力作用下发生塑性变形时，其内部产生与外力大小相平衡的内力。单位面积上的这种内力称为应力，用 σ 表示。

$$\sigma = F/A$$

式中 σ——应力数值，Pa；

F——作用于工件上的外力值，N；

A——承受外力作用的工件横截面积，mm^2。

（3）应力集中。当金属零件内部存在应力，其表面又有尖角、缺口、划伤、裂纹等缺陷时，应力将在这些缺陷处发生突变，使得这些缺陷部位的实际应力比正常应力高数倍，这种现象称为应力集中。金属零件内部的气泡、缩孔、夹渣及残余应力等对应力的反应与物体的表面缺陷对应力的反应相同，即在应力作用下，也会发生应力集中。应力集中在很大程度上提高了金属的变形抗力，降低了金属的塑性。金属零件的破坏往往最先从应力集中的地方开始。

（4）交变应力。凡随着时间推移做周期性变化的应力称为交变应力。例如，齿轮啮合传动过程中，齿根处所受的应力由零增加到最大值，而后又逐渐递减为零。轴每转动一周，各齿就啮合一次。随着轴的转动，轮齿上的应力就周而复始地变化，故轮齿在工作过程中处于交变应力状态。

（5）应力循环特性。在交变应力中，应力变化每重复一次的过程称为一个应力循环。应力循环中，以最小应力与最大应力之比来表示应力变化的情况，称为循环特性，用符号 r 表示，即 $r = \sigma_{min}/\sigma_{max}$。

（6）对称循环交变应力和脉动循环交变应力。

$r=-1$ 时（$\sigma_{max}=-\sigma_{min}$）的交变应力称为对称循环交变应力。例如，减速器转轴表面承受的交变应力就是对称循环弯曲交变应力。

$r=0$ 时（$\sigma_{max}\neq 0$、$\sigma_{min}=0$）的交变应力称为脉动循环交变应力。例如，齿轮做单向传动时，轮齿上的弯曲正应力就属于脉动循环交变应力，滚动轴承不动圈滚道表面承受的应力也是脉动循环变应力。

$r=+1$ 时（$\sigma_{max}=\sigma_{min}$）的应力为静应力。静应力可看作交变应力的特殊状态。

(7) 许用应力。零件在失效前，允许零件材料承受的最大应力称为极限应力。为保证零件安全工作，把极限应力除以一个安全系数后所得的数值作为零件材料的许用应力 $[\sigma]$。

对于塑性材料，取屈服极限 σ_s 为极限应力，因此其许用应力 $[\sigma]=\sigma_s/n$。

对于脆性材料，取强度极限 σ_b 为极限应力，因此其许用应力 $[\sigma]=\sigma_b/n$。

安全系数 n 的具体取值，需要根据具体工况查阅专业资料确定。

(8) 疲劳强度。工件材料经受无数次的应力循环仍不断裂的最大应力值，称为该材料的疲劳强度。材料的疲劳强度是在不同交变载荷作用下，在试验室中进行测定的。通过试验可测得材料所承受的交变应力 σ 和断裂前应力循环次数 N 之间的关系曲线，即金属材料的疲劳曲线图（曲线图参阅专业资料）。应力值越低，断裂前应力循环次数越多，因此规定材料在交变应力作用下达到一定的循环次数而不断裂时的最大应力值为该材料的疲劳强度，用 σ_{-1} 表示。实践表明，当钢铁材料的应力循环次数达到 10^7 时零件仍不断裂，此时的最大应力可作为疲劳强度。

(9) 剪切变形。设备的各种连接件通常会受到大小相等、方向相反、彼此相距很近的一对平行力的作用。处于作用力中间部分的截面，将沿着力的方向发生相对错动，构件的这种变形称为剪切变形。

(10) 挤压变形。构件在受剪时，首先会发生（伴随）挤压作用。当两构件接触并传递压力时，接触面相互挤压，使得较软件的接触表面产生塑性变形，这种现象称为挤压变形。

(11) 加工硬化。金属塑性变形时，随着变形程度的增大，变形抗力的所有指标都增大，而塑性指标降低，抗腐蚀性和导热性下降，电阻升高。金属在塑性变形过程中发生的这些力学性能和物理化学性能变化的综合现象，称为加工硬化。

从改善金属材料性能的角度来看，加工硬化是重要的手段之一，特别是对那些用一般热处理手段无法强化的无相变的金属材料。但是加工硬化也有其不利的一面。例如，在冷加工过程中，由于变形抗力的升高和塑性下降，往往使继续加工变得困难，需在工艺过程中增加退火工序。

(12) 热加工。在塑性变形时，若金属的变形温度高于该金属的再结晶温度，称这种变形为热变形，也称热加工。热加工有以下优点：

1) 变形抗力低，耗能少。

2) 因塑性升高，不易产生断裂。

3) 不需要像冷加工那样采用中间退火，简化了工序。

4) 可引起组织性能的变化，以满足某些产品的要求。热加工可看成是由加工硬化和再结晶两个过程的叠加。它可使铸态金属组织中的缩孔、空隙、气泡等缺陷得到压密或焊合，可使晶粒细化、夹渣破碎，还可形成纤维组织。纤维组织的出现，使金属沿纤维方向上有较高的强度和塑性。在实际生产中常利用纤维组织的特点来制作工件。例如，锻造的曲轴就比铸、车制的曲轴具有更高的力学性能，如图 2-1 所示。

热加工后的材料组织致密、晶粒细化，物理与力学性能均有所提高。与冷加工方法比较，热加工也有其缺点：

1）散热快，保温困难。

2）产品尺寸不如冷加工的精确，表面也不如冷加工的光洁。

3）产品的组织不如冷加工的均匀，性能也不如冷加工的好。

4）钢材的强度不如冷加工高。

(13) 稳定性。构件维持原有平衡形态的能力，称为构件的稳定性。材料的强度、刚度和稳定性决定了零件的承载能力。

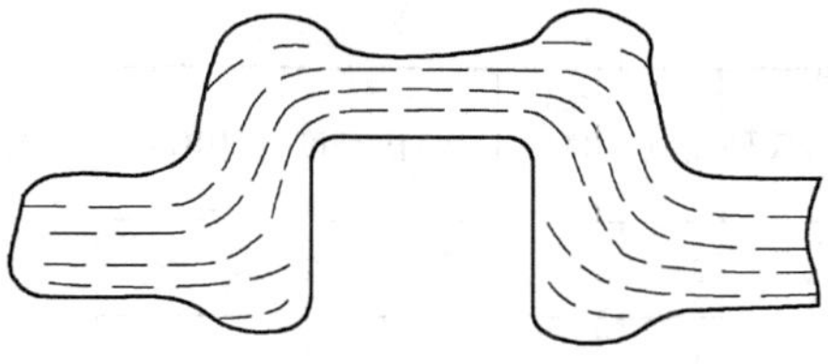

(a)

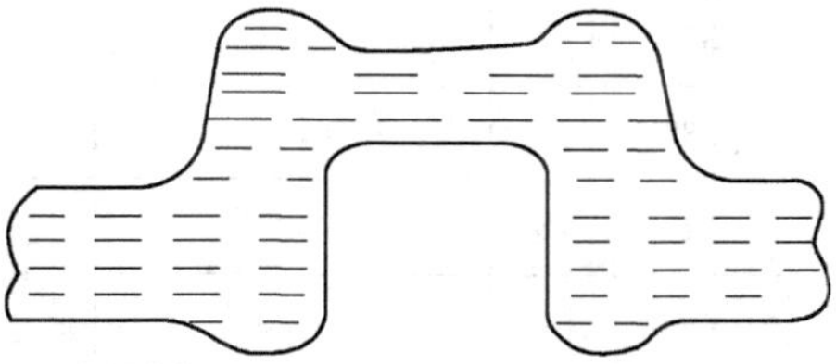

(b)

图 2-1 曲轴中流线

(a) 锻造曲轴；(b) 铸、车制的曲轴

(14) 弹性滑动与打滑。带传动工作时，由于紧边和松边所受的拉力不同，变形也不同。主动轮处带的运动滞后于带轮，导致带与主动轮轮缘之间发生微量的相对滑动。这种由于带的弹性变形引起的局部相对滑动现象称为弹性滑动。带与带轮之间的摩擦力总和有一个极限值，当传递动力的有效拉力值超过这个极限值时，带将在带轮上发生相对滑动，这种现象称为打滑。弹性滑动与打滑是两个不同的概念：弹性滑动是带传动工作时不可避免的固有特性，不影响带的正常工作；打滑是因过载所致，会使传动失效，同时也加剧了带的磨损，应该采取办法尽量避免。

2.1.2 硬度与抗拉强度的关系

材质为碳素钢、合金钢等的零件表面硬度值与碳素钢的抗拉强度值客观上存在着一定的比例关系。利用这种比例关系，可以采用给零部件或外购备品备件打硬度的方式，在现场快速鉴定工件的力学性能，大体判断它的材质（不必取样化验、试验，有些工件的取样化验也不现实），以确定其品质是否合格，从而决定取舍。

为便于参照比较或查阅应用，现把常用硬度值与碳素钢的抗拉强度对照列于表 2-1 中。应熟悉该关系、掌握该方法并应用于现场设备维修之中。

表 2-1 常用硬度值与碳素钢抗拉强度近似对照表

布氏硬度（HB）	洛氏硬度（HRC）	维氏硬度（HV）	肖氏硬度（HS）	碳素钢 σ_b 近似值/MPa
143	—	150	22	500
149	—	156	23	530
192	—	202	29	660
207	—	218	32	700
241	22.8	253	36	830
255	25.4	269	38	880
269	27.6	284	40	920

续表 2-1

布氏硬度（HB）	洛氏硬度（HRC）	维氏硬度（HV）	肖氏硬度（HS）	碳素钢 σ_b 近似值/MPa
302	32.1	319	45	1050
341	36.6	360	50	1200
375	40.4	396	54	1320
388	41.8	410	56	1370
429	45.7	455	61	1530
495	51.0	528	68	1780
514	52.1	547	70	1850
578	56.0	615	75	2090
653	60.0	697	81	—
733	64.7	820	90	—

2.2　公差与配合

2.2.1　公差与偏差

公差是指一切可测性能参数允许的最大值与最小值之差，或者是允许这些参数的变动量。新国标把尺寸公差定义为允许尺寸的变动量。

偏差是指某一尺寸减其基本尺寸所得的代数差。偏差包括实际偏差与极限偏差，极限偏差又包括上偏差和下偏差。

应严格区分偏差和公差。二者的区别，通俗地理解大致有三点：

（1）从数值看，偏差可为正值、负值或零，而公差是一个没有正、负号的数值，而且也不能为零。所以，一切关于零公差、负公差的说法都是不正确的。

（2）从作用看，极限偏差用于限制实际偏差，它代表公差带的位置，影响配合的松紧。而公差用于限制尺寸误差，它代表公差带的大小，影响配合的精度。

（3）从工艺看，偏差取决于加工时机床的调整（进刀），而公差反映尺寸制造精度（当基本尺寸一定时）。对单个零件，只能测出尺寸的实际偏差。

公差与偏差的详细内容可参阅 GB/T 1800。

2.2.2　公差与配合的选择

众所周知，图纸是一种工程语言。在阅图或制图时，必然会涉及图形数值的表达问题，这是设备维修的“第一”基本功——相当于生活中的说话。公差与配合的正确选用，体现了这个基本功的掌握程度，并直接关系现场设备维修效果。公差与配合的选用，主要包括基准制的选用、公差等级的选用、配合的选用三方面。这三项选择好之后，就基本上清楚地表述了图纸上图形数值的技术含义（当然还有形状与位置公差的完善表示）。

2.2.2.1 基准制的选择

选择基准制应从结构工艺、经济性等方面综合考虑。

(1) 一般情况下，优先选用基孔制。

(2) 与标准件配合时，依标准件定。例如，与滚动轴承内圈配合的轴应按基孔制，与外圈配合的孔按基轴制。

(3) 多件配合时要具体分析。

2.2.2.2 公差等级的选择

选择公差等级是为了具体解决机器零件使用要求与制造工艺及成本之间的矛盾。选择公差等级可理解为选择制造精度问题，解决“好”与“省”的矛盾。

(1) 公差等级应满足使用要求。

(2) 对基本尺寸为1~500mm的高精度配合，由于孔较难加工，推荐选择孔的公差等级比轴大一级。但对于基本尺寸大于500mm的配合，由于孔的测量精度较轴往往易于保证，目前采用同级孔、轴配合。

(3) 要考虑工艺可能性与经济性。孔、轴的公差等级应与有关零件的精度、结构设计、加工及装配方法相适应。例如，与滚动轴承配合的轴颈和外壳孔的精度就与轴承精度有关，齿轮孔与轴的配合精度就与齿轮精度有关。

2.2.2.3 配合的选择

选择配合主要是为了确定配合零件（孔、轴）在机器工作时的相互关系，保证机器中各个零部件的协调运作、稳妥可靠。

(1) 要掌握基本偏差特点。采用基孔制时，选择配合主要是确定轴的基本偏差代号，同时确定孔、轴的公差等级。对间隙配合，可按最小间隙确定基本偏差代号。对过盈配合，在确定基准件公差等级后，可按最小过盈选定基本偏差代号。

(2) 应根据具体工况条件来定配合，如零件材质、负荷性质、工作温度、装配条件等因素，并注意尺寸公差与形位公差及表面粗糙度之间的协调。通常要参考经过实践验证的实例或经验数据来具体选定配合。

下面通过一些常用配合实例（优先配合）来说明配合的选择，见表2-2。

表 2-2 优先配合推荐表

优先配合		说　明
基孔制	基轴制	
H8/f7	F8/h7	间隙不大的转动配合。用于中等转速与中等轴颈压力的精确转动，也用于装配较易的中等定位配合，如机床中低速运转的零部件
H7/h6 H8/h7	H7/h6 H8/h7	间隙定位配合。零件可自由装拆，而工作时一般相对静止不动。在最大实体条件下的间隙为零，在最小实体条件下的间隙由公差等级决定
H7/k6	K7/h6	过渡配合。用于精密定位，如齿轮与轴、链轮与轴、联轴器、皮带轮与电动机轴端的配合
H7/n6	N7/h6	过渡配合。允许有较大过盈的更精密定位，如受振动冲击的齿轮与轴，固定在轴上的爪型离合器
H7/p6	P7/h6	过盈定位配合，即小过盈配合。用于定位精度特别重要的配合，承受冲击负荷时应加设辅助坚固件。例如，轧钢厂主传动装置主减速机中低速齿轮与转轴的配合，就是典型的重载且有冲击的齿轮与轴配合
H7/s6	S7/h6	中型压入过盈配合。承受变动负荷、振动冲击时需加设辅助件，可产生相当大的结合力。例如，钢材剪切机传动装置上齿轮与传动装置，传动装置中飞轮与转轴的配合等

2.2.3 基本偏差的选用

基本偏差选用是配合选择的延伸，是零件配合关系的“终点”选择。基本偏差选用的准确与否，关系极大。设计工作和现场维修（安装）工作的技术含量往往体现于此。基本偏差的选用一定要遵循理论与实际相结合的原则，视现场具体工况条件来确定。此处仅依据多年的维修经验做一简要介绍，见表2-3。

表 2-3 基本偏差选用推荐表

配 合	基本偏差（轴）	配合特性及应用
间隙配合	e	多用于 IT7～9 级。适用于要求有明显间隙、易于转动的支承配合，如多支点支承配合、高速重载支承配合、大电动机的滑动轴承（瓦）
	f	多用于 IT6～8 级的一般转动配合，如齿轮箱、小电动机、泵等的转轴与滑动支承的配合
	h	多用于 IT4～11 级。广泛用于无相对转动的零件，作为一般的定位配合，如滚动轴承外圈与轴承座的配合
过渡配合	js	适用于完全对称偏差（±IT/2），稍有间隙的配合。多用于 IT4～7 级，要求间隙比 h 轴小并允许略有过盈的定位配合，如联轴器可用木槌装配
	k	平均为没有间隙的过渡配合，适用于 IT4～7 级。推荐用于稍有过盈的定位配合，如为了消除振动用的定位配合
	m	平均为具有小过盈的过渡配合，适用于 IT4～7 级。一般可用木槌装配，在较大配合尺寸或最大过盈时，要求相当的压入力
	n	很少得到间隙的过渡配合（其中 H6/n5 为过盈配合），适用于 IT4～7 级。用大锤或压力机装配，推荐用于紧密的组件配合
过盈配合	p	与 H6、H7 孔配合时为过盈配合，与 H8 孔配合时则为过渡配合。对钢、铸铁、铜类件的装配是标准压入配合
	r	与 H8 孔配合和直径大于 100mm 时为中等打入过盈配合，直径小时为过渡配合
	s	用于钢铁零件的半永久性装配，过盈量充分可产生较大结合力。尺寸较大时为避免损伤配合表面，需用热装法（或冷缩法）装配

2.3 金属加工技术常识

2.3.1 金属切削加工

切削加工是指运用工具（含切削刀具）从坯料或工件上切除多余材料，以获得所要求的几何形状、尺寸精度和表面质量的零件加工方法。在机械制造中，尺寸公差和表面粗糙度值较小的零部件，一般都是经过切削加工得到的。

金属切削加工分为钳工加工和机械加工两大部分。机械加工是由工人操作机床进行加工，其主要方式包括车削、铣削、刨削、磨削、镗削、钻削和锯切等。

2.3.1.1 *各种加工方法的精度*

设备维修要求正确选择加工方法，表2-4 所示为各种加工方法的加工精度对比。

表 2-4　各加工方法的精度公差等级

加工方法	公差等级（IT）																	
	01	0	1	2	3	4	5	6	7	8	9	10	11	12	13	14	15	16
研　磨		—	—	—	—	—												
珩　磨							—	—										
圆磨、平磨								—	—									
拉　削								—	—									
铰　孔									—	—	—							
车										—	—	—						
镗										—	—	—						
铣											—	—						
刨、插												—	—					
钻													—	—				
冲　压													—	—	—			
压　铸														—	—			
粉末冶金成型									—									
冷　轧														—	—			
锻　造																	—	

2.3.1.2　各种加工方法的表面粗糙度 *Ra* 值

工件加工结束后，其外表面的光滑程度，在机加工上称为表面粗糙度，并可用定量的方法来衡量判断。表面粗糙度 *Ra* 值（单位 μm）大小，就是其衡量判断的方法之一。通过表 2-5 所示内容，可大致了解车、镗、铣、刨、磨、钻等常规机加工方法所能达到的 *Ra* 值和适用范围。

表 2-5　各加工方法的表面粗糙度 *Ra* 值

加工方法	粗糙度 *Ra*/μm	表面形状	适　用　范　围
粗车、刨、钻、立铣、平铣	25	微见刀痕	一般非结合的加工面均用此级粗糙度，如齿轮和皮带轮的侧面、键槽非工作面、钻孔等
车、镗、刨、钻、粗铰、平、立铣、磨齿、铣齿	12.5	可见加工痕迹	半精加工表面、不重要零件的非配合表面（如轴的端面）、不要求定心及配合的表面（如皮带轮和联轴器的侧面、平键键槽的上下面）等
车、镗、刨、铣、拉、磨、锉、铣齿、刮 1～2 点/cm^2	6.3	微见加工痕迹	半精加工表面，要求有定心及配合特性的固定支承表面，如键和键槽的工作表面、轴与毡圈摩擦面等
车、镗、刨、铣、铰、拉、磨、滚压、铣齿、刮 1～2 点/cm^2	3.2	看不见加工痕迹	接近于精加工，要求有定心及配合特性的固定支承表面（如轴承和定位销的压入孔），不要求定心及配合的活动支承表面（如 8 级齿轮齿面、花键结合面）等
车、镗、拉、磨、铰、立铣、滚压、铣齿、刮 3～10 点/cm^2	1.6	可辨加工痕迹的方向	要求保证定心及配合的表面，如安装滚动轴承的轴颈、中速转动的轴颈（60～120r/min）、静连接 IT7 级的孔等
铰、磨、镗、拉、滚压、刮 3～10点/cm^2	0.8	微辨加工痕迹的方向	要求能长期保持所规定配合特性的 IT7 级的轴和孔的配合表面；高速（120r/min）工作下的轴颈及衬套的工作面、轴瓦工作表面；工作时受反复应力的重要零件，如曲轴和凸轮轴的工作表面

2.3.2　表面强化技术

表面强化技术是指采用某种工艺手段，使零件表面获得与基体材料不同的组织结构和性能的一种技术。它可以延长零件的使用寿命，节约贵重金属，可使零件表面获得更好的力学性能。设备维修通常所涉及的表面强化技术有表面机械强化、表面热处理强化和表面化学热处理强化、电火花强化、激光表面处理强化四种。从目前厂矿企业的应用程度看，前两种技术应用比较普遍。

2.3.2.1　表面机械强化

表面机械强化是通过机械手段（滚压、内挤压、喷丸）使零件表面产生压缩变形，形成厚度达0.5~1.5mm的硬化层，有效地提高金属表面的强度和疲劳强度。表面机械强化成本低、效果显著，在设备维修中经常应用。

喷丸是表面机械强化技术中最为广泛应用的一种技术。它是用高速弹丸冲击零件表面，使之产生形变硬化层且引进残余应力的一种机械强化工艺方法。该方法已广泛用于齿轮、链条、弹簧、叶轮等的强化，显著地提高了它们的抗弯强度、抗腐蚀疲劳、抗磨损等性能。

2.3.2.2　电火花强化

电火花强化技术在有些行业应用较多，但总体推广应用不平衡。虽然它已广泛地应用于修复各种模具、量具、轧辊、零件的磨损表面，且修复质量较好，经济性较佳，但由于其多数为手工操作、效率低、强化层较薄（最厚只有0.06mm）、经强化处理后零件表面较粗糙等原因，其应用受到一定的限制。

电火花强化是以直接放电的方式向零件表面提供能量，使之转化为热能和其他形式的能量，从而改变零件表面层的化学成分和金相组织，提高表面性能的一种表面强化技术。在强化过程中，放电所产生的瞬时高温，使电极材料和工件表面基体材料瞬间被高速熔化，发生高温物理化学冶金过程。在此过程中，电极材料和空气中被电离的氮离子等，熔渗、扩散到工件表层，并重新合金化。在基体材料上被熔化的金属微滴的快速冷却凝固过程，实质上是被高速淬火的过程。该过程改变了工件表面层的组织结构和性能。电火花强化一般是在空气介质中进行，能在工件表面形成一层高硬度、高耐磨性和耐腐蚀性的强化层，强化效果显著。电火花强化过程包括准备工作、实施强化、强化后处理三个阶段。

（1）准备工作。了解工件材料的硬度、表面状况、期望达到的技术要求，并确定是否可行。确定工件强化部位、对强化部位进行清洁。选择强化设备和电极材料，确定强化操作规范。对表面粗糙度值要求较低的模具、刀具、量具的修复，通常选用D9105A、D9110B等小功率强化机；对表面粗糙度值要求较高、强化层较厚的大型件修复，可选用D9130型强化机。电极材料最常用的是YG8硬质合金材料。

（2）实施强化。调整电极与表面的夹角，选择电极移动方式和移动速度。

（3）强化后处理。清理表面，检查质量。

2.3.2.3　激光表面处理

激光表面处理是高能密度表面处理技术中的一种主要手段，是在极短的时间内改变表面层的成分与显微结构、提高表面性能的一种强化手段。激光表面处理具有传统表面处理技术或其他高能密度表面处理技术不易达到的优点，在设备维修领域显示出日益广泛的应用前景。激光表面处理技术包括激光表面强化、表面涂敷、表面非晶态处理、表面合金化、气相沉积等。

2.3.3 数控机床与加工中心

数控机床是一种采用计算机并应用数字技术进行控制的灵活性极强、高效能的全自动化加工机床，是今后机床发展的方向。数控机床主要由七大部分组成：加工程序、输入装置、数控系统、伺服系统、辅助控制装置、测量反馈系统及机床。在数控机床上加工零件时，需要先编写零件的加工程序单（用数字代码来描述被加工零件的工艺过程、零件尺寸与工艺参数），然后将加工程序输入计算机。经计算机处理与计算后，发出各种控制指令控制机床的运转，自动将零件加工出来。当变更加工零件时，只需修改或重新编写零件的加工程序，机床本身不需要进行任何调整就能把零件加工出来。

加工中心是一种备有刀库并能自动更换刀具对工件进行多工序加工的数控机床。它集铣、钻、镗等加工于一体，适合对箱体、壳体、模具型腔等非回转体类工件的加工。加工中心的结构分为两部分：一是主机部分，二是控制部分。主机部分主要是机械结构部分，包括床身、主轴箱、工作台、底座、立柱、横梁、进给机构、刀库、换刀机构和辅助系统（润滑、冷却、气液）等。控制部分含硬件部分和软件部分。硬件部分包括计算机数控装置（CNC）、可编程序控制器（PLC）、输入/输出设备、主轴驱动装置和显示装置。软件部分包括系统程序和控制程序。

2.4 设备管理术语

2.4.1 技术经济指标

表示企业内（厂或车间）劳动力、设备、原材料、能源动力、产品销售、资金等项利用程度的指标称为技术经济指标。这些指标既能反映企业的生产技术水平和管理水平，又能反映企业的经济效益。常用的技术经济指标有产量、质量、作业率、成材率、能耗、事故率、安全事故率、劳动生产率、产品销售率、成本利润率、资金利用等。

“八五”期间（1991～1995）部分钢铁企业指标完成状况摘录如下，供参考。

（1）设备事故（故障）停机率

$$\text{设备事故(故障)停机率} = \frac{\text{设备事故(故障)时间}}{\text{日历时间}} \times ‰$$

“八五”期间企业的停机率数据见表2-6。

表2-6 设备事故（故障）停机率比较表

企业名称	设备事故（故障）停机率/‰	平均值/‰
首 钢	5.78	4.51
唐 钢	4.39	
宝 钢	3.39	

（2）单位产品设备修理费（元/t）

$$\text{单位产品设备修理费} = \frac{\text{设备修理费}}{\text{产量}}$$

“八五”期间一些企业的修理费数据见表2-7。

表 2-7　单位产品设备修理费比较表

企业名称	单位产品设备修理费/元 · t^{-1}	平均值/元 · t^{-1}
首　钢	70.06	
唐　钢	92.82	91.8
宝　钢	112.53	

(3) 设备修理费占生产总成本百分比

$$设备修理费占生产总成本百分比 = \frac{设备修理费用}{生产总成本} \times \%$$

"八五"期间一些企业的修理费百分比数据见表 2-8。

表 2-8　设备修理费用指标比较表

企业名称	设备修理费用/%	平均值/%
首　钢	4.61	
唐　钢	5.97	5.66
宝　钢	6.39	

2.4.2　设备的有形磨损与无形磨损

2.4.2.1　有形磨损

机器设备在使用过程（或闲置过程）中发生的实体磨损称为有形磨损，又称为物质磨损。有形磨损可分为两类：

(1) 设备在生产使用过程中，零部件由于摩擦、变形、疲劳等现象而产生的磨损。

(2) 由于自然力的作用，如设备的零部件受到氧化腐蚀而产生的磨损。这类磨损与生产过程的使用无关。

有形磨损产生的后果分为技术后果和经济后果，如下所示。

有形磨损的后果
- 技术后果：机器设备的使用价值降低，发展到一定程度设备完全丧失使用价值
- 经济后果：机器设备的原始价值逐步降低

2.4.2.2　无形磨损

设备在使用或闲置过程中，由于其再生产（新制造）的必要劳动时间减少或三新技术（新技术、新工艺、新材料）出现而引起的设备价值损失，称为无形磨损，也可理解为"无形贬值"。无形磨损可分为两种：

(1) 第一种无形磨损：由于劳动生产率的提高，生产同样机器设备所需的社会必要劳动耗费减少，从而使原有机器设备的价值相应贬值。例如，汽车行业的飞速发展促使汽车售价连续多年递降。这种无形磨损虽有设备部分贬值的经济后果，但设备本身的技术特性和功能不受影响，即使用价值并未因此而变化，故不会产生提前更换现有设备的问题。这种使用功能、技术特性即使用价值并没有发生变化，可理解为一种"无形"的体现。

(2) 第二种无形磨损：由于三新技术的涌现与应用，产生了性能更加先进完善、效率更高的新型机器设备，使得原有设备的价值相对降低。这样，旧的机器设备虽未达到其物理寿命（运行寿命），甚至还很"年轻"，刚使用两三年，但其生产率已大大低于了社会平均水平。如继续使用，生产产品的成本便会大大高于社会平均成本，造成单位产品成本升高，在市场上缺

乏竞争力。故企业需购置新设备代替过时的旧设备。例如，轧钢型钢生产中，以短应力线轧机为代表的高刚度轧机，因其轧制的型材质量易于控制和保证，并且可提高轧制速度，已逐步取代普通轧机。

2.4.3 标准化的意义与代号

零部件的标准化工作又简称三化，即零件标准化、部件通用化、产品系列化。标准化的意义为：

（1）减少设计中的差错，减轻设计工作量，把主要精力用在关键零部件设计工作上。

（2）标准化后，同型号零件加工数量大大增加，有利于采用先进工艺进行大规模生产或组织专业化生产，减少材料消耗，降低成本，提高质量。

（3）有利于缩短产品试制周期，加速新产品开发。

（4）使得供需双方的备品备件储备和购销简单化，有利于设备维修工作。

常用标准代号的含义如下：

ISO——国际标准化组织　ZB——国家专业标准　QB——企业标准

GB——国家标准　GB/T——国家标准的推荐性标准

JB——机械行业标准　YB——黑色冶金行业标准

复习思考题

2-1 解释名词含义：应力、应力集中、许用应力、交变应力、热加工。

2-2 简述带传动工作时产生打滑现象的含义及原因。

2-3 零件表面硬度值与碳素钢的抗拉强度值存在的比例关系有何应用意义？

2-4 试述公差与偏差的区别。

2-5 选择零部件配合时需考虑哪些因素？

2-6 设备维修通常涉及的表面强化技术有哪几种？

2-7 什么是金属切削加工？

2-8 举例说明什么是设备事故（故障）停机率？

2-9 举例说明什么是设备的无形磨损？

2-10 什么是零部件的标准化，标准化的意义是什么？

3 零部件失效与分析

【教学重点】

本章主要讲述“为什么”。任何机械设备的寿命都是有限的，设备只要使用就会发生失效、损坏，这是毋庸置疑的。本章重点介绍机械零件产生失效的主要表现形式、原因和防范措施。结合三种典型零部件——滚动轴承、齿轮、轴的使用过程中可能出现的故障实例，讲解失效理论，加深理论联系实际的理解。

3.1 概述

工业生产中，常会遇到正在运行的生产设备突然停机、全线停产的情况。为什么出现这种情况呢？因为生产设备出现了故障。为什么出现故障呢？这是因为设备的内因或外因引起了某种障碍，导致零部件出现异常或丧失了本身功能，不能继续工作了。在设备使用过程中，零部件由于设计、制造、组装、维护、使用、修理等多方面的原因，丧失规定的功能，无法继续工作的现象，称为零部件失效。失效的外在表现形式多种多样、数不胜数，但归纳起来，其主要形式有磨损、变形、断裂、腐蚀。另外，像打滑、松动、泄漏、振动等也属于失效的（次要）表现形式。

在设备一生的各阶段中都存在着零部件失效的隐患，且种类繁多。那么深层次的实质原因是什么呢？人们把引起失效的诱发因素归纳为三大基本因素：应力、环境、时间。在分析零部件失效的原因时首先要联想到这些基本因素，结合现场实际情况再予以拓展。遵循这种思维方式，人们可以快速、准确地收集信息、归纳分析直至做出正确地判断。研究讨论零部件的失效模式和机理，是找寻设备故障发生原因的重要内容。

3.2 零部件磨损

零件工作表面的物质，由于表面相对运动而不断损失的现象，称为磨损。摩擦是现象，磨损是结果。据资料统计，大约有80%的坏损零件是因磨损报废的。研究磨损，在于认识其模式与机理，寻找规律性，找出控制和减少磨损危害的办法。按磨损破坏机理，磨损可分为磨料磨损、黏着磨损、疲劳磨损、腐蚀磨损。

3.2.1 磨损的分类

3.2.1.1 磨料磨损

硬的颗粒或硬的突起物，在摩擦过程中，引起材料的脱落现象，称为磨料磨损，又称磨粒磨损。这是零部件中最常见、危害最严重的一种磨损。其磨损程度与速度关系很大。

（1）磨损产生机理：当运动副（摩擦副）两表面间存有微小颗粒或两表面材料硬度差较大时，就会产生一种“吃一种”的磨损，即类似金属切削加工的磨损。被磨零件表面出现明显的沟痕或光亮面，即零部件尺寸和表面形态被改变，如出料口、粉碎机、给料机等所受到的损坏。一般情况下，材料的硬度越高，耐磨性越好。

（2）磨料磨损的原因：作用力使磨料垂直楔入表面，切向力使磨料与表面做相对切向运动，导致材料表面被剪切、犁皱或切削，留下沟槽痕迹。粉碎机类机械工作时，介质颗粒的冲刷动能使材料表面产生压痕及剪切。对塑性材料，压痕的后果是使表面挤出层状或鳞片状剥落物，剪切使表面产生沟槽。对脆性材料表面，颗粒的动能使材料表面产生裂纹，引起表面疲劳碎片脱落。在高应力碾碎性磨料磨损中，被磨表面由于接触点的循环接触变压应力的作用而出现表面疲劳剥落，对硬性材料则产生疲劳性脆性破裂。

要求抗磨料磨损的机械零件的选材应注意：一般情况下，提高零件材料的硬度，可以提高其耐磨性；工况环境有重载、冲击的情况下，必须先考虑材料的韧性，再考虑材料的硬度，以防零件折断。

3.2.1.2 黏着磨损

黏着磨损又称黏附磨损，是摩擦副两表面相对运动时，由于黏着作用，接触点表面的材料从一个表面转移到另一表面的现象。该磨损产生的机理是运动摩擦副间的润滑油油膜被破坏，导致两金属表面直接接触而产生高热、局部点熔化并黏结在一起，即摩擦副相对运动时，由于固相焊合，接触表面的材料从一个表面转移到另一个表面。该现象的典型实例是压缩机（空压机类）内缸套-活塞环的正常磨损，高速重载的齿轮传动中出现的齿面胶合现象。

两零件相对运动（运转）的接触点产生塑性变形时，若存在表面膜且单纯承受法向负荷，则不易发生黏着磨损。若同时伴有切向运动，表面膜被压碎破裂，造成新生面直接接触，便可能产生冷焊黏着。若法向载荷和滑动速度都很大，摩擦表面温度升高，导致润滑油膜破裂，则形成局部点表层金属熔化，接触点处产生黏着。形成“黏着→撕脱→再黏着”的循环过程，就构成了黏着磨损。黏着磨损的体积磨损量与滑动距离、法向载荷成正比，与两零件中较软材料的屈服强度（或硬度）成反比。

黏着磨损的影响因素大体有以下几项：

（1）材料特性方面：

1）脆性材料比塑性材料的抗黏着能力高。

2）互溶性小的金属材料所组成的摩擦副（异种金属或晶格等不相近的金属），黏着倾向小。

3）多相金属比单项金属黏着倾向小，金属与非金属材料（如石墨、塑料等）组成的摩擦副比单纯金属组成的摩擦副黏着倾向小。

4）避免同种金属相互摩擦，改变材料表面特性。

5）采用表面处理工艺，有利于提高摩擦副材料的抗黏着能力。

（2）负荷压力方面：黏着磨损量一般随压力增大到某一临界值后而急剧增加。试验表明，当负荷超过零件材料硬度的1/3时，磨损量增加，严重时咬死。因此，设计中选择的许用压力须低于材料硬度的1/3，才不产生黏着磨损。

（3）表面粗糙度方面：按一般情况来说，零件摩擦副粗糙度值越低（越光洁），抗黏着磨损能力也越大；但有个限度，过低的粗糙度值因为不利于润滑剂存储于摩擦面内反而会促进黏着。车间内新安装的设备采用逐渐加载跑合的技术方法，是减少零部件早期产生黏着磨损的有效措施之一。

（4）温度方面：选用热稳定性高的金属材料和加强冷却措施是防止因零件摩擦温升而产生黏着磨损的有效方法。因为当摩擦表面温升达到一定程度后，轻者破坏润滑油膜，重者会使材料局部点表层温升高至熔化状态。这都将促使黏着磨损的产生。

(5) 润滑状态方面：润滑状态对黏着磨损的影响比较大，边界润滑的黏着磨损值大于液体动压润滑。维修实践证明，在润滑油（脂）中加入油性和极压添加剂，能够提高润滑油膜的吸附能力及油膜强度，并能成倍地提高抗黏着磨损能力和抗疲劳磨损能力。

3.2.1.3　疲劳磨损

疲劳磨损也称接触疲劳磨损、表面疲劳磨损，是零件的两接触表面作滚动或滚动、滑动复合摩擦时，在交变接触压应力作用下，材料表面疲劳而产生物质损失的现象。这是一种缓慢渐进的磨损。齿轮副、滚动轴承等处经常出现表面疲劳磨损。疲劳磨损分为非扩展性及扩展性两类。大型主减速机齿轮副（承受冲击、重负荷工况）轮齿表面的点蚀（麻坑）现象，就是疲劳磨损的最明显、最典型的表现形式。

表面疲劳磨损的机理是运动副某部分的微观表面在承受循环接触应力时，发生了重复变形，导致该表面出现微裂纹，经过复杂的物理作用，进而扩展、分离出微片（粒）。疲劳磨损通常是零件材料表面在有摩擦存在的情况下，同时承受交变接触压应力，使表面产生裂纹并继续发展而成的。它和材料的一般疲劳损坏（如轴的疲劳断裂）是不一样的。二者的主要区别在于疲劳磨损存在着摩擦、磨损作用，零件表层发生塑性变形和发热等现象，并且还受到液体润滑介质的助推作用。

影响疲劳磨损的主要因素大体有以下几项：

(1) 材料钢质成分：钢中杂质易导致该点应力集中，从而呈现微裂纹。

1) 钢中含有氧化铝等点状夹杂物破坏了金属基体的连续性，导致材料硬化，产生裂纹，形成早期破坏。因此在炼钢时要求净化，减少夹杂物含量，以提高钢的抗疲劳磨损能力。

2) 钢中未溶碳化物的含量，造成钢中基体碳含量不均匀，降低钢的抗疲劳磨损能力。碳化物的尺寸越小（0.5~0.6μm 最好），越圆，分布越均匀，零件的抗疲劳磨损能力也越高。

(2) 渗碳层性质：

1) 渗碳钢表层脱碳，降低了表层剪切强度，使零件抗疲劳磨损寿命大大降低。

2) 渗碳钢心部强度越高，产生疲劳裂纹危险性越小。合理地提高渗碳钢心部硬度，能改善表面抗疲劳磨损性能。

3) 渗碳层厚一些可使疲劳裂纹产生在硬化层内。渗碳层过浅，疲劳裂纹将产生在硬化层与心部的过渡区，容易形成表层压碎剥落。

(3) 表面硬度：

1) 试验表明（用6208型滚动轴承作寿命试验），表面疲劳磨损量与零件表面硬度存在一定的关系。例如，轴承钢的硬度为62HRC时，抗疲劳磨损能力最大，随着硬度的增加或降低，轴承寿命均有较大的下降。

2) 合理选配齿轮摩擦副的硬度。对硬齿面来说，不考虑硬度差。对软齿面来说，一般要求小齿轮硬度大于大齿轮。这样能使接触应力分布均匀，降低疲劳磨损，有利于跑合，有效提高齿轮的寿命。

(4) 表面粗糙度：零件摩擦副粗糙度值、接触应力与疲劳磨损之间也存在一定的对应关系。在一定接触应力值的范围内，粗糙度值越低（越光洁），疲劳磨损程度越低，零件寿命越高。零件表面硬度越高，所要求的粗糙度值越低，否则也会降低寿命。

(5) 润滑状态：

1) 润滑油的黏度越高，接触部分的压力越接近平均分布，抗疲劳磨损能力也越高。油的黏度低，就容易渗入表面的裂纹中，加速裂纹扩展。

2）润滑油中含水量过多，影响油的黏度和油性，须严格控制含水量。

3）润滑油中适当加入固体润滑剂（如 MoS_2）能提高抗疲劳磨损性能。

3.2.1.4 腐蚀磨损

在摩擦过程中，材料表面与周围介质发生化学或电化学反应，产生物质剥蚀、损失的现象称为腐蚀磨损，又称腐蚀机械磨损。由于介质的性质、介质作用在摩擦面上的状态及摩擦材料性能的不同，腐蚀磨损呈现出的状态也不同。它大体可分为氧化磨损、特殊介质腐蚀磨损、微动腐蚀磨损和气蚀四类。表 3-1 所示为腐蚀磨损的分类与特征。

表 3-1 腐蚀磨损的分类与特征

类别	产生的基本条件	损坏特征	实例
氧化磨损	一般在空气中形成，其磨损速度很小。氧化反应速度很快，磨掉后又很快形成新的氧化膜	表面呈均细磨痕，磨损物为红褐色片状 Fe_2O_3，或灰黑色丝状 Fe_3O_4	曲轴轴颈等机加工零件
特殊介质腐蚀磨损	摩擦副与酸、碱、盐等特殊介质作用，其磨损机理与氧化磨损相似，但磨损速度较大	磨损表面遍布点、丝状腐蚀痕迹，磨损物为酸、碱、盐的金属化合物	化工设备中的零件表面
微动腐蚀磨损	配合较紧的零件部位，在负荷与振动条件下，使零件表面产生微小滑动，其磨损物为氧化物	使紧配合部位松动，磨损物为红褐色 Fe_2O_3，细颗粒	螺母螺栓、键槽等
气蚀	液体与零件接触处发生运转摩擦，在高压区形成涡流、气泡，气泡破灭产生较大的冲击力，使得零件表面疲劳破坏。流体介质的化学腐蚀和机械剥蚀、电化学作用，加速了表面破坏	表面先产生麻点，再扩展成泡沫或海绵状穴蚀，严重时其深度可达 15mm。零件已无修复价值	水泵叶轮、柴油机气缸壁、液压泵等

现将上述四种磨损类型的含义和实例归纳整理成表 3-2，方便对照比较。

表 3-2 磨损类型内容和实例对照比较表

类型	含义内容	实例
磨料磨损	磨料磨损又称磨粒磨损。这是零部件中最常见、危害最严重的一种磨损。其磨损程度与速度很大，被磨零件表面出现沟痕或光亮面，零件尺寸和表面形态被改变。机理是磨料颗粒的机械作用	挖掘机斗齿、颚式破碎机颚板、球磨机衬板与钢球、煤粉机零部件、皮带运输机槽板等。在耐火材料、水泥机械等行业更显突出
黏着磨损	黏着磨损又称黏附磨损。摩擦副两表面相对运动时，由于黏着作用，接触点表面材料从一个表面转移到另一个表面的现象。通常是由较软的表面黏移到较硬的表面上。黏着磨损发生的一般情况是润滑油油膜被破坏，两金属表面直接接触，产生瞬时高热，促其熔化并黏结在一起	在高速、重载的齿轮副传动中，出现的齿面胶合现象
疲劳磨损	这是一种缓慢渐进的磨损。运动副某部分的微观表面，在承受循环接触应力时产生了重复变形，导致产生裂纹和分离出微片的磨损。影响疲劳磨损的主要因素：材料不纯有杂质，表面粗糙度，组装、安装、试车手法等影响了工件的接触疲劳强度	齿轮副、滚动轴承、钢轨与车轮等都能产生表面疲劳磨损。承受冲击、重载工况的齿轮副轮齿表面出现的点蚀、剥落和端部断齿现象
腐蚀磨损	腐蚀磨损是一种机械化学磨损，即当腐蚀现象与机械磨损过程相结合时形成的表现形式。它和前三种磨损的形成机理不同，这是一种极为复杂的磨损过程。它时常发生在高温、高湿的工况环境和工作场地有酸、碱、盐类烟气等特殊腐蚀介质的工况环境中，如高炉、转炉等处的附属设施、设备	曲轴轴颈、化工设备零件、紧配合的轴颈、螺母螺栓、水泵叶轮、柴油机气缸壁等处

3.2.2　磨损过程

零部件正常运行的磨损过程大致分为三个阶段。

（1）第一阶段——磨合阶段（跑合）。接触面波峰逐渐磨平，接触面积逐渐增大。磨损减缓，间隙量增大到正常值。磨合阶段的轻微磨损为以后正常运转打下了基础。

（2）第二阶段——稳定磨损阶段。磨损趋于稳定、平缓。这个阶段在整个磨损过程中所占时间段较长。特征是磨损量与时间成正比。间隙量平缓增大到极大值。此时应适时停机，及时、正确地检测及调整接触面的间隙量。

（3）第三阶段——事故磨损阶段（急剧磨损）。间隙量突变，超出正常范围，润滑油油膜局部被破坏，磨损速度增加，传动效率下降，产生振动与噪声。事故发生在即。

图 3-1 所示典型磨损过程，有助于直观地理解零部件正常运行的磨损过程，它反映了零部件磨损量与运转时间的关系。

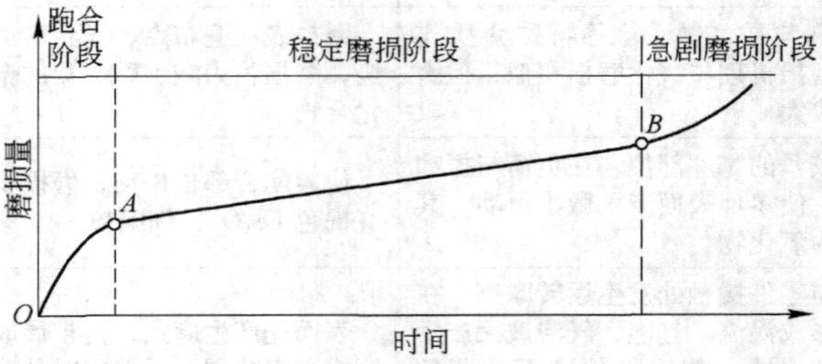

图 3-1　典型磨损过程

图 3-1 中 *OA* 段曲线表示机器零件运转的第一阶段磨损曲线——磨合阶段（跑合）的特征。机器运转初期，在负荷作用下，零件表面的塑性变形和磨损速度较快。随着磨合的进展，摩擦副表面微观突起“波峰”被逐渐磨平，表面应力减小，磨损速度减缓，零件间的间隙量相应地增加到一个值。该阶段的轻微磨损为以后机器的正常运转打下了基础，创造了条件。需要明确，所有新设备都无一例外的要经历这个磨合阶段。不磨合，直接用，等于直接毁坏！该阶段的注意事项有：（1）事先确定合理的磨合期操作运行规程。（2）正确地选用润滑油（脂），如使用含有特定功能的活性添加剂润滑油。（3）密切观察、及时检测及调整接触面的间隙量。（4）磨合阶段（跑合）结束后，一要停机放油，清洗清洁机器内部；二要更新润滑油。旧油收集、再生。

图 3-1 中 *AB* 段曲线表示机器零件运转的第二阶段磨损曲线——稳定磨损阶段的特征。此阶段的特征是零部件的磨损量与时间成正比，零件间隙量在很长的设备工作期内（通常为 6 ~ 9 个月左右），非常缓慢地、较稳定地增大到一个数值（间隙量上限）。*AB* 段也表明零件所经历的物理化学过程。经过磨合，摩擦表面发生“加工”硬化，微观上建立了弹塑性接触条件。

图 3-1 中曲线 *B* 点以右部分，表示磨损过程开始进入第三阶段——事故磨损阶段（急剧磨损），也是机件已不能正常工作的阶段。设备运转一旦进入急剧磨损阶段，必须停机检查、修复或更换相关的机件。设备运转一个时期（经过 *B* 点后），磨损的日久积累，使得摩擦条件发生了较大变化，如间隙值过大和金属组织发生变化。随后的衍生效应是加大了冲击负荷、油膜间断性遭到破坏、润滑状态逐渐恶化、磨损急剧增加、摩擦副的温度快速提升。这些致使机械设备的精度降低，效率下降，出现异常的振动与噪声，甚至出现位置移动，从而导致设备事故

的发生。

设备维修的目标是力求延长稳定磨损阶段的时间，尽量缩短磨合阶段（跑合）的时间，预测和避免事故磨损阶段的出现。了解和掌握磨损规律，有助于把事故消灭在萌芽状态。

3.3 零部件变形

零部件或构件因受力而发生尺寸或形状改变的现象称为变形。生产现场的机械设备由于工况条件恶劣，时常超载运转工作，一些零部件产生变形十分常见。它们的变形将使其他相关零件加速磨损，甚至断裂，还有可能导致系统系列零部件损坏或整台设备损坏，造成设备事故，所以变形的危害是相当严重的。长期处于满负荷、超负荷工作的机械设备，其暂载率早已超出出厂设计时的规定指标，导致零部件变形。例如，轧钢车间成品跨桥式起重机的暂载率往往高达70%以上，桥架主梁部分下挠弯曲，并导致车体及四角车轮运转变形，发出刺耳的摩擦尖叫声。

零部件在作用应力小于材料屈服强度时产生的变形称为弹性变形。塑性变形，也称为永久变形，是指零件在外力（载荷）去除后，不能恢复的那部分变形。过量的变形是机械设备失效的重要类型。例如，桥式起重机的主梁，新购安装时均有一定的上拱量。经投产使用五六年后，特别是使用频率较高的状况下，其主梁上拱就会消失。按企业安全规程要求，该起重机不能继续使用，应该进行大修以消除主梁下挠变形。传动系统中一些形状复杂、相互位置精度要求较高、测量及校正均比较困难的基础性构件，它们的变形会引起连锁反应。例如，轧机列中主减速器的箱体若出现微量变形，会影响到高低速转轴的位置、减速器的中心距、外接联轴器的位置、齿轮的啮合等。可想而知，若这些关键部位发生变化，必然会引发振动、噪声、磨损、温升、甚至断齿而发生事故。

3.3.1 变形的原因

设备零部件变形的原因比较复杂，是多方面的，往往是多种原因共同作用，多次变形累积的结果。在某种特殊情况下，较小的应力也会使零件产生变形。根据理论分析和实践观察，变形的一般原因有外载荷、温度、内应力、材料结晶缺陷等，核心原因是工件承受的应力值超过了该材料的屈服强度。

（1）外载荷。当外载荷产生的应力超过零件材料的屈服强度时，零件将会产生过应力永久变形。这种现象经常出现在工况环境恶劣，设备经常满负荷工作且有时超载工作，存在冲击负荷，频繁制动、启动和停车，设备结构布局上设计不合理等条件下。

（2）温度。温度是设备零部件产生变形的主要因素之一。那些常年在高温、重载环境下工作的生产设备，更容易出现局部结构变形。例如，炼铁、炼钢车间的起重设备，轧钢车间加热炉口的出钢机等。温度引发的变形表现形式主要有：

1）高温蠕变，即在一定温度和应力作用下，金属材料缓慢地发生塑性变形的现象。如碳素钢构件在350℃以上的工况温度环境中就会产生蠕变。

2）零部件受热不均造成较大温差，从而产生较大的热应力和内应力，引起零件变形。

（3）内应力。

1）毛坯件的内应力因素。采用热加工、热处理方式（铸、锻、焊）生产出来的毛坯件，均有不同程度的内应力，特别是铸造件，通常要在12～15个月的时间内才能逐步消失。内应力影响零件的静强度和尺寸稳定性，不仅使其弹性极限降低，还会产生塑性变形。因此，需要对热加工毛坯件进行时效处理，一般存放一年以上时间再使用。

2）残余应力因素。零件在残余应力的长期作用下，其弹性极限会降低，还会产生塑性变形。尤其是减速器箱体类、机架类的大型基础件，因厚薄尺寸变化过渡较多，更容易存在残余应力。

（4）材料结构缺陷。产生变形的原始内在原因是材料的内部缺陷，如偏析、缩孔、气孔、裂纹、夹杂等。

实际晶体中原子偏离理想的周期性排列的区域，称为结构缺陷，也称为晶体缺陷、结晶缺陷。结构缺陷对固体的许多结构敏感的物理量有极大的影响，如引起形变的临界切应力、扩散系数等。结构缺陷分为点缺陷（如空位、代位原子等）、线缺陷（如位错等）、面缺陷（如堆垛层错、晶体表面等）和体缺陷。

3.3.2　减少变形的措施

同磨损一样，变形也是不可避免的。只能根据变形的规律，针对它产生的原因，采取相应的对策来减少变形。特别是在设备大中修时（拆箱时），不能仅检测零部件配合面的磨损情况，应该还要同步认真地检查关键部件的相互位置精度，核准与确认正在检修的设备是否已发生变形现象。如果发生变形，应确定采用何种方式进行修复。例如，各种起重设备、运输设备的桥架部分、车轮部分等处就须检测核准。

（1）设计方面：设计时要特别重视零部件的刚度及稳定性问题，如合理布局、适当的结构尺寸、改善受力状况等。关注和合理应用新技术、新工艺和新材料，减少加工制作过程中产生的内应力与变形。设计时应关注缺口现象（机械零件中几何形状的不连续通常称为缺口），尽量减少其影响程度。

（2）加工制作方面：在加工制作中应采取一系列必要的工艺措施来防止和减少变形。例如，尽量应用冷作加工代替热加工；对毛坯或半成品机件进行时效处理以消除其残余内应力；安排机加工工序、工步和操作时，采取减小变形的工艺措施；对经过热处理工序的零件，更要注意预留加工余量、调整加工尺寸和预变形；在维修中，应减少工件基准的转换以减少维修加工中因基准不一而造成的误差。

（3）修理方面：修前制订出与变形有关的修复标准，并需在修中、修后即时检测。应用简单、可靠的专用工夹具和量具。应用三新技术于修复技术手法中。尽量应用冷作加工代替热加工，如采用胶接、黏接、刷镀等技术来代替传统的焊接。尽量减少工件在修理中产生的应力与变形。鼓励、推进改革创新，从设备防护方面动脑筋、想办法，尽量减少环境影响。例如，要减少热辐射对设备零部件的温度影响，在高温区域工作的设施、设备表面涂刷特种防热漆，用各种板材遮挡，应用空心轴方式通水循环冷却等都是比较有效、实用的办法。

（4）设备使用方面：这是非常重要却容易忽略的一个环节。在设备运行维护上，应普及与推广全员生产维护制（TPM），推行“三全”管理——全员、全过程和全效率，贯彻执行设备三大规程（设备使用规程、设备维护规程、设备检修规程），特别是设备使用（操作）规程，杜绝违规操作，避免超负荷或过热运行，以减少或避免设备使用方面的变形。

3.4　零部件断裂

零部件断裂是一种意外事故，虽然次数不多，但影响恶劣。零部件的断裂，不仅丧失了零件自身工作能力，还极有可能造成重大安全事故和经济损失。虽然与磨损、变形相比，断裂发生的概率较小，但它会产生严重后果，具有较大的危害性。一般情况下不易观察到断裂前的先兆，其发生带有突然性，使得生产现场突然停车，甚至可能造成秩序混乱，因此不可轻视。随着装备现代化水平的提高，设备正向着高、大、精、尖方向发展，故发生断裂失效的概率与危害也“水涨船高”，应当给予足够的重视。那么，为什么会出现零部件断裂现象？如何才能减少或避免出现零部件断裂？先介绍两个基本概念：缺口与缺陷。机械零件中的几何形状的不连续通常称为缺口，如普通转轴表面较大的阶梯断面变化、键槽、沟槽、磕碰、划伤的加工刀痕、过盈配合零件的边缘等，都表现了这种不连续。机械零件材料中的不连续通常称为缺陷，如气孔、缩孔、夹渣、咬边或热处理引起的微裂纹等，在零件内部都表现了这种不连续。一般零件上若存在这种几何形状的不连续或材料中的不连续时，均可能产生应力集中。或说在此种情况下，零件运转工作时在缺口与缺陷局部区域所承受的实际应力要比名义平均应力高得多，这就是通常所说的应力集中现象。需要强调一点，当该零件所处工况环境为重载、冲击负荷或重复循环负荷时，这种影响是决定性的、不可忽视的，需要注意防范。

3.4.1 断裂类型

常见的断裂类型有韧性断裂、脆性断裂、疲劳断裂和环境断裂四种。

3.4.1.1 韧性断裂

当外界施加很大外力，引起的应力值超过零件的强度极限时发生韧性变形而后造成的断裂，称为韧性断裂。它一般是在切应力作用下发生，因此又称切变断裂或延性断裂。韧性断裂的显著特点是零件断裂前，受力区域有明显的塑性变形。其宏观形态是出现缩颈，例如，成品钢材的剪切，边缘出现剪切唇——边缘呈小鸭嘴状的塑性变形，断口颜色发暗，呈杯锥状。微观特征是断面有大量微坑（也称韧窝）覆盖。

3.4.1.2 脆性断裂

脆性断裂是零部件无明显的塑变且发展速度极快的一种断裂，通常在没有预示信号的情况下突然发生，是一种极危险的断裂。此种断裂发生的概率不大，却易造成严重的破坏事故。脆性断裂一般发生在所受应力达到工件材质屈服强度之前，工件表面没有或只有少量的塑变（这要视现场工况和零部件具体尺寸而定）。脆性断裂的微观机理是，零件薄弱处受力后，产生沿晶界扩展的微观裂纹（称为晶界断裂）。这种微裂纹扩展速率较快，易造成工件整体折断。脆性断裂的断口呈结晶状，常呈现出人字纹或放射花样，部分区域光亮、平滑。在低温环境、冲击工况和使用脆性材料时，容易发生此种断裂。例如，冬季生产时车间内剪切机、冲床的偏心轴（曲轴）等处发生的断裂事故。

3.4.1.3 疲劳断裂

疲劳断裂是指工件在重复及交变负荷的长期作用下，即交变应力作用下，所发生的断裂现象。这是一种普遍而严重的失效形式，即使是在按静强度标准工件能满足力的安全条件下，疲劳断裂仍有可能发生。疲劳断裂约占整个断裂事故的80%以上，应引起重视。不论工件是脆性材料、韧性材料，疲劳断裂的宏观形态均表现为脆性断裂。疲劳断裂分为接触、扭转、弯曲、振动等多种疲劳形成类型。疲劳断裂的特点是断裂时零件所受到的应力值低于该零件材料的抗拉强度或屈服强度。

图3-2（a）所示为一般工况负荷的转轴发生疲劳断裂时的断口形貌特征。图3-2（b）所示为重载工况负荷的转轴发生疲劳断裂时的断口形貌特征。在疲劳区，每一条疲劳纹代表一次载荷循环，这是疲劳断口进行微观定量分析的理论依据。一般情况下，疲劳断面愈光滑，说明零件在断裂前经历的应力循环次数愈多，承受的载荷愈小，见图3-2（a）。在瞬时断裂区，宏观特征与静载拉伸断口快速破断的放射区及剪切唇相同。瞬时断裂区的位置和大小取决于承受的载荷大小，载荷愈大，最终破断区愈移向断面的中间，见图3-2（b）。

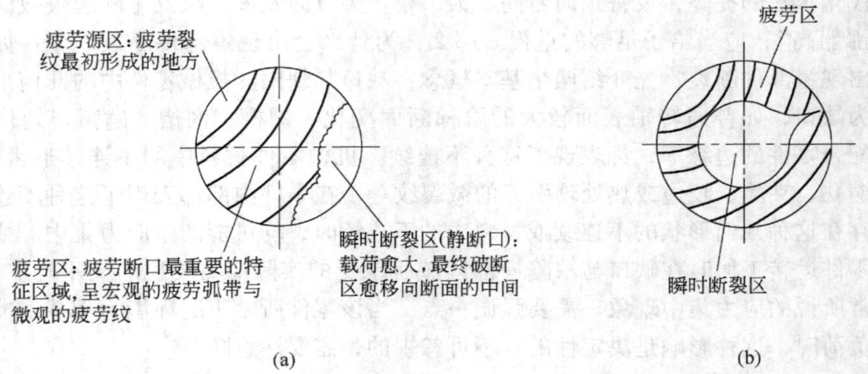

图 3-2　断轴的疲劳断口

现场观察分析疲劳断口面的形貌状况、特征，结合机件实际工况（运转负荷、已工作时间间隔等），可对疲劳断裂这一失效形式进行定性和定量的分析，找出疲劳断裂的规律，积累其相关资料。

表 3-3 列出了疲劳断口面形貌与工况负荷的关系，通过断口分析可知，绝大部分疲劳断裂都是起源于应力集中严重的部位。

表 3-3　疲劳断口面形貌与工况负荷的关系

断口面形貌	对应的负荷与应力
疲劳条纹多（每一条疲劳条纹代表一次载荷循环）	机件断裂前所经历的应力循环次数多，超负荷程度不大，机件有断裂现象时间较长
疲劳区光滑、光亮	机件所承受的循环应力值较小，超负荷程度不大
静断口面积与整个截面积的面积比小于 30%	机件所承受的负荷值不大
静断口面积与整个截面积的面积比大于 30%	机件所承受的负荷值较大
疲劳源数目大于 2	机件超负荷程度较大
静断口（断裂区）位置居中	机件超负荷程度较大
静断口（断裂区）位置偏离中心位置	机件超负荷程度较小

3.4.1.4　环境断裂

环境断裂是指工件材料与某种特殊环境相互作用而引起的、具有一定环境特征的断裂形式。所谓特殊环境是指运转设备工作环境中的温度、化学腐蚀等环境工况。这种环境条件会促使零部件材料强度日益下降。尤其在腐蚀环境中，材料表面由于氧化、腐蚀或其他过程而出现强度下降，发生断裂。常见的环境断裂有应力腐蚀断裂、氢脆断裂、高温蠕变断裂、腐蚀断裂、腐蚀疲劳断裂及冷脆断裂等。

3.4.2　原因与防范措施

3.4.2.1　原因分析

零件断裂的原因比较复杂，断口分析应从多方面进行。分析的前期工作是用汽油或丙酮清洗断口面，用化学方法去除氧化膜。用肉眼或20倍以下的放大镜对断口进行观察与分析的方法，称为宏观分析。通过宏观分析能了解断口面全貌、断裂与零部件形状或位置的关系、断口与受力状态的关系，能初步判断断裂性质与原因，区分断裂是由疲劳引起还是冲击载荷引起，也能初步判断零件的超载程度。宏观分析是零件断裂事故分析中最常用、最基础的方法。

断口分析的首要任务是要把一次加载断裂和反复加载断裂（疲劳断裂）区分开来，以便分析并判断零件断裂的真实原因，从而在设计、制造、安装和使用方面采取相应的改进措施。区别一次加载断裂和疲劳断裂的基本识别方法有：

（1）看设备现场使用、运转情况，从零件断裂前的负荷作用状况判断。

（2）看断口面形貌特征，从宏观入手分析、判断。一次加载断裂的断口面粗糙，没有光滑区。疲劳断裂的断口面一般都有裂纹发展区和瞬时断裂区两个明显不同的区域。裂纹发展区表面比较光亮，因为工作时零件反复弯曲，造成裂纹部分的表面发生相互摩擦而光滑，有时裂纹发展区也呈弧形或放射形。瞬时断裂区则表面粗糙。

（3）看断口外周边变形特征，从是否有塑性变形分析判断。有明显的塑性变形的断裂通常是一次加载断裂，疲劳断裂一般是没有明显塑性变形的突然断裂。但要注意，这种分析判断法对脆性材料，如铸铁、淬火处理的高碳钢等很难进行区分。因为这些材料不会产生塑性变形。

3.4.2.2 防范措施

零部件断裂方面的防范措施是多方面的，其中最主要的防范措施有以下三方面：

（1）减少局部应力集中。这是减少或防止断裂特别是疲劳断裂的最有效措施之一。具体办法从两方面考虑：

1）在设计、制作零件时尽量减少缺口，如轴肩的圆角、过盈配合零件的边缘、加工螺纹等项的合理性。

2）选用材料和修复加工零部件时尽量减少缺陷，如夹渣、缩孔、焊接缺陷等。

（2）控制负荷超载。负荷对断裂有直接影响。设备运行中多次超负荷是疲劳断裂的祸根，有时过大的负荷超载一次就可造成零部件的断裂。

（3）注意合理操作。在维护、检修各环节中均要注意合理操作，尽量减少残余应力影响，避免在拆卸、加工、装配、安装中对零部件表面造成损伤。在使用设备时注意减小环境温差。对重要零件装配前应进行探伤类故障诊断，确定其是否存在微裂纹。

3.5 零部件腐蚀

金属零部件的腐蚀损伤是指金属零部件与周围介质发生化学或电化学反应而导致的损伤、破坏现象。这是普遍存在的自然现象。腐蚀损伤可分为化学腐蚀与电化学腐蚀两大类。电化学腐蚀是金属与电解质物质接触时产生的腐蚀，在金属腐蚀中占大多数。它与化学腐蚀的不同点在于腐蚀过程有电流产生。它的根本原因是腐蚀电池的形成与存在。降低腐蚀危害的措施主要有：

（1）正确选择材质。根据工况环境，选用耐腐蚀材料，如合金钢类，在条件合适时选用非金属材料，如工程塑料、陶瓷等代用品。

（2）涂盖保护层。设法改变零部件表面结构，防止腐蚀，如涂刷非金属保护层，刷镀合金材料，使用合适的防锈油、脂等。

（3）改善环境条件。减少环境中的腐蚀介质，降低腐蚀作用，如控制相对湿度（$<60\%$），尽量采用通风措施，吹除有害气体和湿气等。

需要明确的是气蚀也属于零部件的腐蚀损伤范畴。气蚀常发生在水泵、液压泵、水轮机叶片等处。它是一种较复杂的破坏现象，不单有机械剥蚀作用，还有化学、电化学作用。当输送的液体不洁净如含有微小颗粒等杂质时会加剧这一破坏过程。气蚀作用长久后，可扩展为孔穴，形成开裂和穿透破坏，所以气蚀又称穴蚀。

3.6　滚动轴承的损坏

在分析滚动轴承的损坏形式之前，有必要先介绍滚动轴承的基本常识。这些常识包括滚动轴承的选择、典型轴承类型新旧代号、滚动轴承的尺寸精度和旋转精度、轴承游隙四部分。

3.6.1　滚动轴承的选择

滚动轴承的选择包括选用轴承的类型、精度、型号、游隙、配合以及支承形式等项。选择滚动轴承时应综合分析，权衡利弊，考虑费用成本，选择适合自己工况条件、应用特点的轴承。

3.6.1.1　确定类型、精度

根据支承形式及轴承的工作特性确定滚动轴承的类型、精度。

（1）类型选择应考虑有效空间、轴承负荷、运转速度、旋转精度、调心性能、安装拆卸、轴向位移、摩擦力矩、振动噪声、可靠性、刚性、游隙、润滑与密封、采购成本、供货及时性与售后服务等因素。

负荷较大或承受冲击负荷时应选用滚子轴承；主要承受径向负荷时应选用深沟球轴承；同时承受径向负荷和轴向负荷时应选用角接触球轴承；只承受轴向负荷时应选用推力轴承；承受的轴向负荷比径向负荷大很多时，应选用推力轴承与深沟球轴承的组合结构形式；转速高且旋转精度要求较高时，应选用球轴承；转速低且有冲击负荷时，应选用滚子轴承；跨距较大难以保证轴的刚度或安装精度时，应选用调心轴承。

（2）精度选择首先应考虑零部件运转工作特性要求，它与工况性质和设备精密程度有一定关系，既要保证运转工作精度，还要考虑费用成本，相同型号的轴承，精度越高，价格越高。一般机械传动中的轴承选用普通级（0 级）精度即可。

3.6.1.2　确定轴承型号

通常是通过轴承部件的结构设计和强度计算来确定滚动轴承的型号。选择型号时应依据轴颈直径或空间位置初步选定型号，然后进行静负荷与极限转速验算比较来确定。注意最好比较同型号的滚动轴承在现场实际运转效果。表 3-4 列出了常用轴承代号，供参考。

表 3-4　轴承类型新旧代号对照表

轴承类型	新代号（倒数第五位）	旧代号（倒数第四位）	轴承类型	新代号（倒数第五位）	旧代号（倒数第四位）
双列角接触球轴承	0	6	角接触球轴承	7	6
调心球轴承	1	1	推力圆柱滚子轴承	8	9
调心滚子轴承	2	3	推力圆锥滚子轴承	9	9
推力调心滚子轴承	2	9	圆柱滚子轴承	N	2
圆锥滚子轴承	3	7	滚针轴承	NA	4
双列深沟球轴承	4	0	双（多）列圆柱滚子轴承	NN	
推力球轴承	5	8	四点接触球轴承	QJ	6
深沟球轴承	6	0	外球面球轴承	U	0

3.6.2 尺寸精度和旋转精度

滚动轴承的尺寸精度和旋转精度已经实现国际标准化，具体查阅专业资料。按照国家标准的规定，公制系列轴承的尺寸精度和旋转精度公差等级如下：

（1）向心类滚动轴承分为0级、6级、5级、4级、3级、2级共六个等级。精度等级从0依次提高，其中0级为普通级。

（2）圆锥类滚动轴承分为0级、6x级、5级、4级共四个等级，精度由低到高。

（3）推力类滚动轴承分为0级、6级、5级、4级共四个等级，精度由低到高。

表3-5举例说明了轴承精度公差等级。

表3-5 轴承精度公差等级说明

代号	含义	示例
/P0	公差等级符合标准规定的0级，代号中省略不表示	6203
/P6	公差等级符合标准规定的6级	6203/P6
/P6x	公差等级符合标准规定的6x级	30210/P6x

3.6.3 轴承游隙

轴承游隙是指在无载荷时，当一个套圈固定不动，另一个套圈相对于固定套圈由一个极端位置移动到另一个极端位置的移动量。做径向移动的，称为径向游隙；做轴向移动的，称为轴向游隙。在实际使用中，轴承游隙有原始游隙、安装游隙、工作游隙之分，它们依次减小。

通常轴承的原始径向游隙大于工作时的游隙。径向游隙对轴承的温升、噪声和寿命等有很大的影响。轴承安装后，轴承内圈因过盈配合滚道会膨胀，原始游隙减小，根据经验估算，减小量大约为配合过盈量的70%～80%左右。

3.6.3.1 游隙的主要作用

滚动轴承游隙的主要作用有以下几点：

（1）保障轴承的旋转灵活性，减少零件之间的摩擦，有助于润滑油膜的形成。

（2）调节轴承的负荷分布，保证轴承获得正确的接触角。

（3）减少或消除因热膨胀、过盈配合引起的尺寸变化给轴承运转性能带来的不利影响。

（4）方便轴承的精度检测。

3.6.3.2 游隙的选择

在GB/T 4604中，径向游隙根据轴承的结构类型，分别规定了若干不同组别的游隙值，以满足不同用户的选用需要。例如，深沟球轴承的径向游隙分为C2、C0、C3、C4、C5五个游隙组别，其中C0为基本组，C2为较小组游隙，C3、C4、C5为较大组游隙。在一般正常工况条件下，应优先选用基本组游隙。它可满足大多数轴承使用场合的需要。要求旋转精度高的工况场合应选择较小游隙的滚动轴承，如机床类设备。高速运转的或工作温度较高的工况场合，应选择较大游隙的滚动轴承，如轧钢车间的设备。

注意，当公差等级与游隙代号需同时表示时，可简化，例如，×××××/P53表示该轴承的公差等级为P5级，径向游隙值为3组值。

3.6.4 滚动轴承的初期与后期损坏形式

生产设备使用运转中的滚动轴承在未形成事故的微损状态表现有：

(1) 轴承内径或外径表面出现转动打滑轻微痕迹。

(2) 轴承配合表面和工作表面腐蚀。

(3) 轴承内径、外径、滚道、滚动体表面有划伤或压痕。

(4) 滚子端面与挡边表面摩擦粘连。

(5) 轴承工作表面有轻微磨损。

使用运转中的滚动轴承在失效破损后即事故性损坏时的状态表现有：

(1) 保持架歪曲变形、断裂。

(2) 滚动体碎裂。

(3) 轴承载荷区工作表面出现疲劳剥落。

(4) 轴承内、外圈轴向开裂或碎裂。

(5) 轴承外圈径向开裂或碎裂或掉边。

(6) 轴承内、外圈、滚子变形、滚道形成压坑。

滚动轴承属于比较精密的设备零部件，应当关注其一生的技术管理。滚动轴承损坏后，目前在我国工厂中一般不进行修理，因为其构造的复杂性、精确性，使修理工作（含检测）受到一定的限制。为减少滚动轴承各种形式的破损，应规范滚动轴承的设计选型、购置验收、安装、使用、维护等各环节的运作并进行连续地动态监测与故障诊断。尤其在轴承使用中，应密切关注微小的异常现象并及时正确判断、予以排除，保证轴承处于完好的技术状态中。表3-6列出了滚动轴承常见的失效损坏形式、原因及其防范措施。

表 3-6 滚动轴承主要损坏形式

损坏现象	原因分析	防范措施
滚动体和滚道表面点蚀、剥落	是主要失效形式，其原因是受到交变载荷循环接触应力的作用	核准限定轴承动负荷能力
滚道或滚动体产生凹陷、刮伤	静负荷超载或冲击负荷作用，局部接触应力超过材料的屈服极限引起塑性变形。一般发生在低速轴承	核准限定轴承静负荷能力
磨 损	密封不良、侵入灰尘和杂物；润滑不良；轴承工作游隙不合适	保证良好的密封和润滑条件；核准或调整轴承游隙；限定轴承工作转速
保持架破损	选用轴承型号不当；安装不正确、偏斜；润滑剂腐蚀；高转速引起强磨损	核准轴承型号；检查安装方法；核准润滑剂牌号
滚动体破碎	冲击负荷过大；轴向负荷过大；润滑剂选用不当或不足	改进使用方法、负荷条件；调整轴向受力；核准润滑剂牌号、填充量
内、外套圈断裂	设计安装有误，与轴承配合零件的圆角过大；安装配合不当——过盈量大；冲击负荷过大	审核纠正设计问题；重新确定安装配合过盈量；改善使用负荷条件
轴承过热，导致卡死、回火	润滑不良、冷却不到位；安装不正确、轴线偏斜引起的摩擦；轴承工作游隙不合适；高转速引起强磨损	加强润滑冷却或外部防热；检查安装手法；核准或调整轴承游隙；限定轴承工作转速或型号

3.7 齿轮轮齿的失效形式

齿轮传动是靠齿与齿的啮合来进行的，其失效主要发生在轮齿上。由于齿轮传动的应用范围很广，类型较多，用途各异，现场工况条件不同，齿轮的材质性能及热处理工艺的不同，因此轮齿的失效形式也不同。为了合理地使用和正确地维修齿轮，必须了解齿轮的失效形式及防范措施等。

齿轮轮齿的失效形式主要分为五种：齿面点蚀、轮齿折断、齿面磨损、齿面胶合和齿面塑性变形。表3-7对这五种失效形式的损坏特征、原因与防范措施进行了列举，供参考。

表3-7 齿轮传动失效形式与防范措施

失效形式	工况、现象与特征	影响结果	发生原因	防范措施
齿面点蚀	为闭式传动的软齿面齿轮（HB硬度小于320）最常见的失效形式，齿面呈麻点状凹坑，扩展分布在节圆处中下部位	振动、噪声，齿厚变薄	较大的脉动循环接触应力重复作用。润滑状况不佳	提高齿面硬度，降低表面粗糙度值，采用正变位齿轮。改善润滑，增大油液黏度；添加极压剂
轮齿折断	突然过载严重，闭式传动的硬齿面齿轮出现打齿现象较多。轮齿折断包括整体折断（发生在齿根部位）和局部折断（发生在轮齿端部）两种。材质为淬火钢齿轮易发生此种折断	最严重的失效形式，必须避免	超寿命工作疲劳折断，齿根处存在应力集中，加之承受最大弯曲应力重复作用	减少应力集中如增大齿根圆角，降低齿根表面粗糙度值。提高强度与韧性，如在齿根处予以表面强化处理
齿面胶合	为高速重载齿轮传动的主要失效形式，出现严重黏着磨损现象。局部齿面被撕下成条状或片状伤痕而黏结在另一齿面上，通常在齿顶或齿根处出现，温度升高	导致振动、噪声	齿面局部点受力过大，滑动速度大，瞬间粘连	提高齿面硬度，降低表面粗糙度值，限制油温，增大油液黏度，应用有抗胶合添加剂的润滑油。降低滑动系数
齿面磨损	为开式齿轮传动的主要失效形式，齿面间出现磨粒磨损，齿廓形状发生变化，齿侧隙加大。常在齿顶或齿根处出现	引起冲击振动、噪声。严重时轮齿变薄易折断	齿面间有相对滑动，同时齿面间进入灰尘、金属屑等杂物，引起磨损	改善工况环境与密封，清洁场地与设备，采用与保持清洁的润滑条件。提高齿面硬度
轮齿塑性变形	此情况较少发生，是低速重载的软齿面齿轮传动的失效形式。表现为在节圆处主动轮凹陷、从动轮凸起，或全齿体歪斜	破坏了啮合位置和齿廓形状	齿面摩擦力过大，使表层材料滑移。齿体瞬间过载	提高齿面硬度，选用屈服极限较高的材质，增大润滑油黏度。操作时避免频繁启动和过载

需要说明的是：

（1）疲劳点蚀首先出现在节点偏向齿根部位的主要原因有两点：

1）单齿啮合下界点恰恰在此区域，接触应力最大，即产生裂纹的可能性最大。当其他条件不变，作用于齿轮上的载荷增加1倍时，其弯曲应力也增加1倍，而接触应力会增加1.41倍，可见过载工况的危害。

2）此区域裂纹在表面的开口方向与轮齿的运动方向相同，有利于润滑油的进入，而且是先进入后封口，使得润滑油产生高压而加速裂纹扩展。

（2）关于轮齿折断现象与特征的说明有三点。

1）由于轮齿材料对拉应力敏感，故疲劳裂纹往往从齿根部位受拉侧开始发生，所以，轮齿折断通常起始于轮齿的拉应力一侧。

2）直齿轮易发生全齿折断，斜齿轮和人字齿齿轮易发生局部齿折断。

3）疲劳折断的断口由光滑区和粗糙区两部分组成，而过载折断其断口只有粗糙区。

（3）齿面胶合是由于齿面间的高压、高温造成润滑油膜被破坏，两齿金属表面直接接触所产生的高热，使齿面接触区熔化并黏结在一起，产生了胶合。

（4）齿面塑性变形是由于齿面压力过大，轮齿表面材料在过大摩擦力作用下产生了局部金属流动现象（表层材料滑移）而失去原有的齿形，齿面出现塑变。

3.8　轴的失效

轴是机器中重要零件之一，它用来支持旋转的机械零件。一切做回转运动的零部件，如齿轮、链轮、车轮等都要装在轴上才能实现回转运动，并通过它来传递运动和转矩。根据形状不同，轴可分为直轴和曲轴；根据所受负荷的不同，轴可分为转轴、心轴和传动轴三种。转轴是工作时既承受弯矩又承受扭矩的轴，如减速器中的轴；心轴是只承受弯矩而不承受扭矩的轴，如铁路车辆的车轮轴、起重机钢丝绳的滑轮轴（前者为转动的，后者是不转动的）；传动轴是仅承受扭矩而不承受弯矩或承受弯矩很小、可忽略不计的轴，如汽车的动力传动轴。

轴的材料通常采用碳素钢和合金钢，毛坯一般采用锻件。优质中碳钢因成本较低和具有较高的综合力学性能，应用较普遍，其中以 45 号钢应用最为广泛。为改善轴的力学性能，应进行调质或正火处理。合金钢具有较高的力学性能，但其价格较贵，多用于有特殊要求的轴类。例如，大电机转子轴等轴类在高温、高速、重载条件下工作，必须具有良好的高温力学性能，一般常采用 40Cr、35SiMn、42SiMn 等合金结构钢。需要强调的是，钢材的种类和热处理对轴的弹性模量的影响甚小，如欲采用合金钢或通过热处理来提高轴的刚度，并无实效。此外，合金钢对应力集中的敏感性较强，更应注意从结构上减小应力集中和表面粗糙度值。自 20 世纪 80 年代以来，球墨铸铁铸造成型轴进展很快。例如，采用球墨铸铁制造外形复杂的曲轴，具有成本低廉、吸振性和耐磨性较好、对应力集中的敏感性较低等优点，但缺点是冲击韧性低，质量不易控制。

轴的失效通常表现为断裂、磨损和过量变形，主要失效形式是疲劳断裂。轴颈因磨损而失去原有的几何形状与尺寸，变成椭圆形或圆锥形，轻微状态将使零件间配合精度降低，较严重时导致零部件发生移位而失去原有规定功能。过量变形的危害在于，轴受载以后，如果产生了过大的弯曲变形或扭转变形，将影响轴上零件的正常工作。例如装有齿轮的轴的弯曲变形，会使齿轮啮合发生偏载；滚动轴承支撑的轴的弯曲变形会使轴承内外圈相互倾斜，当超过允许值时，将导致轴承寿命快速降低。扭转变形过大，将影响设备的精度及运转零部件上负荷的分布均匀性，并对轴的振动造成一定的影响。常见轴的失效形式如表 3-8 所示。

表 3-8　轴的失效形式

失效名称	失效形式	工况及损伤特征	产生原因
断　裂	疲劳断裂	断口由光滑区和粗糙区两部分组成，详情见表 3-2。这是常见的主要失效形式	交变应力作用、局部应力集中、微小裂纹扩展
	韧性断裂	受力区域有明显的塑性变形。其宏观形态是出现缩颈和剪切唇。其断口颜色发暗，呈杯锥状。微观特征是断面有大量微坑覆盖	在切应力作用下，引起的应力值超过物料或零件的强度极限。热处理使得韧性降低
	脆性断裂	一般发生在所受应力达到工件材质屈服强度之前，工件表面没有或只有少量的塑变。其断口呈结晶状，常呈现出人字纹或放射花样，部分区域光亮、平滑	在低温环境、冲击工况和使用脆性材料时，由于应力集中，容易发生此种断裂。工件材料自身晶粒粗大也是原因之一

续表 3-8

失效名称	失效形式	工况及损伤特征	产生原因
磨损	黏着磨损	摩擦副两表面相对运动时，由于黏着作用，接触点表面的材料从一个表面转移到另一个表面，通常是由较软表面黏移到较硬的表面上。局部黏着、撕裂，有明显粘贴痕迹	低速重载或高速运转时，润滑油油膜被破坏，两金属表面直接接触，产生瞬时高热，引起胶合，促其熔化并黏结在一起
	疲劳磨损	运动副的微观表面，在承受循环接触应力时产生了重复变形，导致产生裂纹和分离出微片的磨损。表面呈现剥落、条形沟槽、小坑、碎块等状况	润滑不良、设计不佳和承受交变应力是其本质原因。材料不纯有杂质，表面粗糙度差，组装、安装等影响了工件的接触疲劳强度也会产生此种失效
	腐蚀磨损	时常发生在高温，高湿，有酸、碱、盐类烟气等腐蚀介质的工况环境。接触表面有细磨痕或小凹坑，伴有红褐色氧化物细颗粒、丝状磨损物出现	在腐蚀性较强的气、液体和外载荷或振动作用下，在接触表面发生微小滑动
过量变形	过量塑性变形	工况条件恶劣，经常超载运转。出现整体的弯曲、扭曲或局部塑性变形	强度不足、负荷大、设计结构不合理、高温、过载等因素导致轴的强度降低，加剧了塑变
	过量弹性变形	受载时呈现过量变形，卸载后变形消失。运转时伴有噪声，运动精度低	自身刚度不足和设计结构不合理是内因，过载是外因

3.9 离心通风机故障及原因分析

常见离心通风机故障及其原因分析如下：

(1) 风机剧烈振动。

1) 风机轴与电机轴不同心，或皮带轮轮槽错位。

2) 机壳与叶轮或进风口与叶轮摩擦。

3) 基础的刚度不够或不稳固。

4) 叶轮片有积灰、污垢，叶轮片磨损或变形，或铆钉松动。

5) 叶轮轴盘孔与轴配合松动、轴弯曲等原因致使转子不平衡。

6) 机壳、轴承座与支架、轴承座与轴承盖等处连接螺栓松动。

7) 风机进、出口管道安装不良，产生共振。

(2) 轴承温升过高。

1) 轴承箱剧烈振动。

2) 润滑剂填充量不足，或变质，或含有杂质。

3) 滚动轴承安装歪斜，前后两轴承不同心。

4) 滚动轴承损坏，或轴弯曲。

5) 轴承座与轴承盖处螺栓连接过紧或过松。

(3) 电动机电流过大或温升过高。

1) 开车时进风口、出风口阀门操作有误，没有按规程关闭进风阀和稍开出风阀。

2) 电动机输入的电压低，或电源出现单相断电。

3) 主轴转速超过额定值。

4) 被输入的气体中含有黏性物质。

5) 受轴承箱剧烈振动的影响。

6) 环境温度过低。

复习思考题

3-1　什么是零部件失效，其主要表现形式有几类?
3-2　举例说明磨料磨损、疲劳磨损的含义和机理。
3-3　什么是黏着磨损，它反映出的宏观规律是什么?
3-4　正常的磨损过程大致分成几个阶段?画出典型磨损过程示意图。
3-5　零件变形的一般原因是什么，核心原因是什么?什么是塑性变形?
3-6　举例说明什么是韧性断裂。
3-7　举例说明零部件疲劳断裂的含义。
3-8　零件断裂后其断口一般呈现的形态形貌有几种?
3-9　零部件断裂的防范措施有几方面?(不少于 90 字)
3-10　列出 3 ~4 种滚动轴承事故性损坏形式。
3-11　风机轴承温升过高，可能有几种原因?
3-12　齿轮轮齿的失效形式主要分为几种，减速器内最常见的是哪种?
3-13　齿轮齿面点蚀的发生原因与防范措施是什么?
3-14　低速重载的某对软齿面齿轮传动发生塑变，在节圆处出现凸起和凹陷，试判断哪个齿轮为主动轮?
3-15　试分析自行车的前轴、中轴和后轴的受力状况。
3-16　轴的过量变形会出现什么危害后果?
3-17　转轴发生疲劳断裂的原因有哪几项?
3-18　运转设备中，通常轴的失效表现形式是什么?

4 设备维修体制

【教学重点】

本章侧重简述管理常识。以设备一生全过程管理为范围，从宏观角度讲述设备维修“是什么”及“怎么办”，重点讲述设备事故的概念、事故分析的方式方法、设备运行维护制度、安全规程（安全技术）和点检定修制及现场运作要求。通过学习掌握设备维修的宗旨、任务、管理要求和维修体制。

4.1 设备故障与设备事故

4.1.1 设备故障与设备事故的概念

（1）设备故障:按广义范畴,设备故障是故障与事故的统称;按狭义范畴,设备故障是指轻微的设备事故,即可以快速修复的失效。本章所说的设备故障即是狭义范畴上的,即设备投产运行后,由于内因或外因引起的某种障碍导致零部件偏离设计状态,出现异常情况或丧失部分功能的现象。

（2）设备事故：凡正式投产的设备，由于内因或外因造成零部件损坏，使生产突然中断或造成能源供应中断的现象，称为设备事故。必须明确，下列情况不列为设备事故：

1）因设备技术状况不好，事先安排的临时检修。

2）生产线上的建筑物、构筑物因长久使用自然损坏危及生产或迫使停产。

3）在生产过程中设备的安全保护装置正常动作，安全件损坏使生产中断。

4）因生产工具损坏如轧辊、导卫装置、烧嘴、氧枪、剪刃、车刀等损坏使生产中断。

5）生产上的操作工艺事故，如高炉跑铁、悬料、冶金炉跑钢、轧机卡钢、缠辊、堆拉钢等使生产中断而未造成设备或厂房结构损坏。

6）人力不可抗拒的自然灾害造成设备损坏使生产中断。

4.1.2 事故类型

表4-1中介绍了设备事故大致的类型。划分事故类型的一个重要目的在于分析、判断事故的性质与责任，区分不同性质的问题，进而采取有效的防范措施。

表4-1 设备事故类型

依据	事故名称	含义
按事故影响程度区分	轻微事故（故障）	设备零部件偏离正常状态的规定指标，影响正常运转，造成生产系统停机，时间小于4h
	一般事故	零部件明显损坏，主要生产设备发生事故，造成生产系统停机，$4h \leq t < 24h$，或者设备事故损失费达到规定指标值的事故
	重大事故	关键零部件或主要生产设备整体功能丧失，设备已不能运转或运转指标严重超标，造成生产系统停机，时间不小于24h，或者设备事故损失费达到规定指标值的事故

续表 4-1

依 据	事故名称	含 义
按事故发生原因区分	人为事故	大体上可分为两类性质的事故： （1）操作性事故：违规使用、操作不当而引发的事故，这类事故通过加强管理是可以避免的； （2）本质故障（先天性故障）：设计缺陷或制造不当形成的设备自身（或系统）薄弱环节而引发的事故（故障）。应进行技术改进，在管理上关注，避免重复发生
	自然事故	设备长期使用过程中，因受到外部或内部不同的因素影响而形成的事故，如零部件老化、磨损、疲劳、腐蚀等原因引起的失效损坏。这类事故通过事前监测可以预知。 另一类为难以预测的、事先无征兆的突发性事故（故障），由于偶然因素、外在因素引起的事故，如企业外部的电力供应突然中断，暴风雪导致动力能源系统损坏和车间厂房、构筑物破坏而无法正常生产的突发性情况
按事故发生区域位置区分	机械设备事故	根据设备功能作用和空间位置的不同，出现事故后的称呼不同。目的是统计、分析事故性质并采取相应的防范措施。例如，车间内的桥式起重机（天车）出现故障暂时不能使用了，统计时该事故类型就划分为“起重运输工程设备事故”
	动力能源设备事故	
	电气设备事故	
	信息计量控制设备事故	
	工业炉窑事故	
	起重运输工程设备事故	
	工业建筑事故	
	其 他	

4.1.3 事故分析

4.1.3.1 事故分析的意义、目的

事故发生后要迅速组织抢修，特别注意防范次生事故产生。与此同时，要细心观察和调查现场实况、收集保存必要的实物。一般在设备修复正常运行后，要组织相关人员认真地调查分析，综合判断，做好记录存档备案。进行事故原因分析的直接目的是防止同类事故重复发生。事故分析的结论要清晰，原因与责任要准确，并且根据已有的规定（规章制度）进行有章可循的处理。

事故分析与处理需落实“三不放过”原则：事故原因没查清楚不放过！事故的防范措施没落实不放过！事故责任者没受到教育不放过！

4.1.3.2 事故分析的方式方法

事故分析的一般方法步骤为“现场调查、资料收集→综合情况、分析原因→定性质、下结论→制订整改防范措施→记载备案”。

（1）现场调查、收集资料。应在第一时间赶到事故现场，开展事故调查，询问现场负责人和当事人，尤其是设备的使用（操作）者。调查内容掌握四点：1）事故发生的准确时间、向上级汇报的时间。2）现场当事人、该设备的维护人和当班维修负责人是谁。3）事故发生的具体地点、设备及零部件名称和损坏位置。4）事故的经过，设备出现了什么异常现象，哪些人员在现场参与了事故处置、如何处理的，等等。

现场调查须注意查看零部件的损伤部位、损伤程度（必要时照相），相关仪器仪表监测指示的即时数据。收集保存必要的遗留实物，如断轴轴头、断齿碎块、合金熔化物、油液等。离开现场后还需查看相关设备图纸资料、技术档案，尤其是设计制造、投产使用和维修记录、点检记录等。在此整个过程中要注意相关资料与记录的真实性和完整性。

（2）综合情况、分析原因。综合情况、分析原因的宗旨是以科学的态度进行实事求是的分析，不唯书、不唯上、只唯实。首先需确定参加事故分析会的人员范围，必要时可邀请外单位专业人员参加。事故分析的要领是抓住主要问题、主要矛盾予以综合分析、比较推理。找准实质性的症状，理出该事故可能产生的原因。分析中可借鉴同类型生产单位运转设备现况，借鉴本单位历史上同类型设备的状况。可根据需要对受损零件进行理化测试或技术诊断等，从而科学地找出深层次的内在原因。遇到有争论性问题时，要注意结合相关技术标准（企标、国标）、结合规章制度要求、结合本单位生产经营现实状况来分析原因。

需要指出的是原因分析活动中，应推荐应用现代化管理方法，这是一个发展趋势。如事故原因分析活动中可应用质量管理中的因果分析法（鱼刺图法）。实践证明，这是一种捷径，是一种行之有效的方式方法。它强调在人、机、料、法（法规）、环（环境）五大方面予以综合全面地分析，不遗漏、不重复。

（3）定性质、下结论。在广泛综合各方面的反馈情况，初步明确原因的基础上，需要确定事故的性质和事故责任，汇总结论并简洁明了地写出书面的事故分析报告。该报告需要根据时限规定，由本单位设备管理主管负责人签字后向上一级呈报。“下结论”环节必然要涉及责任问题，需要贯彻两条基本原则——权、责、利相符原则和区域分工负责制原则。

（4）制订整改防范措施。该步骤是比较容易被忽略的一个环节，却又是设备管理上十分重要的一环。一般要求层层讨论，拿出本职本岗整改意见，按管理层次整理出具有可操作性且行之有效的具体措施，书面成文上报。制订整改措施的过程是集思广益、不断进步的过程，也是当事单位、当事人受启发教育的过程。是否制定了整改措施必须在事故分析报告中予以简要说明。

（5）记载备案。该环节是事故分析的收尾步骤。如何记载备案需根据本单位设备管理制度履行。必须高度重视记载备案工作，它是重要的设备管理资料。记载备案既是制订设备维修计划的一种依据，也是处理今后同类事故的参考，它对提高企业效率、效益起着重要的作用。其落办质量可采用定期检查、抽查的方式予以检验。记载备案工作应注意其完整性、真实性和标准化，应按统一的规定格式登录。

需要明确，记载备案工作是企业贯彻执行国际质量体系标准（ISO 9000）认证工作必不可少的重要内容，有必要在起步阶段打好基础。

例 4-1 某线材轧钢厂加热炉炉尾装钢辊道第一组，传动方式为 8 辊圆锥齿轮集中传动，辊速 0.3m/s，辊筒 ϕ300mm × 1400mm，辊距 800mm，减速器 JZQ500-Ⅱ-2Z（i = 40.17）。7 月 15 日 15 时生产工人发现该减速器透气罩处冒出刺鼻的油烟，值班钳工到现场查看，发现减速器运转声音异常，且出现轻微振动。试对上述故障现象进行原因分析。

解：由题可知：（1）功能作用：该工作辊道在炉尾担负向加热炉纵向运输原料钢坯的任务。

（2）工况环境：高温粉尘，比较恶劣。7 月中旬下午，外界酷暑且正值最高气温时段。靠近加热炉端部，受到直接热辐射。该工作辊道为圆锥齿轮传动类型，其运转特点是频繁启动、制动，故辊道的暂载率较高，可达 50% 以上，属中等负荷设备。

故障原因分析如下：

（1）透气罩处外冒油烟，是润滑油达到燃点并气化的现象，说明减速器箱体内部温度已很高。这是由于长期运转所集聚的热量没有释放散发，导致箱体内润滑油温度升高、变质。

（2）声音异常现象，一般原因为：1）减速器箱体内轮齿间正常的油膜润滑状态已遭破坏，齿轮啮合处于干摩擦和边界润滑状态，因而产生噪声；2）箱体内个别零部件轻微破损，即将失效，如滚动轴承保持架变形或开裂而产生声音异常。

（3）“轻微振动”现象，说明：1）减速器地脚螺栓异常，通常表现为螺母松动或承重的底部垫铁移位；2）减速器箱体合箱口处连接螺栓松动，该剖分面处出现了缝隙，从而产生轻微振动现象。

以上为直接的故障原因分析，综合原因说明设备“点检工作”不到位。

4.2　设备维修

4.2.1　设备维修含义

设备维修是指对设备进行的维护、检查、修理等恢复设备性能与使用功能的一切活动的总称。其中的维护是指对设备进行清扫、润滑、紧固、调整、检查等项工作，又称保养。修理按功用不同可分为恢复性修理和改善性修理，即存在两类修复方式。恢复性修理是指恢复零部件原有公称尺寸与形状、形位公差的修理，这是应用较广泛的修复方式。改善性修理是指改变零部件原有公称尺寸与形状、形位公差的修理，是技术改造、创新式的修复方式。狭义的设备维修概念是指除设备大、中修以外的一切活动。

设备维修是设备自身运动规律的客观要求。设备维修贯穿设备的一生，即规划决策、设计审核、制造（购置）、安装调试、生产使用、维修改造、再使用直至报废更新的全过程。维修不仅是技术性工作，也是一项复杂的管理工作。其内容包括：

（1）日常设备保养工作（清扫、润滑、紧固、调整、检查）。

（2）设备检查工作，主要是指日常动态监测与故障诊断活动和修前、修后检查工作。

（3）定期的设备拆箱检查、诊断工作。

（4）各种形式的修复修理工作，包括日常维修、设备小修、中修（项修）、大修。

4.2.2　设备维修的宗旨与任务

追求设备使用寿命周期内效益最大化是设备维修的宗旨。贯彻预防为主方针，把事故消灭在萌芽状态，力保设备处于最佳经济、技术状态，为企业提供连续、稳定的设备运行保障，就是这一宗旨的核心思想和基本原则。设备维修的宗旨也可称为设备维修的指导思想，可诠释为在设备维修领域所做的一切工作、活动、工程等，都不能违背它。无论维护还是检修，无论技术工作还是管理工作都要遵照这个原则办事情、想问题。

设备维修工作的任务可概括为：贯彻现代化设备管理理念，执行最经济、最先进的维护修理方式，进行经常有效的设备维护保养和必要的动态监测与故障诊断，以便在故障（事故）发生前进行预知性计划修理或改进性的修理，延长零部件的正常磨损阶段，为生产经营“保驾护航”。

4.2.3　维修性与维修思想

4.2.3.1　维修性

生产设备发生故障是普遍性的，问题是应怎么办、如何处理。这就涉及何时能恢复正常生产的问题，需要弄清经修理或更换，该设备恢复原有功能与工作状态所需时间及维修所消耗的人力、物力（备品备件、材料）与财力（资金）。

维修性与维修是两个不同的概念。维修性是指设备在维修方面所具有的固有属性或本质特性，它反映出预防故障发生或故障发生后所需维修工作的难易程度。也就是通常所说的“好修、不好修”。维修性是一项综合体现指标，它既反映出设备自身内在的本质特性，又说明了维修设施、工具类等外部修理环境、条件的优劣。维修是指一种具体的活动、工作。

设备维修工作是一项系统工程，所以需要以系统的观念来分析问题和解决问题，尽量达到全面、准确的效果。影响维修性的因素主要体现在人、机、料、法、环五大方面，见表4-2。

表4-2 影响维修性诸因素

影响因素	内容含义
人员（人）	人员素质是根本、决定因素：（1）责任心；（2）分析和解决问题的能力；（3）经验与熟练程度
机器本身（机）	设备和维修装备的完善程度：（1）由设计、制造等决定的固有属性，包括强度与安全性，标准化、系列化、通用化程度，是否具备部件更换功能，是否设置了检修与检测空间。（2）维修和使用过程中对设备是否进行改善性修理，包括不断进行的技术改造、技术资料齐全完备、应用专用工具、完善检测手段
用料用件（料）	备品备件、材料储备是否齐全、经济，各种工具、用具、量具、仪器储备方式是否科学、合理
管理方式方法（法）	管理体制、规章制度是否完善与落实：（1）机构设置、人员配备；（2）维修方式是否先进；（3）规章制度制定与执行是否到位，有无激励机制；（4）整体管理水平
整体环境（环）	包括生产经营在内的设备运行、维修环境状况：（1）生产设备布局；（2）空间环境、工况环境；（3）维修设施、工具类等外部修理环境、条件的优劣，如机加工能力、起重运输能力等；（4）领导层及全员对设备管理的重视程度。（5）信息化程度，内部反馈和与外界交流

由此拓展，自然就能联想到提高维修性的正确途径。

4.2.3.2 维修思想

维修思想是指导实施设备维修实践的理论，是认识和改造维修现状的武器，是对维修工作总体、全局的认识。树立正确的维修思想和观念大体有三项原则：

（1）明确服务意识，把握全局、与时俱进。设备管理、设备维修不是孤立存在的，它必须为生产经营服务，力争提供连续、稳定、满意的服务。设备维修部门不但要“竖向”比较自己的工作或业绩，还要“横向”比较本单位的维修水平，了解和把握全局、与时俱进，比较与同行业领先水平的差距，如本单位在设备管理和维修中，已采用了多少现代化管理手段和方法、设备故障停机率指标完成情况等。

（2）尊重客观规律，立足现实，逐步推进。树立正确的维修思想需要结合本单位现实情况（人员素质、整体环境等），先易后难，逐步推进，力求年年有改进。

（3）要树立效率、效益意识和“大成本”意识。实践是检验真理的唯一标准，维修工作效果最终还是要“数据说话”，看效益结果。“大成本”是一个标杆，其含义系指某项设备维修所消耗的人工、物料、资金费用和工时，特别是占用的纯停修时间的多少。

4.3 设备运行维护制度

设备运行维护制度是贯彻执行“预防为主”方针，为组织设备的维护、检查与修理所采取的一系列管理、技术措施以及它们之间相互关系的总称。运行维护制度是企业中不同的群体，或说不同岗位、工种的员工，在设备管理方面所要求的行为规范。例如，操作维护规程就是对车间生产系统员工和设备操作人员行为的一种规范化要求，其内容包括“三好、四会、四项要求”，即三好：管好、用好、保养好；

四会：会使用、会保养、会检查、会排除故障；

四项要求：整齐、清洁、润滑、安全。

随着企业管理、生产经营和科学技术的发展，设备运行维护制度也在不断地发展和完善。按其发展，设备运行维护制度大致可分为四个历史阶段。

4.3.1 事后维修制

事后维修又称故障维修，是设备发生故障后再进行的修理，俗称“出了事再修”。由于事前不知道故障何时发生，缺乏修前的准备工作，故事后维修的设备停修时间较长，停产的经济损失较大。又由于事后维修是无计划的，因此它常常打乱正常生产秩序，影响生产经营任务的完成。事后维修是一种原始的比较落后的管理方式。

4.3.2 计划预防修理制

计划预防修理制也称计划检修制、预防维修制。预防维修指在设备未发生停机故障或损失时就进行的维修。它要求设备维修以预防为主，在使用过程中作好维护保养和检查工作。当使用到计划规定的时间后，安排停机进行预防性检查。如发现了故障苗头则当场修复处理。根据磨损规律、检查结果和经验，在发生故障前进行修理，因此这种维修方式可以缩短设备停修时间，提高设备完好率，不致因失修而损坏设备或影响安全。计划预防修理制的具体实施可概括为定期检查、按时保养、计划修理。其缺点是修理周期、修理工作量不能准确地反映该设备运行的客观规律、或说不能准确反映不同位置、不同负荷环境下的同一名称设备的自身状况，其结果是易造成维护不及时，更多的是造成“过剩维修”，使得备品备件储备量增大，检修工作量增大，各种费用增多（人力和停修时间），设备维修成本增高。

4.3.3 全员生产维护制

全员生产维护制也称全员设备管理维修制。日本企业在学习引进设备综合管理的过程中结合本国国情创造了全员生产维护制。这种维护制要求企业全员参加，以提高设备的全效率为目标，以设备一生为工作对象，其特征是“三全”——全员，全过程，全效率。

(1) 全员参加。与设备有关的系统部门和人员都参加，包括生产工人和企业各层领导。

(2) 全过程参加。与设备一生各环节、各阶段相关的系统参与，即建立设备一生的管理系统，包括规划设计、制造、使用、维护、改造、报废更新的各阶段工作系统。

(3) 全效率（综合效率）。这是工作目标，要求设备一生所耗总费用最小而效益最大、贡献最大，即“多快好省”。

全员生产维护制的工作内容主要包括点检定修制、设备分级管理制、设备文明生产达标管理制等。

点检定修制简称点检制，是以点检为核心的设备维修管理体制。按照一定的标准、一定的周期、对设备规定的部位进行检查，以便早期发现设备故障隐患，及时加以修理、调整，使设备保持其规定功能的设备管理方法。其实质是在故障发生前有针对性地进行维修，体现了可靠性与经济性的完美统一，比计划检修制更为合理、科学。它是全员生产维护制的核心组成部分。其具体做法是把设备可能出现故障的部位事先设定为若干个点，规定出“标杆”——正常标准和异常标准，定出检查部位、方法、检查时间、检查人员（即五定：定点、定标、定法、定期、定人），并形成一套行之有效、可操作性的技术管理制度。所有人员均按此做法对各设备进行动态监控、诊断和维护。点检定修是设备维修的基础工作，在工厂简单易行且是先进的维修管理方法。它包括生产点检、专业点检、精密点检、劣化分析、精密检测五个方面的内容，并构成了防范事故发生的“三道防线”。这种方法在日本等工业发达国家已广泛应用。在我国很多大型、特大型国有企业也已推广应用多年，均收到显著效果。点检工作开展较早、成绩突出的企业已涌现出一大批，如宝钢、唐钢、湘钢等企业。

重点介绍点检内容的三个基础方面。

（1）日常点检（生产点检）。由生产（操作）工人、值班维修工人（保全工、钳工、电工、马达工等）进行的点检工作。按要求按规定路线开展巡检，生产人员每班 2 次，维修人员每班 N 次（按工种、按设备特点规定检查次数）。生产人员一般凭经验、凭五官感觉对本岗位使用范围内的设备逐项排查，将结果记入点检卡或告诉值班维修人员记录。设备人员一般应用简单的仪器仪表、工具，凭经验逐项巡检排查，重点查找异常情况。点检卡须在当天交报。日常点检是基础，是避免事故发生的第一道防线。图 4-1 所示为某型材轧钢厂的机电设备定点巡回检查路线。

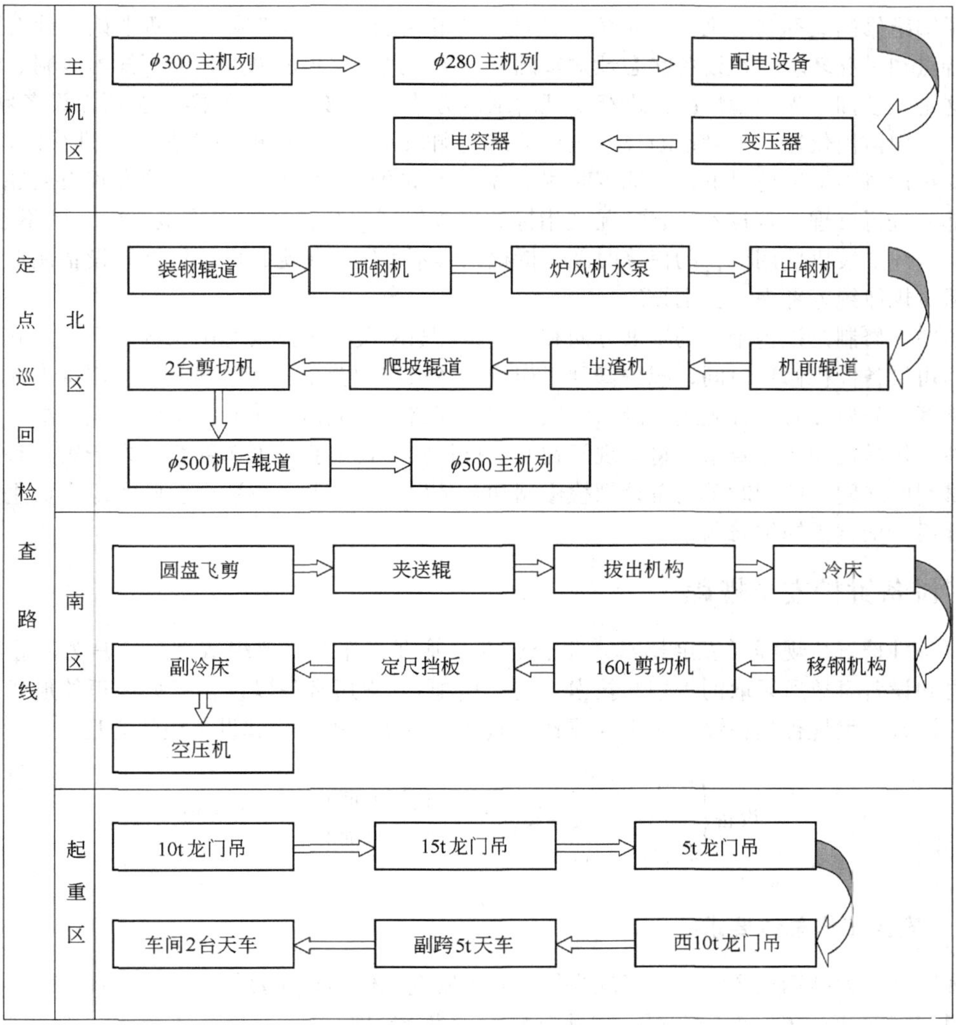

图 4-1 设备定点巡回检查路线

（2）专业点检。凭经验或设计要求给本单位的设备制订出周期检查表（点检计划表），由专业技师、技术工人按表依次进行的点检工作。专业点检的对象是本企业的关键设备（A 类设备）或其关键部位。针对日常点检发现的问题或有争议的问题开展工作。专业技师、技术工人需携带点检仪器、工量具进行检查，根据显示数据凭技术知识和工作经验判断出异常情况和隐患部位，并要组织维护人员排除这一故障。专业点检是骨干支柱，是技术性点检，大量的诊断、维护工作靠此完成。这是避免事故发生的第二道防线。

（3）精密点检。由专职分管技术人员进行，或外聘专业技术人员进行。这是一种不定期的点检，完全根据设备运行状况和技术需要安排。设备状况较佳，运转稳定的车间设备一般每年安排 4 ~ 6 次，或按季节温度变化安排定点检次数。精密点检是技术性很强的点检，是针对设备的“疑难杂症”开展的监控和诊断。必须应用测量工具、诊断仪器比较鉴别，才能推导出结论性意见。它是日常点检和专业点检的完善与补充，是避免事故发生的第三道防线。

4.3.4　预知维修制

预知维修制又称状态维护制。按“监测→分析→诊断”的步骤与诊断理论，针对不同设备的特点和工况环境，在设备状态预知基础上，按需进行修理的制度称为预知维修制。

这是先预知、先掌握情况再进行修理的维修方式、维修制度。怎样才能预知设备状态呢？这就要采用监测仪器，故障诊断技术进行动态监测来实现。怎样做到“按需要进行修理”呢？这就要在设备不解体情况下，定期定时测定各零部件的技术状态，哪一部分发现有问题，就对哪一部分进行修理。若技术状态情况（指标数值或发展趋势）还在允许范围内，则不予修理。即对生产线上装机使用设备的保修时间、拆检内容不做统一规定，而是依据原设备制造厂说明书和运转规律统筹考虑、区别核定。

预知维修制是设备维修的发展方向和趋势，已被欧美等工业发达国家普遍采用。其优点在于能缩短设备停机修理时间，减少修理工作量，降低维护费用。其问题在于应用难度大。采用这种制度首先要拥有各种先进的测试手段、监测仪器和掌握监测诊断技术的专业人员，否则其准确性、科学性和实际效果都将出现问题而大打折扣。目前我国大多数企业处于第二种、第三种维修制度之间，即同时采用着计划检修制和全员生产维护制。少数企业已实现全员生产维护制，并逐步探索预知维修制。

4.4　设备维护安全规程

设备维护安全规程（安全技术）是企业安全管理工作的重要组成部分，是为防止产生人身伤亡和设备事故所采取的管理与技术规定（措施）。它通常是以设备三大规程的形式来体现实施。设备三大规程是：设备使用（操作）规程、设备维护规程和设备检修规程。

$$\text{设备}\left\{\begin{array}{l}\text{使用（操作）}\\\text{维护}\\\text{检修}\end{array}\right\}\text{安全规程}\left\{\begin{array}{l}\text{通用方面}\\\text{专项方面}\end{array}\right\}\text{书面文字规程}$$

4.4.1　安全工作总体要求

现以某特大型钢铁企业安全管理为例，介绍安全工作的总体要求。

（1）安全工作方针：安全第一，预防为主，综合治理。

（2）安全工作制度：贯彻执行 2.3.1，即

2——我要安全，我会安全！

3——我不伤害自己，我不伤害他人，我不被他人所伤害！

1——一个确认：现场工作先确认，后操作！

（3）总体要求：

1）执行安全生产逐级负责制、报告制。

2）贯彻执行“三同时”：在计划、布置、检查生产经营的同时，计划、布置、检查安全工作。

3）安全事故的调查处理，执行“三不放过”原则，即事故原因没查清楚，不放过；事故的防范措施没制订，不放过；事故责任者没受到教育，不放过。

4.4.2 安全规程通则

（1）企业必须建立健全安全管理制度和安全技术三大规程，使全体员工有章可循。

（2）要对职工进行上岗前三级安全教育（培训），未经培训不得上岗工作。对需持有安全合格证的特殊工种，禁止无证上岗作业。

（3）在新建、改扩建工程的设计与施工中，需要贯彻执行“三同时”，避免因质量问题而形成事故。

（4）进入车间现场须按规定穿戴齐全劳动保护用品。

（5）特殊设备场所需实行门禁制度，维修人员持有效证件出入，无证人员不得入内。

（6）在易燃易爆场所需作业点火时，须先进行专业分析并取得安全主管部门和消防部门的签证同意后，方可点火作业。

（7）在人多物多、场地复杂的检修现场，应设置必要的安全警示牌和设立专职安全员，进行有权威性的督查工作。

（8）各设施、仪器仪表，非专业岗位人员禁止触摸或移动。各种安全设施不准任意拆除。

（9）在线设备拆修时必须拉闸断电并执行当事人挂牌制度（禁止合闸，有人作业!），特殊区域要设人监护。

（10）各种安全设施齐全可靠：轮有罩，轴有套，平台、钢梯有栏杆，坑、孔、沟、池有防护、危险场所有警示。

（11）各级领导和专业部门要熟悉安全通则，掌握本职范围内的安全规程、制度。企业全员都要执行安全规程，对违章指挥现象有权拒绝执行和越级上报。

4.4.3 专项规程

4.4.3.1 设备检修安全规程

（1）有多人同时操作时，须设专人指挥。指挥信号应统一、明确。

（2）拆修动力能源等受压设备或管道之前，应将其内部介质压力降至常压。

（3）打锤前要检查锤顶是否牢固，打锤时不准戴手套，不准顺面打锤。

（4）电焊机一次线（电源线）的长度不准超过3m。

（5）使用氧气、乙炔时须遵守以下规定：

1）氧气、乙炔两钢瓶的距离要在3m以上。

2）氧气瓶不能置于阳光暴晒处。禁止用油污手套接触其瓶嘴开关部位。

3）乙炔瓶须直立，不能横放，并且必须安装回火防止器。

（6）登高2.5m以上为高空作业，须携挂安全带于牢固之处。遇有恶劣气候状况，如大雨、大雾、大雪及六级以上大风时，不准进行高空作业。如确需作业，必须履行审批手续。严禁从高处向地面抛扔工具、材料等物料。

（7）设备检修后应将现场所有被拆被移的安全防护装置复原，否则不准试、开车。

（8）检修完毕进行试车时，一般应遵循：

1）按“手动盘车→点动试车→空负荷试运转→负荷运转”的程序进行。

2）必须设专人现场指挥。

3）要仔细检查试转设备的整个系统、关联部位是否具备试车条件，是否还有人或物料、工具等障碍物存在。

4.4.3.2　起重机司机操作规程（十不吊）

（1）超过额定负荷时或横拉斜拽时，不吊。

（2）指挥信号不明或视线不清时，不吊。

（3）工件捆绑不牢时，不吊。

（4）工件上站人或有浮动物时，不吊。

（5）起重机安全装置失灵时，不吊。

（6）吊运埋在地下的物件时，不吊。

（7）吊运带有棱角缺口未垫好的物件时，不吊。

（8）吊运易燃易爆物品时，不吊。

（9）吊挂重物或设备直接进行加工时，不吊。

（10）遇到违章指挥时，不吊。

4.4.3.3　桥式起重机检修规程

（1）检修周期及工期。车间桥式起重机检修周期规定列于表4-3中，供参考。

表4-3　桥式起重机检修周期参考规定

检修种类	周　期		工　期	
	5～50t	70～100t	5～50t	70～100t
小　修	1～3个月	1～3个月	4～8h	4～8h
中　修	1～2a	1～2a	5～10d	15～20d
大　修	5～8a	5～8a	10～15d	20～30d

（2）检修内容。

1）小修：

①更换达到疲劳磨损限度的钢丝绳。

②更换磨损严重的销轴螺栓。

③更换制动器闸瓦。

④检查或更换吊钩护罩、损坏的滑轮。

⑤更换缓冲器弹簧。

⑥检查齿轮联轴器磨损情况，更换达到报废标准的零件。

⑦清洗并应用20倍放大镜检查卷筒、吊钩，观察有无裂纹及其他缺陷。

⑧检查修理全部安全防护装置与调整极限。

2）中修：

①清扫各电动机轴芯，检查绝缘情况，清洗检查各轴承并更换油脂。

②各传动机构找平找正、调整到技术标准。

③检查或更换零部件，如减速器、吊钩组、滑轮组、车轮组等。

④减速器、卷筒轴承等处清洗、检查、换油。

⑤检查端梁等处的连接紧固情况。

⑥检查各制动器及其气缸润滑情况。

⑦进行全面检查（包括完成全部小修内容）。

（3）验收标准。

1）制动器：

①要求制动过程灵活可靠，销轴不能有卡住现象，轴孔不能有过度磨损，各开口销应齐全。销轴报废标准：磨损椭圆度超过0.5mm或原直径的5%应更换。

②当轴孔磨损超过名义直径的5%时，应用铰刀扩孔并更换相适应的销轴。

③销轴间隙导致的无效动行程，不应超过电磁铁额定行程的10%。

④闸带与制动轮两侧间隙值要均等，其数据参见表4-4所示。

表4-4　制动器间隙值

	短行程闸带与制动轮		长行程闸带与制动轮		
制动轮直径/mm	ϕ200	ϕ300	ϕ300	ϕ400	ϕ500
间隙/mm	0.6~0.8	1	0.7	0.8	0.8

⑤调整制动器，使其在额定负荷作用下制动惯性行程在50~200mm为宜（约为起升速度的1/100）。

2）制动轮：（略）。

3）钢丝绳、卷筒：（略）。

4）车轮：（略）。

5）减速器：（略）。

6）轨道：（略）。

7）滑轮：（略）。

8）齿轮联轴器：（略）。

9）吊钩：（略）。

10）桥架：（略）。

4.4.4　机电安全技术常识问答

（1）使用设备的四项要求是什么？

答：整齐、清洁、润滑、安全。

（2）起重机吊钩的安全要求是什么？

答：1）吊钩表面应光洁、无剥裂、无毛刺和裂纹等缺陷。

2）不得使用铸造吊钩。

3）吊钩的缺陷不得焊补。

4）吊钩滑轮架应涂有黑、黄色间隔斜条纹的安全色标。

（3）吊钩在什么情况下应当报废？（报废标准）

答：吊钩在出现以下任一情况下应当报废：

1）吊钩的危险断面磨损达原尺寸10%。

2）开口度比原尺寸增加15%。

3）扭转变形超过10°。

4）危险断面或吊钩颈部产生塑性变形。

5）吊钩表面有裂纹或破口。

（4）起重用钢丝绳断丝多少根应当更换新绳？

答：按钢丝总数的10%估算断丝根数，达到此数应更换新绳。例如，$6\times19+1$ 钢丝绳断丝12根时就要更换（$19\times6=114$ 丝）。

（5）电焊机的电源线（一次线）安全规定多少米？

答：2~3m。

（6）乙炔瓶必不可少的安全装置是什么，乙炔瓶使用时怎么放置？

答：乙炔瓶必不可少的安全装置是回火防止器。乙炔瓶使用时必须直立，不能横放。

（7）蒸汽锅炉的三大安全附件通常指的是什么？

答：三大安全附件通常是指安全阀、压力表和水位计。

（8）电动机被烧毁的主要原因是什么？

答：电动机被烧毁的主要原因有超载运行、线圈绕组损坏造成绝缘破坏短路、电压过低断相运行和转轴卡住等。

（9）什么是接地保护？什么是接零保护？

答：为防止因电气设备绝缘损坏而使人身遭受触电危险，将电气设备的金属外壳与接地体连接称为接地保护。为防止因电气设备绝缘损坏而使人身遭受触电危险，将电气设备的金属外壳与变压器中性线相连接称为接零保护。

（10）在金属容器内或潮湿处所使用的行灯（手灯）电压是多少？车间现场检修照明用的安全电压是多少？

答：行灯的安全电压不能超过12V。现场检修照明常用的安全电压是36V、12V。

4.5 运行维护制度应用实例

4.5.1 机械设备

4.5.1.1 轧钢设备——推钢机维护

推钢机是轧钢车间连续式加热炉的加料设备，用于将钢坯依次推入炉内。某厂型钢车间加热炉炉尾区域应用了传动效率高、运行可靠的35t双排齿轮齿条式推钢机，如图4-2所示。

（1）推钢机操作规程

1）各班应设立推钢机专职操作人员1~2人，其他人员不得操作。

2）开车前操作者应检查机器周围及各转动部位是否正常、有无障碍物，确认后方可开车。

3）开车时先点动，确认各零部件无异常时再开车操作。

4）钢坯到位辊道停车后要将钢坯摆平摆正，放齐后方可开车推料，并要观察炉内钢坯运行状况。推钢时一定要发出明显信号，严禁从钢坯上面横跨。

5）在推钢过程中严禁上料辊道向推钢机输送坯料，发现炉内钢坯出现异常情况（顶斜、刮墙、崩钢等），必须立即停车处理。

6）严禁超负荷使用设备。

7）长时间停车或下班时，推杆须退回到规定位置并将主令控制器置于零位，拉闸断电。

（2）推钢机维护规程

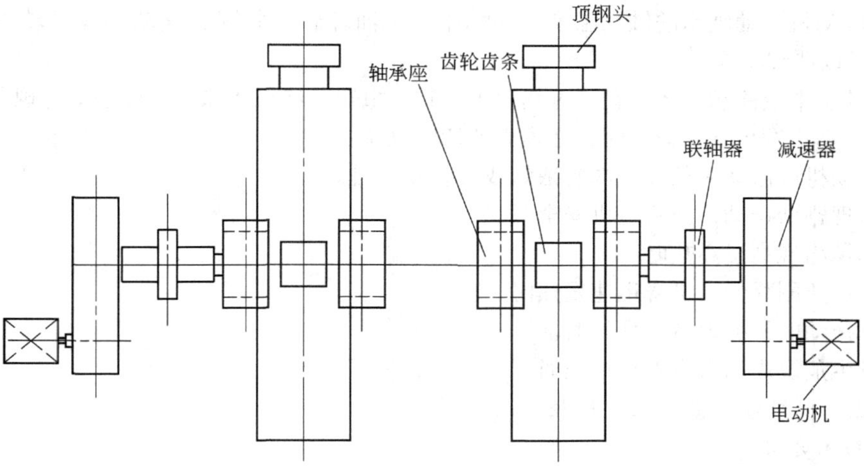

图 4-2 35t 双排齿轮齿条式推钢机平面布置

1）监督推钢机操作人员正确操作使用设备，询问并检查其规程履行情况。

2）每班两次按巡检路线规定对推钢机进行全方位检查，若发现问题需及时处理。

3）推钢机点检路线：电动机→制动器→联轴器→减速器→联轴器→压辊→滑板→齿轮齿条→轴承。

4）点检内容：检查各部连接螺栓和地脚螺栓有无松动，听、摸各部位运转是否出现振动或异常声音、各部温度是否正常（电动机温度不大于80℃，轴承温度不大于65℃），检查减速器中润滑油的高度与色泽（不得低于大齿轮的齿根圆线），检查制动器间隙及抱闸皮磨损状况并及时调整。

5）将本班运转、维护、修理情况如实填写到日常点检卡上。

4.5.1.2 通用设备——离心通风机维护规程

（1）执行点检规定和巡检制度，对各台通风机整体环境和各部件进行全面检查。

（2）为防止电机过载烧坏，风机启动时必须在无负荷情况下进行，即启动前先将进风阀门关闭，出风阀门稍开。

（3）“点车”查看风机及系统有无异常情况（噪声、异味、异振）。如有异常应停车排除；如情况良好再逐步开启阀门至正常运行。

（4）风机达到正常转速时，应同步检查各轴承温度和振动，轴承温升不得超过环境温度40℃、不应有剧烈的振动与撞击。

（5）风机的维护须在停机断电时进行，并在开关处悬挂停电牌。定期清除风机及管道内部的积灰、污垢等杂质。风机试车时在进出口方向10m内不许站人。

（6）按点检规定检查和更换润滑剂。

4.5.2 电气设备

4.5.2.1 感应电动机值班巡检内容要求

（1）值班人员应认真地执行维护规程与巡检制度，并按要求填写日常点检卡。

（2）对大型电动机应密切观察并掌握配电盘上仪表显示情况、负荷电流值变化情况。

（3）必须监视电动机的温度（定子温度、轴承温度等），并按规定做好记录。

（4）电动机滑动轴承的轴瓦温度、油标指示、油环转动状况、滚动轴承运转声音与振动情况均要予以严细检查。

（5）巡检中应注意有无火花、过热变色、转子甩锡、绝缘漆味、螺栓松动等现象。

（6）电动机发生下列情况时，必须立即切断电源：

1）电动机或启动调整装置内有浓烟或火花发生时。

2）出现剧烈振动，威胁电机安全时。

3）轴承出现高温高热时。

4）转速急剧降低、机身迅速发热时。

5）所拖动的机械设备已损坏时。

6）发生危及周围人身安全情况时。

4.5.2.2 电力电容器维护规程

（1）技术要求

1）具有单独负荷开关的两组电容器应分别投入在两体母线上，合为一条母线运行时应由联络开关来担任。

2）运行前应先检查放电设备是否正常。

3）操作时禁止在3min内连续合闸。

4）当熔丝熔断时必须先检查电容器的电容量。若未检查，禁止更换熔丝；若经检查其电容增加10%以上，则表明该电容器已不宜继续使用运行。

5）每周需进行一次夜间熄灯检查，重点是各部套管、支持瓷瓶及其他部分有无放电现象。气候恶劣或雷雨后须进行特殊检查。

6）电容器室内环境温度应不大于40℃（相对湿度不超过80%），否则应停止运行。

（2）巡检项目与标准

1）检查电力电容器负荷电流和母线电压值。

2）检查电容器铁皮有无渗油和壳胀现象，套管及支持瓷瓶有无裂纹、尘垢或放电痕迹。

3）各部接头是否发热、有无热气流现象。

4）若电容器没有装设过电压保护装置，当电压超过额定值10%时，应将电容器停止运行，直到恢复允许值后方可投入运行。

5）当电压升高时，若三相电流不平衡说明电容器内部有故障，要及时排除。

6）运行中出现异常现象时，应视具体情况进行绝缘电阻测定。

复习思考题

4-1 什么是设备故障，什么是设备事故？

4-2 按事故影响程度区分，设备事故可分为几种类型？简述其含义。

4-3 设备事故分析的方法步骤有哪些？试针对某一现场事故，并应用一种现代化管理方法综合情况，进行原因分析。

4-4 设备维护与修理的宗旨是什么？

4-5 维修性的含义是什么，影响维修性的因素有哪些？

4-6 如何树立正确的维修思想？

4-7 简述全员生产维护制的含义及核心内容要求。

4-8 简述“点检定修制”的含义，它和设备维护工作有什么关系？

4-9 你认为应如何开展推行“点检定修制”工作，“点检定修制”的主要工作内容有哪些？

4-10 什么是设备安全规程（安全技术）？列出8~9条设备安全规程的通则要求。

4-11 怎样保证设备检修工作安全顺利进行？（90字左右）

4-12 设备运行维护制度有几种类型？介绍其中两种的含义与特点。

4-13 简述起重机司机操作规程“十不吊”的内容。

4-14 简述桥式起重机检修规程中小修的检修周期和内容要求。

4-15 车间生产系统员工和设备操作人员行为规范中要求的“三好”、“四会”和“四项要求”的含义是什么？

5 设备润滑工作

【教学重点】

本章从管理与技术两方面重点讲述了设备润滑的机理、作用、方式以及润滑剂的选用。通过学习，学生应清楚润滑管理是设备管理、设备维护工作的中心环节；应掌握设备润滑剂和润滑方式的选择，并能处理现场的润滑问题。

5.1 概述

设备运行过程中，用于减少相互运动零件间的摩擦和磨损的介质称为润滑剂。常用的润滑剂主要有润滑油（液体）、润滑脂（半固体）和固体润滑剂三种。需要指出的是，工业生产的一些场合也使用水（含乳化液）润滑，如热轧、冷轧轧辊处。这可归纳为液体润滑的大类，也可划分为第四种润滑剂。对润滑剂的一般要求是具有适当的黏度或针入度、良好的润滑性、一定的油膜强度、抗氧化安定性、无腐蚀作用等。润滑油、润滑脂还可用作液压传动、液力传动、导热传动、热处理等的工作介质。

润滑工程是摩擦学一个重要分支，也是一门综合性应用技术。据估计世界上大约有1/3以上的能源消耗在摩擦上。人类在生活和生产实践中，很早就察觉摩擦、磨损与润滑之间存在很重要的关系。但由于科技的限制，直到最近半个世纪摩擦、磨损与润滑之间的关系才得到比较深入的研究。目前润滑设计在机械设计中占有重要的地位，开拓了一个新的领域。其内容涉及流体力学、材料力学、物理化学、石油化学、精细化工、机械原理等诸多方面的知识与技术。仅凭经验甚至盲目使用润滑剂的时代已经结束。摩擦是现象，磨损是结果，润滑是降低摩擦、减少磨损的重要措施。最理想的润滑状态是全润滑，即油膜把接触面隔开。但客观现实中，在设备启动、停车或其他原因发生时都可能破坏这一正常的润滑状态。润滑工作就是研究设备的润滑原理，润滑方式，结构合理性，选配润滑材料，确定系统、科学的润滑管理办法，最终实现科学合理的设备润滑，保证设备安全、经济、可靠地运行，为生产经营“保驾护航”。润滑工作对设备运转的作用突显于四方面：润滑、冷却、清洗和防锈。

企业生产经营和设备管理的全过程告诉我们，润滑设施本身的制造费用与润滑剂的耗用费用在车间制造成本总额中所占比例比较小，但是它们对企业设备的安全运转和生产作业率的影响却相当大！

润滑管理是润滑工程在生产经营中的实践，是设备管理工作、设备维护工作的中心环节，是设备维修的关键与核心。实践表明，因润滑不良引发的机械事故在设备停机事故中占有相当大的比例。据有关资料不完全统计，在钢铁行业中（大型重点企业）该类事故比例高达72%左右。由此带来的经济损失仅在大型钢铁企业每年也数以亿计。可见，润滑工作关系企业的整体效益，搞好设备润滑工作具有深远的现实意义。

（1）搞好设备润滑工作，可以减少事故，提高企业设备作业率。

（2）搞好设备润滑工作，可以降低备品备件消耗和抢修工作量，降低油品消耗，节约能源。

（3）搞好设备润滑工作，可以确保零部件精度，进一步保证产品质量，同时也延长了设备使用寿命，减少固定资产投资费用。

5.2 润滑工作的职责

5.2.1 管理层职责

（1）制定润滑管理制度，对基层进行业务指导、检查和考核。

（2）审核确定企业主要设备的润滑方式和油品品种、数量。

（3）推广润滑工作先进经验，推广应用“三新”——新材料、新工艺、新产品，组织新油品的试用鉴定。

（4）与供销部门共同审定、下达基层单位年度用油计划与消耗定额。

（5）组织重大润滑事故分析会并制定防范措施。

（6）组织本企业润滑方面人员（技术人员、技术工人等）的培训和考核工作。

5.2.2 执行层职责

（1）建立本单位润滑制度，拟定相关人员职责范围。

（2）制定本单位主要润滑设备的三大规程，制定点检工作制度，包括区域分工责任制、交接班制、巡检制、设备清扫、消防安全等规定，并定期检查执行情况。

（3）贯彻执行设备润滑“五定”的工作要求。

（4）监察现场润滑工（维修工、操作工）执行润滑制度状况，制止违规现象。

（5）按要求提报年度（季度）用油计划。注意不准擅自更改油品名称及牌号，若确需改变时须履行审批手续。

（6）组织润滑事故分析会，讨论制定具体的整改措施。

（7）组织岗位技术培训，不断提高技术业务水平。

5.3 润滑管理“五定”工作

“五定”工作是润滑管理的具体实施办法，它是指定润滑点、定质、定量、定期、定负责人。图5-1表述了其具体要求。实践证明“五定”工作是贯彻执行润滑制度的有效措施。为掌

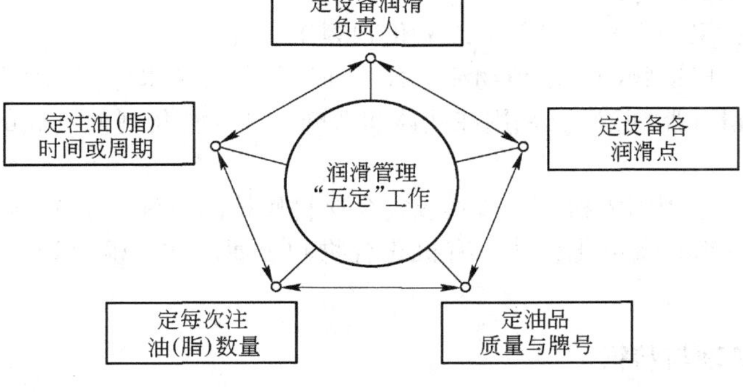

图5-1 设备润滑管理“五定”工作

握此办法，学员可在下厂实习过程中，选择自己比较熟悉的某一台设备，模拟实施“五定”工作，然后与该设备的维护规程相关内容作对比、找差距，总结润滑工作经验。企业的主要设备均应建立健全润滑制度、岗位责任制、具体清晰的润滑管理图和润滑卡片，结合点检定修制实施落实。根据贯彻落实的情况，将润滑工作逐步扩大范围至一般设备。

5.4 润滑类型与机理

5.4.1 润滑类型

5.4.1.1 按摩擦副表面润滑状态分类

按摩擦副表面润滑状态，润滑大体可分为四种状态，见表5-1。

表5-1 润滑的分类

类 型	含义与机理	特 征
无润滑（干摩擦）	物体两摩擦表面没有任何润滑剂存在，出现两金属表面直接接触的状态	摩擦系数极大，出现严重的磨损。润滑工作机件不允许出现干摩擦状态
流体润滑（液体润滑）	两摩擦表面间存在着充足的润滑油，机件的两金属表面不发生直接接触，处于完全被一层厚几十微米的压力油膜隔开的润滑状态。此时只有液体之间的摩擦	摩擦系数很小（$f=0.001\sim0.008$），理论上不发生磨损。形成的压力油膜可将工作机件托起，使其浮在油膜之上。大型电动机、汽轮机等长期高速运转的设备，应确保其轴承在此润滑状态下工作
边界润滑（边界摩擦）	处于液体摩擦和干摩擦之间的润滑状态，或说两摩擦表面间处于润滑与无润滑的临界状态。此时摩擦界面上存在着与介质性质不同的薄膜（称为边界膜①，厚度通常在0.1μm以下），具有良好的润滑性。边界摩擦情况下的摩擦系数只取决于摩擦表面的性质和边界膜的结构形式，而与润滑剂的黏度无关	相对于干摩擦，边界摩擦具有较低的摩擦系数（$f\approx0.008\sim0.1$）。边界膜厚度很小，不足以将两金属表面分隔开，相互运动时其高峰部分仍将互相搓削。虽不能绝对消除表面的磨损，却可起到减轻磨损、延长零件使用寿命的作用。边界摩擦是一种较普遍的状态，如气缸与活塞环、普通滑动轴承（铜套类）等的摩擦都属于此类
混合润滑（半液体润滑）	是两摩擦表面上同时存在着干摩擦和边界摩擦、同时存在着流体摩擦和边界摩擦的润滑状态。此种润滑状态下，两摩擦表面间已大部分被液体隔开，仅少许高峰部分直接接触。加强润滑点检工作，可使其向流体润滑状态转化	摩擦系数与磨损的变化幅度很大，具有不确定性。此类润滑状态比较符合一般设备运转实况的润滑状态，尤其是处于高温、重载、冲击负荷工况的零部件

①润滑剂的极性分子吸附在金属摩擦表面上所形成的边界膜，称为吸附膜。分子间的内聚力使吸附膜具有一定的承载能力，可防止两摩擦表面直接接触。摩擦副滑动时，表面的吸附膜如同两把毛刷一样相互滑动，降低了摩擦系数，起到润滑作用。

5.4.1.2 按润滑介质分类

（1）气体润滑：采用空气、氮气、二氧化碳等作润滑剂。

（2）液体润滑：以矿物油、动植物油、合成油、乳化液和水等作润滑剂。

（3）半固体润滑（脂润滑）：采用在液体润滑剂中加入稠化剂而制成的半固体膏状物等作润滑剂。

（4）固体润滑：采用固体粉末、薄膜或复合材料代替润滑油（脂），达到某种特殊润滑目的。常用的固体润滑剂有无机化合物、有机化合物和金属。如二硫化钼、聚四氟乙烯、尼龙、石墨、铅等。

5.4.2 润滑工作机理与特征

用油把摩擦副接触表面分隔开有两种方式。一种是利用两表面相对运动使油自然产生油压，对抗外载荷以分离表面，称为流体（液体）动压润滑，如一般滑动轴承与转轴的润滑。工业上属于这一种状态的润滑较多。另一种是对油施压，硬把接触表面隔开，称为流体（液体）静压润滑，如静压轴承、静压导轨等。

5.4.2.1 液体动压润滑

液体动压润滑是指由摩擦表面的几何形状和相对运动，借助黏性流体动力学作用，产生润滑膜压力，平衡外载荷的一种润滑方式。液体动压润滑机理如图 5-2 所示。当轴转动时（见图 5-2a），润滑油的黏性使轴颈对润滑油具有携带作用，这样油液就被轴颈带动到其下侧部的狭窄空隙处（由宽到窄，两个表面形成收敛的楔形）。随着转轴的正常运转，转速的加大，油液集结产生压力，形成“油楔”，如图 5-2（b）所示。因液体动力效应，吸入油楔中的油液压力随着转速的提高而增大并与外力 p 相平衡。此时轴颈中心顺着旋转方向偏移到一个新的稳定位置（偏心距为 e）。若油楔产生的压力能够平衡转轴的载荷时，则转轴在滑动轴承中被油液托起（通常托起值为 0.05 ~ 0.09mm，电机轴除外）。当润滑油的油膜厚度促使轴颈和滑动轴承表面完全分开时，就实现了液体动压润滑，这时的摩擦即为纯液体摩擦。

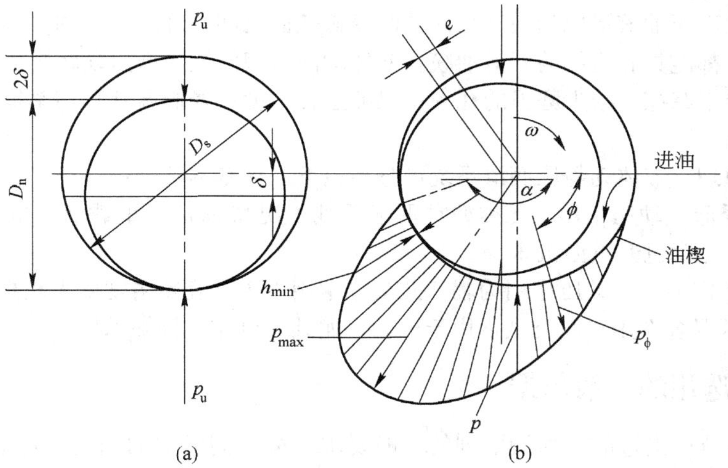

图 5-2 滑动轴承液体动压润滑原理

（a）静止状态；（b）轴颈旋转时油楔径向压力分布

液体动压润滑的动压油膜随着轴转数和润滑油黏度的增加而加厚，随外载荷的增加而变薄。需要注意，润滑状态在摩擦面处于低速或静止状态时因无法形成具有足够压力的油膜来承受载荷，会出现半干摩擦。

可见，实现液体动压润滑的条件是：

（1）摩擦副两表面间应具有一定的相对运动速度，且该运动速度方向是从油楔间隙的大端转向小端（由宽到窄）。

（2）润滑油必须具有一定的黏度，且该油的供应是连续、稳定的，即保障油膜的稳定可靠。

（3）转轴所受到的外载荷必须小于油膜所能承受的负荷极限值，即“托起力”大于外载荷的垂直力。

液体动压润滑的理论基础是润滑膜压力分布的微分方程，即著名的雷诺方程。利用这个方程可求出油膜上各点的压力，并通过压力分布计算出油膜的承载能力。在大多数工况下，油楔效应为产生油膜压力的主要因素。

5.4.2.2　液体静压润滑

通过液压供油系统，将具有一定压力的高压油强行供输到摩擦副表面的间隙中，使两相对运动的摩擦副表面在尚未运转之前就被高压油分隔开，从而保障运动副在受载情况下，完全处于液体润滑状态，这种润滑称为液体静压润滑。

液体静压润滑的特点为摩擦表面在很大的速度范围内及静止状态下都能承受外力作用而不发生磨损。其优点是：启动摩擦阻力小，节能；抗振性能优越，运转精度高；设备使用寿命长；可适应较广的转速范围。液体静压润滑的缺点为：投资大，费用较高——需要购置、设立专用的液压供油系统及其附属装置；需专人精心维护与管理。因此液体静压润滑的应用受到了一定限制。

5.4.2.3　液体动静压润滑

液体动静压润滑方式在大型、重载、高速机械设备和精密机床类设备中的应用日益广泛。它是在液体动压润滑与液体静压润滑的基础上发展而来的，兼有二者的优点。

液体动静压润滑利用摩擦副表面形状在相对运转时形成一定压力油膜的同时，利用外部液压供油系统所供高压油液形成油膜，从而使两摩擦表面之间在静止、启动、运转、停车或工况变换等条件下，都能具有可靠的润滑油膜。液体动静压润滑能降低启动转矩；防止两表面之间出现干摩擦、半干摩擦，减少磨损的几率；保障运转精度；降低温升和功率损耗，保证设备平稳、安全地运行。

根据工作原理，液体动静压润滑系统可分为以下三种基本类型：

（1）静压浮起、动压工作。此类型常用于重载工况特别是带重载启动的机械设备，如轧钢机、压力机、球磨机、重型机床等。

（2）静压工作为主，动压作用为辅。此类型常用于主轴旋转精度要求较高的精密机床。

（3）动静压混合作用。此类型常用于机床，尤其是机床主轴轴承处。

5.5　润滑剂选用的一般依据

除了在5.1节中提过的“对润滑剂的一般要求”外，润滑剂的选用一定要结合实际工况，经多方面综合比较和现场设备运行实践检验，最后予以确定。

5.5.1　润滑剂质量指标及使用意义

5.5.1.1　润滑油主要质量指标

A　黏度

黏度是指油品分子间相对运动时所发生的内摩擦阻力，它表示油液抵抗剪切变形的能力。黏度是润滑油最重要、最基本的性能指标，是表示润滑油的黏稠程度、衡量润滑油黏性的指标。黏度越大，形成的油膜越厚、润滑油的内摩擦阻力越大（中流层间剪切阻力越大）、流动性越差、油液越黏稠。

（1）动力黏度（绝对黏度）。油液中两层相距1cm、面积各为1cm^2的油液相对移动速度为1cm/s时所产生的阻力，称为动力黏度，用符号μ表示。动力黏度的SI单位为Pa·s（$1Pa \cdot s = 1N \cdot s/m^2$）。

（2）运动黏度。在同一温度下，液体（油液）的动力黏度与其密度的比值称为运动黏度，用符号ν表示。运动黏度与动力黏度的关系为$\nu = \mu/\rho$。通常黏度计测得的不是动力黏度，而是运动黏度。运动黏度的SI单位是m^2/s。

一般润滑油的牌号是以40℃时的运动黏度 mm^2/s 为单位的正数值表示。

黏度的使用意义在于它的“两个依据”——选用与划分油品的主要依据。

（1）选用油品。根据机械设备的负荷、速度、间隙、表面粗糙度、温度、功率大小、漏油程度等情况选用润滑油时，均应首先考虑其黏度。黏度过小，会形成边界摩擦或混合摩擦而加速零部件的磨损；黏度过大，则油的流动性小、渗透性差、散热差、内摩擦阻力大，造成设备启动困难、消耗功率增多，也会加速各接触面之磨损。可以概括地说，油的黏度不同，原则上用于设备的润滑部位也应不同，或使用设备的工况环境温度（地区）不同。

（2）划分油品。黏度是润滑油分类、牌号表示的主要依据。例如，机械油和气缸油等都是按其40℃和100℃时运动黏度的平均值来划分牌号的，见表5-2。

表5-2　运动黏度与划分牌号关系

油品名称		黏度(40℃)/$mm^2 \cdot s^{-1}$	黏度(100℃)/$mm^2 \cdot s^{-1}$
机械油	46号	41.4～50.6	
	68号	61.2～74.8	
	100号	90.0～110	
	150号	135～165	
气缸油	11号		9～13
	24号		20～28
	38号		32～44

B　黏温特性

油液黏度随温度变化而变化的性质，称为黏温特性。润滑油的黏度是随温度变化而变化的——当温度升高时黏度降低，温度降低时黏度升高。这种变化不是简单的线性关系。选择润滑油时应考虑其黏温特性。

表示黏温特性的方式和参量很多，其中应用最广的是黏度指数，即润滑油黏度随温度变化的程度与标准润滑油随温度变化的程度相比较的相对值。黏度指数高，表示油的黏温特性好，其黏度随温度的变化小，反之，则黏温特性差。例如，用于各种精密机床导轨上润滑的导轨油（SY/T 0361—1998）的黏度指数不小于70；中负荷工业齿轮油（GB 5903—1995）的黏度指数不小于90。

C　油性

润滑油吸附在摩擦表面形成的边界膜的摩擦性质和破裂强度，统称油性。油性表示润滑油在金属表面上的吸附能力。油性好的润滑油其油膜吸附力强且不易破裂，因而零部件两接触面相互滑动时的摩擦系数小。目前油品生产企业或专业检验检测部门，通常以“油液四球试验机”测定的油膜承载能力临界值来衡量润滑油的油性。

D　闪点

把润滑油加热，油蒸气与空气混合达一定浓度后与火焰接近，产生短时闪光达5s时的油温，称为该油的闪点。这是润滑油的安全性能指标，是衡量润滑油高温性能的指标。闪点大于45℃的油液为可燃品，小于45℃的油液为易燃品。通常应保证油的工作温度比闪点低30～40℃。按其测定方法，闪点分为闭口闪点和开口闪点两种。同一种油的开口闪点大于闭口闪点。

若汽轮机油（透平油）、变压器油的闪点下降，表明油品已氧化变质。一般下降5～8℃时就要考虑更换。发动机在运转过程中，其润滑油的闪点逐步降低。这是由于润滑油自身发生氧化和燃油漏入的缘故。若闪点迅速降低，说明燃油渗漏严重，应立即进行检修。

E　凝固点

在试验室将要测油品的油面倾斜成45°，保持1min，该油面不发生流动的最高温度，称为该油的凝固点。这是润滑油在低温工况条件下工作的重要指标，概括地表示油液的低温流动性。凝固点的使用意义在于：

(1) 表示使用油液流动的难易程度。若凝固点高，则油液在低温工况时就易堵塞管道油路，不能畅通地运动到摩擦面之间，达不到润滑的目的。此外，储运时应用管道输送也较困难。

(2) 涉及机器的功能与消耗。凝固点的高低直接关系到机器的启动性能、运转磨损和动力消耗。因此需要关注，在低温工况条件下工作的机械设备润滑油指标选择。如冬季在野外工作的工程机械、在低温工况运转的制氧机机组、冷冻机机组等，均要求所用润滑油具有较低的凝固点。

F　抗氧化安定性

润滑油在使用或储存保管期间，其性能安定、不易氧化变质的性质，称为该油的抗氧化安定性。润滑油氧化后，颜色变黑、黏度增加、酸度增大，并析出沉淀物质，使油的性质劣化，并且对零件金属表面产生腐蚀作用。抗氧化安定性的使用意义在于：

(1) 决定油品的使用寿命，关系到消耗与成本。

(2) 抗氧化安定性差的润滑油易氧化变质，并生成各种酸、胶质、沥青质等物质，影响油品的使用性能。

(3) 涉及安全生产问题。一些设备如压缩机类，若采用油品的抗氧化安定性差，其油液在气缸中与热空气接触，分解的油气与氧气混合，当达到一定的浓度、在一定温度下便会自燃而引起气缸爆炸。

为熟悉上述油的主要质量指标，现以天津日石公司生产的L-CKC中负荷工业齿轮油（GB 5903—1995）为例，简介有关指标数值，见表5-3。

表5-3　L-CKC中负荷工业齿轮油指标值

项　目	68号	220号	320号	460号
运动黏度(40℃)/$mm^2 \cdot s^{-1}$	68.22	221.8	331.9	463.4
运动黏度(100℃)/$mm^2 \cdot s^{-1}$	8.6	19.05	24.67	30.8
黏度指数（不小于）	96	97	96	96
闪点(开口)(不低于)/℃	248	270	282	298
倾点(凝固点)(不高于)/℃	-8	-8	-8	-8

5.5.1.2　润滑脂主要质量指标

A　针入度（锥入度）

应用针入度计来测定，使用150g的标准圆锥体，放在25℃恒温润滑脂试样表面，经5s后针入度计所沉入的深度（以0.1mm计），称为该润滑脂的针入度（锥入度）。这是润滑脂稠度即软硬度的指标，它表示润滑脂内阻力的大小和流动性的强弱。针入度大，稠度小（脂较软）；针入度小，稠度大（脂较硬），说明该润滑脂黏稠，不易被挤跑，易维持油膜的存在、密封性好，但其摩擦阻力大，不易充填较小的运动副摩擦间隙。

针入度（锥入度）的使用意义在于：

(1) 润滑脂的牌号是根据针入度大小来划分的，故从牌号就可知其针入度的范围。

(2) 在一定程度上表示润滑脂所能承受的负荷大小。针入度小的润滑脂所能承受的负荷较大；反之，针入度大的润滑脂所能承受的负荷较小。

（3）可表示流动性。针入度小的润滑脂流动性较差，不适合用于高转速的运动副。

根据工作针入度的大小，润滑脂分为9类，表5-4表述了品种等级号所对应的针入度范围。常用的品种等级号为0～4号。级号越小，针入度越大，润滑脂越稀。

表5-4 润滑脂分类等级号

品种等级号	工作针入度范围（25℃，0.1mm）	品种等级号	工作针入度范围（25℃，0.1mm）
000	445～475	3	220～250
00	400～430	4	175～205
0	355～385	5	130～160
1	310～340	6	85～115
2	265～295		

注：经过60次机械剪切试验后的针入度称为工作针入度。

B 滴点

把润滑脂试样装入滴点计中，在规定的加热条件下，从标准测量杯的孔口滴落下第一滴油时的温度，称为该润滑脂的滴点。滴点标志润滑脂耐高温的能力。滴点的使用意义在于：通过滴点可以确定润滑脂使用所允许的最高温度。一般润滑脂的工作温度应低于滴点30～50℃。

C 氧化安定性

氧化安定性是指润滑脂抵抗空气氧化作用的能力，亦称化学安定性。氧化安定性不好的润滑脂，在使用中或储存过程中易遇空气而生成各种有机酸、失去润滑作用，并且对零部件的金属表面有腐蚀作用。氧化安定性的使用意义在于延长润滑脂的使用寿命。需要指出的是，抗氧化添加剂只能延缓润滑脂的氧化变质而不可能阻止其氧化变质。

现以常用的锂基脂为例介绍润滑脂的性质和应用，见表5-5。锂基脂的氧化安定性比一般润滑脂好。

表5-5 常用锂基脂的性质与应用

名　称	牌　号	滴点/℃	针入度(25℃,150g)	性　质	应用范围
通用锂基润滑脂	ZL-1	≥170	310～340	属于长寿命、多用途脂。适用 -20～180℃工况	ZL-1用于集中给脂系统，ZL-2适用于中载中速机械（水泵、风机、中小型电机等），ZL-3适用于大中型电机等
	ZL-2	≥175	265～295		
	ZL-3	≥180	220～250		
合成锂基润滑脂	ZL-1H	≥170	310～340	属于长寿命、多用途脂。适用高温、高速、多水的机械部件	ZL-1H用于集中给脂系统，ZL-2H用于中载中速机械，ZL-3H适用于大中型电动机等，ZL-4H适用于脂易流失的重负荷、低转速滑动轴承
	ZL-2H	≥175	265～295		
	ZL-3H	≥180	220～250		
	ZL-4H	≥185	175～205		
半流体锂基润滑脂极压型	0号	>170	355～380	适用 -30～120℃工况、供集中润滑	极压型产品适用于各种重型机械及齿轮箱、蜗轮副传动装置
	00号	>165	400～430		
	000号	>150	445～475		

注：1. 通用锂基润滑脂加入了抗氧防锈添加剂，是取代钙、钠基脂系的换代产品。
2. 合成锂基润滑脂添加抗氧剂等制成，可取代钙、钠基脂。
3. 复合锂基润滑脂由新型复合锂皂稠化优质矿物油加入了抗氧、防腐蚀添加剂制成，可在-20～180℃工况工作。它是滚动轴承润滑剂，适用于轧机、链条、印染设备等高温轴承的润滑。
4. 半流体锂基润滑脂分为非极压型和极压型两类。非极压型脂中加有抗氧剂、防锈剂；极压型脂中还加有极压抗磨剂。

5.5.2 润滑剂的选用

（1）润滑剂类型的选用，即用什么物质润滑，见表5-6。

表5-6 润滑剂类型选用

类 型	选用说明
润滑油	一般情况，大多数设备均使用润滑油
润滑脂（将某种稠化剂均匀地分散在润滑油中，得到半流体状的物质，俗称黄油）	用于低速重载或不易加润滑油的场合，使用较普遍 优点：（1）黏附性好，能附着在摩擦表面不易流失或飞溅；（2）防护性能好，特别是防锈能力比稀油强；（3）特别适用于滚动轴承润滑，注脂方便且较长时间内不用加脂，减少了维护工作量；（4）密封性能好，可防止灰尘侵入 缺点：（1）散热能力差，不能对摩擦副进行循环冷却；（2）流动性差，内摩擦阻力大，无法形成动压油膜；（3）储存中易变质
水（含乳化液）	用于有胶木瓦等橡胶、塑料、非金属材料制成零件的运转场合的润滑，如小型轧机轧辊辊颈润滑，冷轧生产钢带与轧辊间的冷却润滑
固体润滑剂（有固体粉末、薄膜、固体自润滑复合材料三大类）	用于无机化合物（石墨、二硫化钼等）、有机化合物（聚四氟乙烯、尼龙等）和金属材料的润滑 优点：（1）免除了油脂的污染与滴漏，适用于较宽的温度范围，从1000℃以上的高温到液态氢的深冷低温；（2）承载能力强，可达2100MPa以上；（3）取消了供油脂系统，降低了维修费用 缺点：（1）覆盖膜寿命较短；（2）其导入性不好，粉末不易补充到摩擦表面；（3）摩擦系数大 一般用于不宜使用油（脂）的特殊条件下，如高温、高压、极低温、真空、强辐射、防爆、不允许污染及无法给油等场合。例如，氧气厂设备——氧压机中的特氟隆环，安全上要求无油润滑环境，此时可使用固体润滑剂

（2）润滑剂牌号的选用。在类型确定后，即可从工作载荷状况（运动性质）、运动速度、工作温度、工作表面粗糙度状况和间隙大小等方面考虑具体选定润滑剂的牌号，见表5-7。

表5-7 润滑剂牌号选用

现场工况	摩擦配合面工作实况	选用说明
工作载荷状况（运动性质）	载荷较大	选用黏度高且油性和极压性好的润滑油
	冲击载荷或往复运动，经常启动、变载、不等速、易出现半液体摩擦	选用黏度大的润滑油，或针入度小的润滑脂或固体润滑剂。结合实况可选用掺入极压剂的适用油品
运动速度	高速运转	选用黏度低的润滑油，或针入度大的润滑脂
	低速运转，不易形成动压油膜	选用黏度高的润滑油，或针入度小的润滑脂
工作温度	高温场合	选用黏度大、闪点高及抗氧化性好的润滑油
	工作温度变化大	选用黏温特性好、黏度指数高的润滑油
	低温场合	选用黏度小、凝点低的润滑油
	极低温场合	选用掺入抗凝剂的对应油品，若不能满足要求时，应选用固体润滑剂
工作表面粗糙度状况和间隙大小	表面粗糙度大	使用黏度大的润滑油，或针入度小的润滑脂
	间隙较小	使用黏度小的润滑油

从表5-7可见，选用润滑油（脂）时所依据的原则有：

（1）需要满足零部件对润滑剂的一般要求：具有适当的黏度或针入度、良好的润滑性、一定的油膜强度与抗氧化安定性、无腐蚀作用等。

（2）需要根据零部件的具体工况条件，如运动性质、运动速度、工作温度、工作表面粗糙度和间隙大小等，考虑选定适用的牌号。

（3）一定要结合实际工况，经多方面综合比较、经过现场设备运行实践检验或进行试验来确定选用。

5.6 轴承的润滑

轴承润滑可以减少摩擦、降低磨损，同时起到冷却散热、清洗防尘和吸振的作用，有利于避免故障，延长零部件使用寿命。轴承润滑常用的润滑剂为润滑油、润滑脂和固体润滑剂。油润滑的特点是摩擦阻力小、冷却散热及清洗防蚀效果好。脂润滑的特点是维护简便、不易流失、密封防尘。脂润滑的填充量通常掌握在45%～65%。

5.6.1 滚动轴承的润滑

（1）润滑剂的选择。滚动轴承的润滑剂主要是润滑油和润滑脂。选用的一般依据是轴承内径 d 与转速 n 的乘积值 d_n。

$$d_n = d \cdot n$$

式中 d——轴承内径，对于直径大于70mm的大轴承，d 取内外径的平均值，mm；

n——转速，r/min。

（2）润滑方式的选择，见表5-8。

表5-8 滚动轴承润滑方式选择

轴承类型	d_n/mm · r · min^{-1}				
	脂润滑	浸油润滑（飞溅润滑）	滴油润滑	喷油润滑	油雾润滑
深沟球轴承	$\leqslant(2\sim3)\times10^5$	2.5×10^5	4×10^5	6×10^5	6×10^5
角接触球轴承					
圆柱滚子轴承					
圆锥滚子轴承		1.6×10^5	2.3×10^5	3×10^5	—
推力球轴承		0.6×10^5	1.2×10^5	1.5×10^5	—

5.6.2 滑动轴承的润滑

5.6.2.1 润滑剂的选择

（1）润滑油黏度的高低是影响滑动轴承工作性能的重要因素之一。由于润滑油的黏度随温度的升高而降低，因此，所选用的润滑油应具有在轴承工作温度下，能形成油膜的最低黏度。

（2）对于最常见的边界摩擦的滑动轴承，当速度低、负荷高时，可选用黏度较高的润滑油；当速度高、负荷低时，应选用黏度较低的润滑油。

（3）不同的润滑状态、润滑方式应选择不同的润滑剂。对于循环、油环、油浴等供油方式，因供油量充足，易形成液体润滑，可选用黏度相对较低的润滑油；对于滴油等供油方式，供油量少，易形成边界润滑状态，可选用黏度相对较高和油膜强度好的润滑油。此外，摩擦副间隙值大小也与油液黏度之间存在着对应关系。

滑动轴承润滑油的具体选择，可参考表5-9～表5-12。

表 5-9　轻、中载荷时用油

主轴轴颈线速度/m·s^{-1}	适用的油（工作温度 20～60℃；轴颈压力 3MPa 以下）
9～5	10 号、20 号机械油；22 号、30 号汽轮机油
5～2.5	20 号、30 号机械油；30 号汽轮机油
2.5～1.0	30 号、40 号机械油；30 号汽轮机油、6 号汽油机油
1.0～0.3	30 号、40 号机械油；30 号汽轮机油、6 号汽油机油

表 5-10　中、重载荷时用油

主轴轴颈线速度/m·s^{-1}	适用的油（工作温度 20～60℃；轴颈压力 3～7.5MPa）
2.0～1.2	40 号、50 号机械油；6 号汽油机油
1.2～0.6	40 号、50 号、70 号机械油；6 号、10 号汽油机油
0.6～0.3	70 号机械油、10 号汽油机油、13 号压缩机油

表 5-11　精密机床主轴滑动轴承间隙与主轴油黏度关系

主轴油牌号	运动黏度（50℃）/mm^2·s^{-1}	主轴与轴承之间半径间隙/mm	主轴转速/r·min^{-1}
4 号	3.5～4.5	0.006～0.01	1000～3000
6 号	5.0～7.0	0.01～0.03	
10 号	8.0～13.0	0.03～0.06	

表 5-12　滑动轴承润滑脂选择参考表

轴颈圆周速度 v/m·s^{-1}	压强/MPa	工作温度/℃	润滑脂
<1	1～6.5	<55～75	2 号、3 号钙基润滑脂
		<110～120	ZN-2、ZGN-1
0.5～5		-20～120	2 号通用锂基润滑脂

5.6.2.2　润滑方式和润滑装置的选择

除了正确选用润滑剂外，选用适当的润滑方式和润滑装置也是保证轴承获得良好润滑状态的重要因素。通常可根据 K 值的大小来选择不同的润滑方式和润滑装置，见表 5-13。

$$K = \sqrt{pv^3}$$

式中　p——轴承单位压力，MPa；

v——滑动速度、轴颈圆周速度，m/s。

表 5-13　按 K 值选择润滑剂、润滑方式

系数 K	≤6	6～50	50～100	≥100
润滑剂	润滑脂	润滑油		
润滑方式	油杯、手工定时润滑	针阀油杯滴油	油环、油浴（飞溅）、压力循环润滑	压力循环润滑（油泵供油）
供油（脂）量	间歇压入		Q_h	Q_d，Q_g

注：油环等润滑的供油量 $Q_h > \pi(D^2 - d^2)B/4 \times 1000$（L/s）；低速机械用压力循环润滑的供油量 $Q_d \approx (0.003 \sim 0.006)DB$（L/min）；高速机械用压力循环润滑的供油量 $Q_g \approx (0.06 \sim 0.15)DB$（L/min）。式中，$D$ 为轴承直径，cm；d 为轴颈直径，cm；B 为轴承宽度，cm。

5.7 常用润滑剂

5.7.1 常用润滑油

为便于选用，特将一些冶金工厂内生产设备常用润滑油列于表5-14中。

表5-14 常用润滑油

名称	运动黏度/$mm^2 \cdot s^{-1}$		牌号	用途与说明
	40℃	50℃		
机械油（GB 443）		65～75	70	对润滑油无特殊要求的低负荷闭式齿轮传动等机械，齿面接触应力小于490MPa
		180～220	200	
中负荷工业齿轮油（GB 5903）	198～242		N220	有冲击的低、中负荷闭式齿轮传动，齿面接触应力500～1000MPa，如用于化工、冶金、矿山等环境中的机械。凝点不高于－8℃
	288～352		N320	
硫磷型重负荷工业齿轮油	288～352		N320	高负荷闭式齿轮传动，齿面应力大于1100MPa，如用于冶金、轧钢、井下采掘的机械。凝点不高于－8℃
	414～506		N460	
低凝中负荷工业齿轮油		140～160	320	低温环境场合的机械传动。凝点不高于－25℃
蜗轮蜗杆油（普通）	612～748		G-N680W	滑动速度大，铜-钢结构摩擦副的蜗轮蜗杆传动装置
汽轮机油（透平油）		28～32	HU-30	适用于转速500～1000r/min的发电机、蒸汽轮机、大电机的轴承润滑
		43～47	HU-45	
L-TSA汽轮机油	61.2～74.8		68	适用于转速1000～2000r/min汽轮机组、大电机轴承的润滑
L-HL液压油	19.8～24.2		HL-N22	用于普通机床和其他设备的低压齿轮泵，也可用于需抗氧防锈型油品的机械设备，如齿轮轴承
	90～110		HL-100	
压缩机油			HS-13	100℃下的运动黏度为11～14，中低压（小于40大气压）压缩机润滑
			HS-19	100℃下的运动黏度为17～21，高压多机压缩机润滑
变压器油			DB-10	外观透明、无沉淀物和悬浮物。用于各种变压器、互感器等，作为绝缘和导热介质。平均气温不低于－10℃的地区选用DB-10（凝点小于－10℃），寒区选DB-25（凝点小于－25℃）
		<9.6	DB-25	

5.7.2 常用润滑脂

工厂生产设备常用润滑脂见表5-15。

表 5-15　常用润滑脂

名　称	牌　号	针入度	外　观	用　途
工业凡士林			褐　色	短期防锈，用于零件和机器的保管
钢丝绳防锈脂	ZM-1 型麻芯脂		褐色油膏	适用于增摩型钢丝绳麻芯的浸渍
	ZM-2 型表面脂			适用于大型提升机、起重机、运输机上钢丝绳的防护用脂
电机轴承润滑脂	ZL40 - 2	265 ~ 295	黄色均匀油膏	主要用于 800kW 以下、绝缘等级为 A、E、B 级的中小电机的轴承润滑。可在冶金、高温、多水、多盐雾等工况使用，使用温度范围 - 25 ~ 110℃
	ZL40 - 3	220 ~ 250		
二硫化钼极压锂基润滑脂	0 号	355 ~ 385	黑色均匀油膏	适用于冶金机械、矿山机械、重型起重等重负荷齿轮和轴承润滑。用于带冲击负荷的重载部位，使用温度范围 - 30 ~ 120℃
	1 号	310 ~ 340		
	2 号	265 ~ 295		
特 8 号精密仪表脂				用于仪器仪表的轴承和摩擦部位，作为润滑和防护剂。工作温度范围 - 60 ~ 60℃
通用锂基润滑脂	ZL-1	310 ~ 340	均匀光滑油膏	ZL-1 用于集中给脂系统，ZL-2 适用于中载中速机械（水泵、风机、中小型电机等），ZL-3 适用于大中型电动机等。适用 - 20 ~ 180℃工况
	ZL-2	265 ~ 295		
	ZL-3	220 ~ 250		
合成锂基润滑脂	ZL-1H	310 ~ 340	褐色均匀软膏	ZL-1H 用于集中给脂系统，ZL-2H 用于中载中速机械，ZL-3H 适用于大中型电动机等，ZL-4H 适用于脂易流失的重负荷、低转速滑动轴承。适用温度范围 - 20 ~ 180℃。适用高温、高速、多水的机械部件
	ZL-2H	265 ~ 295		
	ZL-3H	220 ~ 250		
	ZL-4H	175 ~ 205		
半流体锂基润滑脂	0 号（极压型）	355 ~ 380		适用温度范围 - 30 ~ 120℃，供集中润滑。极压型产品适用于各种重型机械及齿轮箱、蜗轮副传动装置
	00 号（极压型）	400 ~ 430		
	000 号（极压型）	445 ~ 475		

5.7.3　常用防锈油和防锈脂

目前设备维修工作中，在备品备件或整机的使用和存放方面仍存在一些错误做法。应当明确，润滑油和润滑脂不能作为专门防锈油（脂）使用。尽管润滑油（脂）有一定的防锈作用，但其不能长时间防止金属表面锈蚀。例如，某厂新购 10 套块规，进库后浸入 32 号机械油中保管防锈，三个月后取用块规时，发现块规表面均出现锈蚀，不得不全部报废。

国内生产的防锈油（脂）品种、牌号多达 100 多种，按其用途可分为工序间防锈油、长期封存防锈油脂和润滑防锈两用油等品种。

（1）常用防锈油。设备维修中所涉及的常用防锈油见表 5-16。

表 5-16 常用防锈油

名 称	牌 号	外 观	用 途
置换防锈油	72-1	均匀黏稠棕色油状	适用于钢、铜及锌镀层、铬镀层长期封存防锈
	72-2	均匀黏稠黄褐色油状	
硬膜防锈油	GY-6		适用于几何形状简单的机械零部件封存防锈
置换防锈油	901		适用于轴承、工具、机床、汽车等长期封存防锈
轴承防锈润滑油	ZFR-16	棕色油状液体	适用于钢、铝、铜制品，对钢铜组合轴承防锈期可达2年以上。启封后不必清洗，可用作润滑油脂
	ZFR-30		
801 防锈润滑两用油	30	透明油状液体	使用时不能用浸涂、刷涂或喷涂方法，而只能在设备停车时从润滑油管路注入机腔内，开车生产时再从机腔内放出。该油适用于机器变速系统、液压系统内部的防锈润滑，试车、零件入库和产品出厂时使用防锈

（2）常用防锈脂。防锈脂在常温下成膏状，使用时可冷涂、热浸或用溶剂稀释后喷涂在被护金属表面，形成一层脂状防锈保护膜。膜厚度 0.1～0.2mm，不易流失、挥发，作用可靠且能抗冲刷和碰撞。常用防锈脂名称、牌号及用途见表 5-17。

表 5-17 常用防锈脂

名称牌号	使用手法	外 观	用 途
2 号防锈脂	热 涂	棕褐色膏状	适用于钢铁机件室外短期防锈和普通金属制品在室内的长期封存防锈
903 防锈脂	热 涂	棕色光泽凡士林状油膏	适用于轴承、工具、机床及其他机械产品库内长期封存防锈
710 号防锈脂	小件浸涂、大件刷涂	棕褐色均匀软膏	适用于机床、钢管和机械零件等长期封存防锈。涂脂前，用灯用煤油清洗封存件、把防锈脂加热至 80～100℃熔化
907 冷涂防锈脂	冷 涂	橘红色光泽凡士林状油膏	适用于黑色金属、机械零部件在库内长期封存防锈，特别适合于大型零部件

5.8 润滑方式

合理、正确地选用润滑方式，对保障良好的润滑状况、提高设备工作性能和使用寿命起着重要作用。以油润滑为例，机械设备中常用油润滑方式见表 5-18。

表 5-18 设备常用油润滑方式

润 滑 方 式		适 用 范 围	可靠性	润滑效果	结构与维护量	耗油量	冷却效果
全损耗性	手工加油润滑	开式齿轮、链条等低速、间歇运转的不重要的粗糙机械	差	差	简单	大	差
	滴油润滑	低、中速，轻载的一般轴承、齿轮、链条、导轨等	中	中	一般	大	差
	压力润滑	中速、中载的一般设备，应用广泛	好	好	较大	较大	好
	油雾润滑	高负荷、高速运转的滚动或滑动轴承、齿轮等处	好	优	复杂	中	优

续表 5-18

润滑方式		适用范围	可靠性	润滑效果	结构与维护量	耗油量	冷却效果
循环润滑	油环油链润滑	转速 50 ~ 600r/min 范围的水平轴，如大电机瓦处。油链带油量比油环多，只适宜低速、中负荷的轴承	好	好	一般	小	一般
	油浴润滑（飞溅）	低速、中小型、封闭箱体的减速器内齿轮、轴承润滑。须设通风孔。齿轮传动线速度（m/s）$2 < v < 12.5$，蜗轮蜗杆传动线速度（m/s）$2 < v < 10$	好	好	一般	小	稍差
	喷油润滑	封闭箱体内的各种齿轮	好	好	一般	中	好
	压力循环润滑	利用油泵（稀油站）将一定压力的油液输送到各润滑点，使用过的油液流回油站内，经冷却、过滤后，再供循环使用。用于精密、高速、重载工况	优	优	复杂	大	优

5.9　维修现场润滑知识问答

5.9.1　油润滑知识问答

（1）齿轮传动润滑的选油原则是什么？

答： 1）应以负荷、压力、转速最大的齿轮为依据。但如果主轴轴承与齿轮为同一润滑系统，则应以主轴轴承为依据，兼顾齿轮润滑的要求。

2）负荷大时应选用黏度大的润滑油，根据齿面接触应力确定档次。除此之外在特殊情况下，还要考虑在润滑油中加入极压添加剂。

3）根据齿轮传动的线速度，选择油品的黏度级别。线速度高的应选用黏度小的润滑油，线速度低的应选用黏度大的润滑油。原因是当传动速度低时，若润滑油黏度过小，则其流失快，造成油膜强度低、易破损、局部点会产生干摩擦现象。反之，如润滑油黏度过大，齿轮传动的阻力就会增大。

4）根据齿轮传动的工况环境、温度，选择油品的黏度、氧化安定性等指标。运转温度高，则应选用黏度大、氧化安定性好的润滑油。

（2）油浴润滑方式是否只适于速度不高的中小型齿轮类传动？

答： 油浴润滑方式也称飞溅（油池）润滑，这种方式只能用于速度不高的中小型齿轮类封闭的机构，靠飞溅（带油）来满足摩擦副零部件润滑。使用油浴润滑方式时，一般要对齿轮节圆部位的线速度进行限制（直、斜齿轮，圆锥齿轮传动的速度范围为 $2 < v < 12.5\text{m/s}$，蜗轮蜗杆传动的速度范围为 $2 < v < 10\text{m/s}$），否则齿轮传动功率损耗过大，不仅油中产生大量泡沫及油雾，使油液迅速氧化变质，而且还会导致齿轮箱内腔整体热量无法散去。故使用油浴润滑方式应在箱上装设通风孔以加强箱内外空气的对流，装设油面指示器便于检查油位。当环境

处于高温工况时，附设轴流风机散热为宜。

（3）油浴润滑时注入箱内的油液液面高度多少合适？

答：油浴润滑时注入箱内的油液液面高度见表5-19。

表5-19 油浴润滑箱内油液高度

传动类型		液面高度
单级减速器（直、斜齿）		大齿轮浸在油内，最深为2.5倍齿高，最浅为齿高的4/5
多级减速器（直、斜齿）		选一基准齿轮，浸油深度最深为2.5倍齿高，最浅为齿高的4/5。各级大齿轮均应浸入油中。高速级大齿轮浸油深度约为齿高的4/5，不应超过10mm
圆锥齿轮传动		浸油深度在全齿以上。大轮的整个齿高应浸入油内
蜗杆传动	蜗杆下置	最高到蜗杆的中心，最低到蜗杆的齿高
	蜗杆上置	最高到蜗轮直径1/6，最低到蜗轮的齿高

（4）什么是油环润滑，何种工况条件下应用？

答：将铜合金制成的油环套在轴颈上，其下部浸在油池中。当轴转动时靠摩擦力带动油环旋转，从而把油液带入到轴颈及滑动轴承（瓦）上进行润滑的方式称作油环润滑。此种润滑方式可靠，维护较简单，适用于转速50～600r/min范围内的水平轴，如大型电动机两端轴承的润滑。若转速过高，油环将在轴上剧烈跳动；若转速过低，则油环带油量不足，不能形成环侧边的“油带”，轴承处油量不足。油环直径一般为轴颈的1.5～1.9倍，通常采用矩形或梯形断面。

（5）何种情况生产现场的润滑油需经加热后再使用？

答：冬季生产时车间的设备润滑系统经常遇到此问题。润滑油黏度小于125mm^2/s（40℃）时，可不经加热直接使用。当黏度大于125mm^2/s（40℃）时，需用电加热器将油液加热，并待油黏度降至125mm^2/s（40℃）以下时方可使用。一般稀油集中润滑站箱体底部均配置了电加热器。

（6）什么是油雾润滑，它有何特点，使用时应注意什么？

答：油雾润滑是将已净化的压缩空气通过油雾器的喷嘴（文氏管），利用压差将油从油雾器的容器中吸出后把油喷出。油被高速空气雾化成粒度不大于2μm的油雾，并随压缩空气弥散到所有摩擦表面。这种油雾表面张力大，可经管道输送而不凝聚在管壁上。但它们到达润滑点后也难以形成油膜，必须经过凝缩嘴凝缩成小油粒喷向润滑表面，而压缩空气经特设的排气孔排出。这种方法不仅起到润滑作用，同时还起到冷却与排污作用。油雾润滑的缺点是排出的废气中含有悬浮油雾，影响工况环境，对操作者及环境卫生不利，必要时应加通风装置排出废气。

油雾装置一般由气水分离器、调压阀和油雾器组成。凝缩嘴按凝缩效果不同分为细雾型（适用于球轴承）、粗雾型（适用于滚子轴承、齿轮、链轮等）和油滴型（适用于滑动轴承、滑动摩擦面）三种。凝缩嘴的在设备上的安装位置及数量均有相关技术规定，可参阅专业技术资料或技术要求进行安装。

油雾润滑方式已在联轴器、滑块、钢带冷轧机等设备润滑上应用，效果较好。采用油雾润滑方式需要选用适当的润滑油，要注意两点：1）所选润滑油中，一般需掺入部分防止起泡沫和防腐添加剂的精制矿物油；2）不同润滑部位适用的润滑油黏度是不同的，应区别对待，见表5-20。

表 5-20　润滑油黏度与润滑部位

润滑油黏度(38℃)/$mm^2 \cdot s^{-1}$	润 滑 部 位
100 ~ 200	一般工业设备用
330 ~ 520	高负荷的大型轴承，钢铁或有色冷轧机轧辊辊颈轴承
440 ~ 520	钢铁或有色热轧机轧辊辊颈轴承
440 ~ 650	联轴器、滑块、滚动轴承等

（7）液压设备中混入水分（蒸汽），对液压油有何影响，还能使用吗？

答：水分（蒸汽）对液压油有破坏作用：

1）促使油液变质。水与大气中的氧使油液迅速氧化，产生油泥。

2）使油的润滑性下降。

一般规定液压油的水分含量不得大于 0.6%。通过取样化验决定是否需要更换油液。

（8）怎样简易鉴别润滑油中含有水分？

答：如果润滑油中混入了水分，其整体表现为混浊状态，油液透明度变差。混入水分若较多且时间较长，其宏观颜色会变为浅黄色，好像“小米粥”。具体分析判断有两种方法：

1）加热法。从现场取回油液样品注入试管内，将试管底部加热至 100 ~ 120℃，若有气泡析出（伴有响声）或在试管壁上附有水珠，则证明油中混入了水分。

2）化学方法。把白色粉末状的硫酸铜少许（无结晶水的）放入装有油液的试管内，若硫酸铜变成蓝色并沉淀到试管底部，说明油中有水。

5.9.2　脂润滑知识问答

（1）润滑脂在储存中要注意什么？

答：1）包装桶应密封，不能漏入水和杂质。

2）库房存储温度小于 35℃。

3）开桶取用时，不应在脂表面留下孔洞、凹坑。发现孔洞或凹坑应抹平，否则基础油将析出渗入到孔洞凹坑内，影响脂的质量。

（2）润滑脂长期存储后变硬，可否加入基础油稀释后使用？

答：此办法用户不宜采用。因为缺少必要的均化处理，脂的胶体安定性变差，影响使用。已变稠的润滑脂在理化性能变化不大时，可在油品生产厂加入相同的基础油，经过均化工序处理，检测合格后可使用。

（3）怎样判断润滑脂变质了？

答：1）经验判断法。从手感、气味、外观几方面看润滑脂有无明显变化：若手感有灰尘杂质、微小颗粒，气味有明显油脂酸败的臭味，外观变白变浅、稠度明显变小，则说明润滑脂已变质。

2）仪器分析法。

①用红外光谱仪测定样品使用前后的吸收峰变化。

②直接测定样品的酸值，若 KOH 大于 1.0mg/g，表明已变质。

（4）不同类型的润滑脂能否混合使用？

答：一般不宜简单地混用。对某些类型润滑脂，如钙基、钠基、锂基、复合锂基脂等可相互混合使用，一般不会出现性能大的变化。但极压型脂因含有多种活性成分，混用时会发生添加剂相互干扰，导致安定性变差，影响使用性能，因此不可混合使用。

（5）润滑脂在滚动轴承中填充量多少为宜？

答：润滑脂填充量对轴承运转影响较大，因此加润滑脂时，既要保证轴承内各处润滑到位，又要考虑运转时的热膨胀因素（尤其高温工况环境）。填充过量，会使轴承转矩增大，温升高，且脂易流失，形成浪费和污染。填充量少，会出现半干摩擦，导致润滑不良轴承损坏。

根据现场经验，外径小于 ϕ200mm 的中小轴承，填充量占轴承内腔空隙的 50% ~65%。外径不小于 ϕ200mm 的较大轴承，填充量占轴承内腔空隙的 40% ~55%。

5.10 常用机械零部件润滑剂使用实例

5.10.1 通用设备

现以一般工业生产中普遍使用的通用设备零部件的维护需求角度出发，讨论润滑剂的选择确定。表 5-21 中介绍了一些通用设备的润滑材料，可供维护选择时借鉴参考。

表 5-21 通用设备润滑剂应用实例

类 别	设备名称	润滑部位	润滑材料名称、牌号及说明
机 床	普通车床	床头箱	15 ~46HL 液压油（HL 为通用机床工业润滑油）
		进给箱	32 ~68 号 HL 液压油
	牛头刨床	油箱变速箱、导轨	46 号 HL 液压油
	卧 铣	主轴箱、进给箱	46 号 HL 液压油
		升降箱	68 号、100 号 HL 液压油
锻压设备	空气锤	汽缸部分	11 号汽缸油
		传动部分	100 号 HL 液压油
	油压机		30 号汽轮机油，30 ~50 号 HL 液压油
	剪板机		68 号、100 号 HL 液压油
	冲 床		68 号、100 号 HL 液压油
起重机	卷扬机	滑动轴承及闸	46 ~100 号 HL 液压油（按功率大小选用）
		闭式齿轮	100 ~320 号工业齿轮油（按功率大小选用）
		开式齿轮	半流体锂基脂
		液压系统	15 号、32 号 HL 液压油
	电铲卷扬机	钢丝绳	320 号中、重负荷工业齿轮油或 ZM 型钢丝绳防锈脂
	电 梯	钢丝绳	100 号或 320 号工业齿轮油
液压设备	齿轮泵		5 ~40℃时，用 N32、N46、N68HL 油或 HM 油；40 ~80℃时，用 N100HL 油或 HM 油（HM 为抗磨液压油）
	径向柱塞泵轴向柱塞泵		5 ~40℃时用 N32、N46、N68HL 油或 HM 油；40 ~80℃时用 N68、N100HL 油或 HM 油
空压机	往复式	气缸及运动部件	排气压力 0.7 ~5MPa（压缩级数 2 ~3）时，用 100 号 DAA 往复式压缩机油
	回转式	气缸内部	（喷油内冷滑片式）排气压力 0.7 ~0.8MPa（压缩级数 2）时，用 32 号、68 号往复式压缩机油
	螺杆式	气缸内部	（喷油内冷式）排气压力 0.35 ~0.7MPa（压缩级数 1）时，用 32 号、68 号回转式压缩机油

5.10.2　专用设备

表 5-22 中介绍了一些冶金专用设备的润滑剂应用实例，供维护选择时借鉴参考。

表 5-22　专用设备润滑剂应用实例

类　别	设备名称	润滑部位	润滑材料名称、牌号及说明
烧结设备	皮带机	减速器	150 号工业齿轮油
	烧结机台车	车轮轴承	复合铝基脂
	原料抓斗吊车	车轮轴承	2 号通用锂基脂
炼铁设备	电动泥炮机		320 号工业齿轮油
	高炉上料卷扬机	减速器	2 号通用锂基脂
	高炉上料卷扬机	钢丝绳	220 号工业齿轮油
	热风炉	各阀门减速器	100 号工业齿轮油
		各开式齿轮	半流体锂基脂
中小型轧钢设备	加热炉风机	电动机轴承	2 号锂基脂
		支撑座轴承	N32 透平油（汽轮机油）
	入炉辊道	半开式齿轮	混合润滑：80% 2 号复合锂基脂和 20% 150 号中负荷工业齿轮油
		辊道轴承	2 号复合锂基脂
	推钢机	减速器	320 号中负荷齿轮油
		齿轮齿条、压辊轴承、联轴器	2 号锂基脂
	ϕ550、ϕ450 粗轧机	联轴器、万向联轴器、压下螺母、减速器	2 号复合锂基脂
		主减速机、联合减速机	320 号中负荷齿轮油（稀油集中润滑站）
		轧辊轴承	增黏轧辊脂
	210t 热剪机	剪体部分各润滑点	1 号复合锂基脂（电动干油集中润滑）
		传动部分：CL8 联轴器、万向联轴器	2 号复合锂基脂
		减速器	（油浴）220 号中负荷齿轮油
	冷床传动机构	偏心机构	（开式油浴润滑）150 号中负荷齿轮油
		传动长轴各轴承	2 号特效锂基脂，或 2 号聚脲基润滑脂或 7014-1 号高温润滑脂
	轧钢主电动机	滑动轴承	32 号汽轮机油（油环润滑）
		滚动轴承	2 号复合锂基脂

复习思考题

5-1 设备润滑的意义是什么?

5-2 用示意图表述什么是润滑管理“五定”工作。

5-3 车间机修工段润滑工作人员的职责是什么?(回答 4 ~ 5 条)

5-4 运转设备对润滑剂的一般要求是什么?

5-5 什么是润滑油的黏度,黏度的使用意义有几点?

5-6 如果某设备已定采用油润滑,选用具体牌号油的依据有哪些?

5-7 油浴润滑时,注入二级减速器箱内的油量掌握多少?

5-8 齿轮传动润滑的选油原则是什么?

5-9 润滑脂针入度(锥入度)的使用意义有几点?

5-10 工厂仓库中存储的备用滚动轴承怎么防锈?

5-11 怎样简易鉴别润滑油中含有水分?

5-12 填写下表中运转设备润滑油(脂)应选用的适合牌号。

设备名称	润滑部位	油、脂牌号
普通车床	进给箱	
卧式铣床	主轴箱	
10t 桥式起重机	主卷减速器	
80t 油压机	齿轮泵	
加热炉鼓风机	$N = 37$kW 电机的滚动轴承	
加热炉 35t 推钢机	减速器	
300t 热剪机	齿形联轴器	

6 动态监测与故障诊断简介

【教学重点】

本章重点介绍企业经常接触、应用较多的动态监测与故障诊断技术，如测温技术，振动监测及诊断技术，油液分析技术，应力、应变测试技术及扭矩测试等技术。通过学习，学生应认识到设备动态监测与故障诊断技术是现代设备管理和预知维修的基础，是保障设备安全运行的基本措施之一。

6.1 概述

设备的动态监测与故障诊断技术是近十几年来国内外发展较快的一门新兴技术。它包含两方面内容,即对设备进行运行状态监测和对故障原因进行分析、诊断。设备的动态监测与故障诊断是利用现代科学技术和专用仪器掌握设备现况,预测设备的异常现象或故障程度,分析、判断其原因并预报发展趋势,找出必要、可行的对策。通俗地讲,就是给机器看病。设备动态监测与故障诊断是现代设备管理和预知维修的基础,是保障设备安全运行的基本措施之一。它涉及的内容较广泛,其中核心内容是利用设备运转工作时呈现的物理化学参数变化（如零部件温度升高、噪声增大、振动加剧、位移量变化、压力突变、润滑油液污染、绝缘物劣化等现象），或状态特征参数的变化，开展从外部到内部、从推理到判断、从现象到本质的分析研究，从而找到符合（或接近）实际的正确答案。可以说，设备动态监测与故障诊断技术就是设备维修人员的“眼”和“耳”。

设备动态监测与故障诊断为下一步给机器“治病”打下良好的基础。设备检修需事先做到“心中有数”，才能“情况明，决心大”，减少失误。实施设备动态监测与故障诊断技术的目的是消除设备隐患，减少事故性停机，减少抢修（或检修）工作量，降低备品备件消耗和能源消耗，防止不安全因素堆积，降低维修成本，提高整体效益。总之，实施动态监测与故障诊断技术是为企业的生产经营提供连续、稳定、可靠地设备运行保障与服务，为生产经营“保驾护航”。动态监测与故障诊断技术大致可划分成三大步骤（见图6-1）和两大类型（见表6-1）。

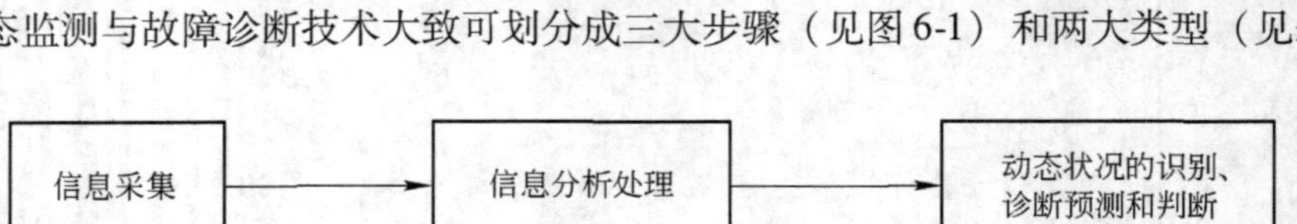

图 6-1 动态监测与故障诊断三大步骤

表 6-1 动态监测与故障诊断两大类型

类 型	简 易 诊 断	精 密 诊 断
内 容	依靠简单仪器，对采集的信息信号作出较粗略初步的判断。一般仅回答“有病或正常”，不分析故障准确部位、程度及原因。这是一种“立竿见影”的起步诊断	应用高档专用仪器，在简易诊断基础上进行更为细致、深入地诊断的过程。它需回答“病因”，准确的“病灶”部位、“病情”程度。这是一种技术性、理论性较强的故障诊断，是一种逻辑诊断

6.2 动态监测与故障诊断的开展

开展设备的动态监测与故障诊断对大多数企业来说是一项新课题。怎样开展该项工作呢？还是要根据本企业的具体情况确定。其基础工作大致有以下三点：

（1）提高思想认识，达成共识，特别是管理人员对此应予以重视。需要强调的是，开展设备动态监测与故障诊断工作要充分考虑设备寿命周期内的整体效益甚至是企业的整体效益结果。

（2）和其他管理与技术工作一样，动态监测与故障诊断工作也有一个从低级到高级、从简单到复杂的过程。不能急于求成，需要逐步实施。开始阶段要从简易诊断做起，这样较易获得效果，见到成绩。例如，可先实施各主要设备运行时的温度监测、对一些设备实施振动监测，根据监测数据、结果进行简易诊断。可将设备常规检修的实况与该简易诊断结果对照比较，以便积累工作经验。设备动态监测与故障诊断有不同的技术手段，可先应用较常用的方法，如温度监测与诊断、振动监测与诊断、噪声监测、油液分析诊断、无损探伤技术等。实施这些技术手段的目的在于识别机器设备的实际运行状态：

1）提供设备整体状态的准确描述。据此决定设备的检修周期、规模（小修、中修、大修）内容。这样可避免对设备不必要的拆卸及其人、财、物、时的浪费。

2）随时反馈设备运行状态的变化情况或恶化趋势。虽然监测系统不能制止故障的发生，但能在其萌芽状态就发现并反馈它的存在，以防止产生恶性事故和继发性损伤。

3）故障报警与即时控制。该技术可警告某种事故（故障）的临近，特别是危及人身安全、设备安全的恶性事故。近十几年来计算机在检测技术中的应用日益深入、普及。计算机在检测系统中承担了多种功能，它能完成信号采样控制，对被测信号快速储存且对其进行处理，输出与被测对象有关联的各种信息，实现对被测对象的控制如停车、启动，控制被测量值的变化及输入模式等，从而实现闭环自动控制。微机正在广泛应用并将迅猛地发展，在动态监测与故障诊断中发挥巨大的作用。

（3）完善基础工作。在设备管理与维修正常状态下，主要有两项基础工作：

1）组织培训监测人员队伍。结合设备点检制度，组建专业监测人员队伍，明确职责与工作范围。结合本企业设备状况，举办以应用为目的的短期专业技术培训。开展精密诊断应具备三方面基本知识：①对现场运行设备较为熟悉，掌握性能参数、内部构造、备品备件、维修要点等。②初步掌握设备动态监测与故障诊断技术的基础知识、方法原理、信号分析、处理技术、参数变量、电子技术等。对所使用的各种专用仪器做到应知应会。③逐步学会逻辑诊断——根据机器设备的特性特征和运行状态之间的逻辑关系，进行分析诊断，在相关理论指导下完善判别判断。

2）配置必要的专用仪器，完善监测系统及环境。

6.3 动态监测与故障诊断的基础技术

6.3.1 测温技术

应用红外点温仪等仪器对在线运行设备的零部件实施温度测试，被测点的温度数值可以即时直接读出，能够获得立竿见影的效果。

温度是工业生产中的重要参数，也是设备运行状态的一个重要指标。设备出现异常时的一个明显特征就是温度升高，同时温度异常又是引发故障的因素之一。温度既是现象，又是原因，所以温度与设备运行状态密切相关。温度测量方式可分为接触式与非接触式两类。非接触式测温是利用物体的热辐射随温度变化的原理来测定物体的温度。自然界中的任何物体，只要它本身温度高于热力学零度，就会产生热辐射。该能量中包含可见光与不可见的红外线两部分。物体在100℃以下时，其热辐射中最强的波均为红外线。红外探测器的作用是把接受到的红外辐射能量转换成电信号输出。

常用温度监测仪器、仪表见表6-2。

表6-2　常用测温仪器、仪表

测温方式	仪器、仪表名称		作用原理
接触式测温	膨胀式温度计	液体式★	液体或固体受热膨胀
		固体式(双金属)	
	压力表式温度计	液体式★	封闭在固定容积中的液体、气体、蒸汽受热体积膨胀或压力发生变化
		气体式	
		蒸汽式	
	电阻温度计		导体或半导体受热电阻值发生变化
	热电偶温度计★		材料的热电效应
非接触式测温	光电高温计		物体的热辐射
	光学高温计		
	红外测温仪★		

注：表中带★者为现场广泛应用的仪器仪表。

6.3.2　振动监测及诊断技术

振动监测及诊断技术是普遍采用的一种基本监测技术。由于该技术比较成熟，诊断结果准确可靠、方法简单易行，故受到普遍关注，在机械故障诊断的整个体系中占主导地位，目前已广泛应用于各种设备的动态监测与故障诊断中。工程实际中存在着大量的振动问题，机械设备的振动与其运行状态优劣有着密切的关系。设备运转表现出的常见病为“三不两有”——不平衡、不对中、不同心；有摩擦、有间隙。这些均是引起振动的因素。在机器、零部件及设备基础等表面或多或少能感觉到的振动，往往是某一振动源在固体——钢铁或混凝土中的传播。这种振动源的存在，说明该设备及其零部件对应存在着在设计、制造、选材或使用维修过程中的“缺口”或“缺陷”。探索、研究机械振动的目的，在于要了解此现象的机理，破译机械振动所包含的各种信息，从而对其进行有效的动态监测与故障诊断。振动监测及诊断技术的优点在于根据对振动信号的测量与分析，可以在生产设备不停机和不解体的情况下，找出引起振动的原因，对该设备的潜在故障苗头有所了解或判断，以便予以排除或作出有效的控制。如果这种分析判断基本准确，人们就可以在设备管理与维修中处于主动的地位，就能节省大量的人力、物力和生产时间。

通常描述机械振动的三个参数是位移、速度、加速度，它们可由相关仪器测得。一个经典的非电量电测系统，由传感器、信号调节器、记录与显示仪器等组成，见图6-2。

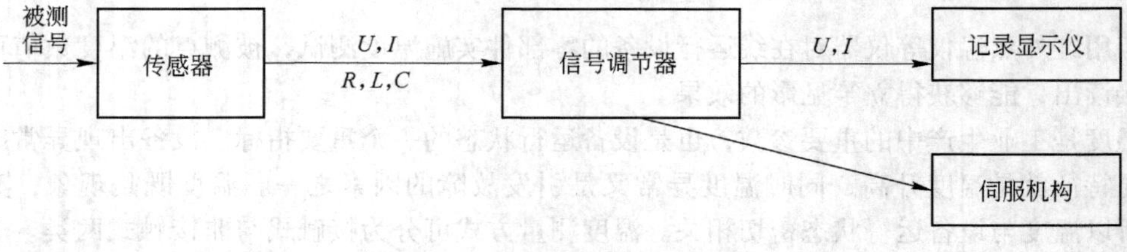

图6-2　经典测试系统原理

（1）传感器具有敏感功能及非电量变换成电量的功能。在振动测试中，传感器将感受到的振动信号变换成电压（或电流）信号或电路参数（电阻、电感、电容）信号输出。

（2）系统中的信号调节器由各种电桥、谐振电路、放大电路、调制电路、解调电路、滤波电路及阻抗变换电路、标度变换电路等构成。其作用是将传感器输出的电信号变换成记录与显示仪器所需要的标准电压（或电流）信号，然后输送到记录、显示仪器中进行记录与显示，或送入伺服驱动机构进行记录、指示与控制。

（3）记录、显示仪器将表示被测量大小的电量进行记录与显示。通常的记录、显示仪器有电子示波器、光线示波器、磁带记录仪等。

监测仪器上显示的振动波形多种多样且比较复杂，但可以应用某些表述其特征的参量，如振幅、频率及相位等进行描述与分析。其含义为：

（1）振幅是指振动物体偏离静平衡位置的最大距离，工程上通常称为振动峰值。

（2）频率。振动物体在1s内往复的次数称为频率，常用f表示，单位为Hz。振动物体往复运动一次所需的时间T称为周期，单位为s。由此推理可知，周期和频率是互为倒数的关系，即$f = 1/T$。频率还可以用角频率ω表示，$\omega = 2\pi/T$。

（3）初始相位角。初始相位角简称相角，是指某一振动频率成分的初始点偏离平衡位置的相位，通常用θ表示。在故障诊断技术中，相位的表述越来越受到重视，如转轴的扭转变形、齿轮齿根裂纹等对相位信息反应灵敏，用相位判断相当有效。

习惯上认为，位移是直接的测量参数，对于低速运动的机械以测其位移为宜，对于高速振动的机械以测其加速度值为宜。工程振动问题中可根据研究对象内容和方法的不同，选用不同的物理量表示，即具体问题具体分析。例如，冶金工厂中的各类风机，都是以振动速度的振幅值大小来表示设备运行优劣；以位移来表示回转主轴振动位移幅值的大小，即偏离平衡位置的数值。振动测试系统中的电测技术是随着电子技术的发展而不断更新完善的。电测技术（应用应变仪、振动分析仪等）早已在工程界得到了广泛应用。

6.3.2.1 涡流式位移传感器

目前涡流式位移传感器广泛应用于各类转子的振动监测。它是利用转轴表面与传感器探头端部间的间隙变化来测量振动的。涡流式位移传感器最大特点是采用非接触式测量，适合测量转子相对于轴承的相对位移。它不仅可以测量转轴轴心的振动位移，而且还可以测量转轴轴心的静态位置偏离。

涡流式位移传感器一般直接利用其外壳上的螺纹安装在轴承座或机器壳体上。

6.3.2.2 涡流检验

涡流检验是利用电磁场同金属间电磁感应进行检测的，是金属材料无损检验的基本方法之一，也是一种多用途的检测方法。按照探测线圈同金属材料间的电磁耦合方式不同，涡流检验法可分为放置（探头）式线圈法和穿过（通过）式线圈法，见图6-3。

涡流检验的机理为：当载有交变电流的试验线圈靠近金属时，线圈产生的磁场（原磁场H_p）在金属表面感应而产生涡流。涡流及其磁场（反作用磁场H_s）同金属材料的电导率、磁导率、裂纹、几何形状和尺寸等有关。因此根据H_s可知金属材料（零件）的几何尺寸、裂纹等有关的参量。这些电磁感应信息通常应用电表、阴极射线示波器显示，也可应用数字显示或信息存储技术。为了实现检验自动化，还可配合使用电子计算机或某些专用记录方式。涡流检验法适用于小直径金属管材、棒材的表面和近表面裂纹检测（如对薄壁无缝钢管，可检出深度为管壁厚度5%左右的纵长裂纹），金属薄板、箔和金属表面防护层的厚度检测，批量生产零件的质量控制，如阀门、弹簧、滚针等的合金成分、力学性能、外形尺寸等。

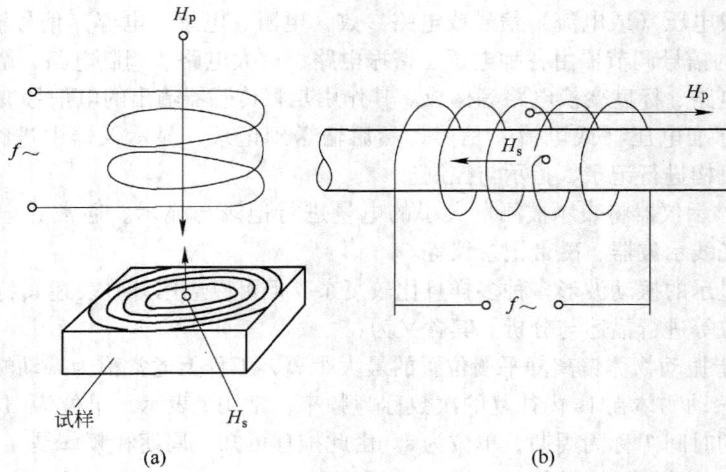

图 6-3　涡流无损检验原理
（a）放置式；（b）穿过式

涡流检验法的优点是无需破坏或接触试件，也不用耦合剂就可获得裂纹深度的参考数据，能查出油漆层或金属蒙皮下金属机件的表面裂纹，且检测速度快，易于自动化等。其缺点是不能用于非导电材料，而且测量数据同时受到各种“干扰因素”的影响，因此仅适于金属表面层的检查和分析，设备和探头无通用性等。

6.3.2.3　磁电式速度传感器

磁电式速度传感器是测量振动速度的典型传感器。它能输出较强的信号功率，且测量线路简单，安装使用简单。它常用于旋转机械设备的轴承、机壳、基础等非转动部件的稳态振动测量。

6.3.2.4　压电式加速度传感器

某些晶体材料，如石英晶体和人工极化陶瓷等，在承受一定方向的外力而变形时，会因内部极化现象而在表面产生电荷，当外力去掉后，材料又恢复到不带电状态。这种将机械能转换成电能的现象称为压电效应。

压电式加速度传感器是利用压电效应制成的机-电换能器，称为压电式传感器。这是一种可逆型换能器，它既可以将机械能转换为电能，又可以将电能转换成机械能。因此它被广泛地用于力、压力、加速度方面的测量。目前用于制造压电式加速度传感器的材料主要分为压电晶体和压电陶瓷两大类。当压电式传感器承受机械振动时，在它的输出端能产生与所承受的加速度成正比例的电荷或电压量。与其他种类传感器相比，压电式加速度传感器具有灵敏度高、频率范围宽、体积小等优点，因此成为振动测量的主要传感器形式。常见的压电式加速度传感器在结构上有中心压缩式和剪切式两种类型。加速度传感器的安装特别重要，如安装刚度不足（用顶杆接触或厚层胶粘），将导致安装谐振频率大幅度下降，这样在测量高频振动时，将严重失真。

6.3.2.5　振动监测标准

振动监测标准一般可分为绝对判断标准、相对判断标准和类比判断标准三大类。

（1）绝对判断标准。绝对判断标准是指将被测量值与事先设定的“标准状态槛值”相比较来判断设备运行状态的标准。常用的振动判断绝对标准有 ISO 2372、ISO 3495、ISO 10816 等，可查表核对。

（2）相对判断标准。有些设备难以确定绝对判断标准，故将正常运转时所测值定为初始值，然后再进行测定，获得实测值，实测值与初始值相比的倍数称为相对标准。在实际工作中，相对判断标准的标准值需要通过反复实测才能确定。

（3）类比判断标准。类比判断标准是指对相同工况环境下的同规格的数台设备运行时（如风机），分别各设备进行测量，并对各所测值进行汇总、比较。类比时所确定的设备零部件正常运行时的振动允许值称为类比判断标准。

在现场实际工作中，如何从已显示的振动信号频谱中识别出故障特征是一项较难的技术工作，尤其是对初学者和刚从事设备诊断工作的人员来说，更加困难。振动频谱图不同于传统的技术图形，可以形象地说，振动频谱图又是一种"新型工程语言"。学习识别振动频谱图，一方面要关注有关科技论文，另一方面要记住两条原则：频率形态（大小及变化）代表故障类型，幅值代表故障劣化程度。

6.3.3 油液分析技术

油液监测与诊断技术是近十几年迅速发展起来的用于设备动态监测与故障诊断的新技术。它尤其是在监测与诊断齿轮传动、轴承系统、液压系统等方面取得了显著效果，获得了广泛应用。当利用振动和噪声监测诊断技术于低速回转机械或往复运动机械的监测诊断较为困难时，运用油液分析技术较为有效。油液监测与诊断技术包括铁谱技术、光谱技术、磁塞技术等。其中铁谱分析技术的应用较普遍，在对主减速器、液压系统等设备的故障诊断中已有了许多成功的实例。

铁谱技术的优点有：

（1）能分离出润滑油中较宽尺寸范围的磨屑，故应用范围较广。

（2）能对磨屑进行定性观察分析和定量测量，从而综合判断零部件的磨损程度和磨损发生的部位。

铁谱技术的缺点有：

（1）对润滑油中非铁系颗粒的检测能力较低。

（2）分析结果较多依赖技术操作人员的经验。

铁谱仪分为分析式铁谱仪、直读式铁谱仪、旋转式铁谱仪等，前两种已在我国研制成功并投入了生产使用。

6.3.4 应力、应变测试技术

20 世纪 60 年代发展起来的应力、应变测试技术及扭矩测试技术对于低速、重载运转的重型、大型机器设备，如轧钢机列、起重、运输设备等进行动态监测和部分故障诊断是非常有效、实用的。在冶金工厂中该技术已得到较为普遍的应用。

一些轧钢厂将专用的应变片贴在轧钢主机列的传动轴上，并与单板式计算机相连，实现 24 小时在线动态监测机列的轧制力矩波动范围。该方法在客观地反映生产线上是否存在违规轧制低温钢坯现象，保障设备的安全、正常运行等方面效果较好。

（1）测压。测压是为了探求零件或设备在强度上有无潜力，是否在超强度下使用。测压是把压头放置在欲测的地方（一般放在压下螺栓的下面），利用压头在受力时产生的弹性变形转换成电信号（电阻、电容、电感），这些信号经放大后用示波器自动、连续记录下来。用这些记录、刻度数值（表示弹性变形或受力数值）定出所测定的压力大小。利用测得的压力，即可计算出设备的受力情况，也可计算其电动机负荷。

（2）测扭矩和电动机负荷。钢铁厂轧钢车间轧制生产时，轧辊所受到的扭矩和拖动电动机输出的扭矩可直接测定。具体方法是将产生信号的电阻片直接贴在所测的转轴上。一般是测定电动机的功率，或测定电动机的电流及电压再计算功率。这样就可以确定电动机的实际负荷，看其是否还有潜力，用此数值作为强化设备负荷的根据。

6.3.5　无损检测技术

无损检测技术是一门独立的技术。现代工业和科技的飞速发展，为无损检测技术提供了更加完善的理论及物质基础。无损检测技术是指在不破坏、不改变被检物体的前提下，利用物体内部存在缺陷而使其物理性能发生变化的特点，应用专门仪器、设施完成对物体（材料、零部件、产成品）检测与评价的技术手段。近十几年来，很多企业越来越重视无损检测技术的应用，如在产品质量上的检测、在大型设备的局部（零部件）和全局整体状况的检测。无损检测技术包括超声检测、射线检测、磁粉检测、涡流检测等常规技术和激光全息检测、微波检测、声发射检测等新技术。

渗透探伤是利用毛细现象检查材料表面缺陷的一种无损检验方法。它包括荧光法和着色法。这两种方法都包括渗透、清洗、显像和检查四个基本步骤。一般情况下，荧光法的灵敏度高于着色法。荧光法是将含有荧光物质的渗透液涂敷在被探伤件表面，通过毛细作用渗入到被探伤件的缺陷中，然后清洗去表面的渗透液，缺陷中的渗透液保留下来，进行显像（在暗处用紫外线灯照射表面，缺陷处发出明亮的荧光）。着色法和荧光法相似，只是渗透液内不含荧光物质而含有着色染料，使渗透液鲜明可见，可在白光或日光下检查。

渗透探伤操作简单，不需要复杂设备，费用低，缺陷显示直观，具有较高的灵敏度，能发现宽度 1μm 以下的缺陷。该方法由于检验对象不受材料组织结构和化学成分的限制，因而广泛应用于钢铁和有色金属锻件、铸件、焊接件、机加工件及塑料、陶瓷、玻璃等表面缺陷的检查（能查出裂纹、夹杂、气孔、折叠等）。该方法对于结构疏松的粉末冶金零件及其他多孔性材料不适用。

6.4　故障诊断仪器

通过表 6-3 中所列内容，可了解现场使用机械故障诊断所需的仪器名称、型号。部分动态监测、故障诊断仪器实物相片及说明，见图 6-4、图 6-5。

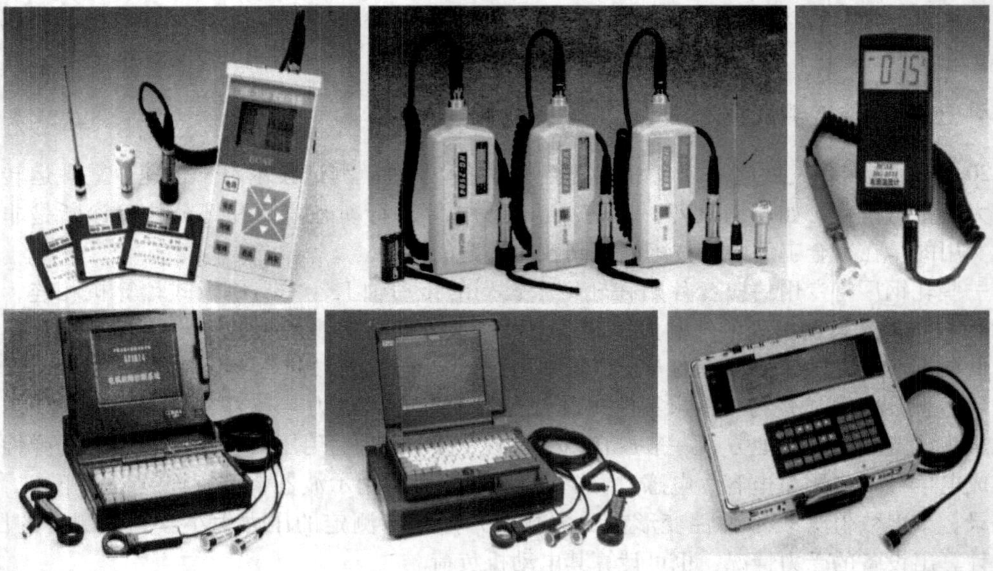

图 6-4　部分动态监测、故障诊断仪器实物相片

表 6-3　部分故障诊断仪器应用参考实例

诊断对象	仪器名称、型号	出产厂家	技术说明
交流异步电动机	HG8300 数据采集、故障诊断系统（见图 6-4）	北京京航公司	22 种振动时域、频域分析功能。如果频率成分为 100Hz，可判断该振动是由电磁力引起的
	MC-100 电动机故障检测仪	上海华阳公司	如果为数千 Hz，可判断属于由线槽误差引起的振动
风机、压缩机、机床等旋转机械	HG-2504 测振仪（通用型） HG-2506 测振仪（低频型）（见图 6-4）	北京京航公司	该仪器具有高、低频分档功能，能识别设备故障类型
高精度机床、磨床类的大修精度校核	DWS 四位数字显示振动-位移测微仪		针对动态（切削负荷作用）出现的异常振动、刚性变形、热变形引起的加工工件波纹、形位公差不稳定等现象
滚动轴承	HY-103 振动测量仪（见图 6-5）	上海华阳公司	进行现场简易诊断的便携式测振仪。应用："相对值法" 原理，利用后期测试的振动值与初始新轴承时所测试值的比值来进行定性的判断
	SPM-43A 型轴承检测仪	瑞典 SPM 公司	应用 "冲击脉冲法（SPM 法）" 原理，对裂纹、凹坑、疲劳剥落、杂物等比较敏感
	TMED-1 型轴承检测仪	瑞典 SKF 轴承厂	
	轴承检测仪	上海长江仪器厂	
	HB-1 轴承故障检查仪	上海华阳公司	应用 "接触电阻法" 原理，对表面点蚀损伤类（具有瞬时冲击的故障）比较敏感
	TB-1 轴承故障检查仪	通化无线电厂	
滑动轴承	HB-1 轴承故障检查仪	上海华阳公司	应用 "接触电阻法" 原理
	TB-1 轴承故障检查仪	通化无线电厂	
	手枪式远红外测温仪	西北光学仪器厂	应用 "温度测定法" 原理，利用由于结构、摩擦及润滑不良等原因，轴承箱内必然会产生温度升高的现象来检测故障
	直读式铁谱仪 + 分析式铁谱仪 HF-1 快速油质分析仪	上海华阳公司	应用："油液铁谱分析" 原理
润滑油	THY-18D 型油液质量检测仪	西安天厚电子技术公司（西北工大）	可快速（5min 内）检测出各种设备使用的润滑油受污染情况，判断被测油液可否继续使用

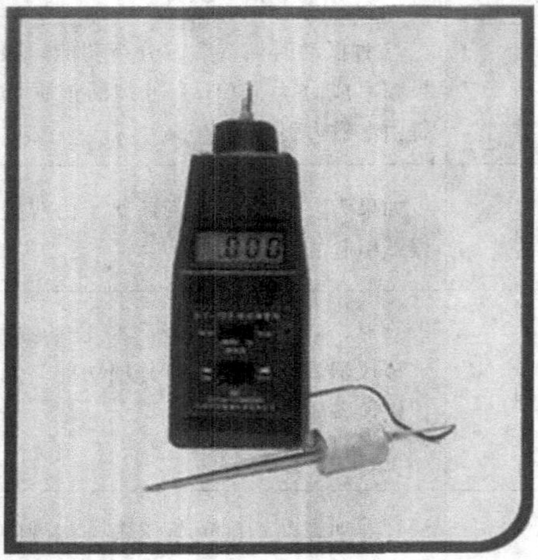

HY-103 振动测量仪

测量范围：

加速度：0.1～199.9m/s²（峰值）

速度：0.1～99.9mm/s（真有效值）

位移：0.001～1.999mm（峰-峰值）

HG-3518 系列便携式数据采集、故障诊断系统

测量参数：振动加速度、速度、位移、温度、转速

可对 1000 组以上数据，50 组 1024 点波形进行存贮、回忆

可通过 RS-232C 串口与微机通讯进行精密分析诊断

软件：Windows 下中文趋势分析、频谱分析及管理软件

显示：128×64 点阵液晶屏（带背光）

HG-2500 系列测振测温仪

2504 测振仪（通用型）	2506 测振仪（低频型）	2508 测振、测温仪（多功能型）0～400℃

- 按 ISO-2954 标准制造，仪器背板附有国际振动烈度标准（ISO-2372），与其比对可直接判断设备的运行状态。
- 在测量振动时，由于此仪器特有的高低频分档功能，使识别设备故障类型成为可能。
- 最新推出集振动、温度一体的 HG-2508 数字故障诊断仪，同时具有物体表面温度和液体温度测量功能，更有助于设备的故障诊断。
- 适用于工矿企业的汽轮机、风机、压缩机、电机、机床等旋转机械的现场故障诊断和振动、温度测量。

HG8300 数据采集、故障诊断系统

主　　机：386 便携式计算机

现场采集：2 通道数据采集

现场分析：22 种振动时域、频域分析功能、交流异步电机诊断专家系统

配套软件：中文数据分析及管理软件

图 6-5　部分监测、诊断仪器简介

复习思考题

6-1　什么是设备的动态监测与故障诊断，其核心内容是什么？

6-2　动态监测与故障诊断技术可划分成哪几大步骤，哪些类型？

6-3　动态监测与故障诊断应用的主要基础技术有哪些？

6-4　设备振动状态的判别常用哪几类标准？试举例说明其中一类的应用。

6-5　若怀疑冷轧机轧辊滚动轴承外圈可能有微裂纹时，应采用什么手法监测与诊断？

6-6　对新车制完毕的主要设备的转轴，怎样来诊断其有无内部缺陷？

7 设备检查与修理

【教学重点】

本章是全书的重点，通过回答“怎么办”，讲解设备检查、设备修理分类和工厂常用的三大类、十五大种修复技术。通过对滑动轴承、滚动轴承、齿轮传动、联轴器等一些通用机械零部件的装配工作的讲解，剖析设备装配阶段的一般技术要求及操作要领。要求学生熟悉目前工厂中设备修理涵盖的内容和具体修复技能、工作要求等。

7.1 设备检查的内容和要求

设备检查的直接目的在于掌握运行设备的全面、真实、准确的状况。设备管理、技术人员必须根据现场检查工作来了解现场真实状况，掌握人、机、环等情况，为下一步计划、决策找出依据。打个比喻，设备检查工作好比部队战前的敌情侦察，只有“情况明”，才能“决心大”，才能作出较为正确的判断与部署。需要纠正“以修代查”、盲目安排修理项目的错误观念，“一切结论产生于调查研究的结尾，而不是在它的先头”。

7.1.1 检查内容

（1）查安全。设备检查工作的首项内容是结合安全规程（安全技术）通则和专则开展全面检查。消除安全隐患是设备检查工作的首项任务。特别需要检查涉及全局性的危险源点设备设施，如厂区动力、能源供应站所，易燃、易爆区域（锅炉房类），起重、运输设施尤其是载人升降设施（电梯类）和连续作业生产现场的各种安全防护设施（安全栏杆、安全防护网类），各种行程开关、限位器、过载过流保护装置等。

（2）查异常。通过“听、摸、嗅、看”等常规感官手法或通过专业仪器的动态监测诊断，根据运转设备的标准状态来比较所查设备的即时状态——在温度、振动、声音、特性参数、仪表显示等方面是否出现异常现象以及异常现象出现的准确时间和程度等等。

（3）查环境。这是容易忽略的一项。设备检查工作不仅查自身，还要查环境。例如，了解、观察设备服务的对象，包括生产现场是否出现了变化，生产方面是否有新要求，产品品种、规格是否有所改变；现场工况环境是否出现异常，车间厂房或地基有否变化，生产所关联的风、水、电、氧、油等是否与平常不一样；生产操作人员是否发生过违规操作行为；与设备运转密切相关的各种运行、维护点检记录是否真实、正常的填写；等等。

7.1.2 设备检查工作的开展

（1）结合点检定修制贯彻落实检查工作。重点在于开展经常、有效的设备动态监测与故障诊断活动，建立一套快速、规范、有效的反馈渠道。点检工作要侧重日常点检和专业点检两部分。从“听、摸、嗅、看”向动态监测与故障诊断过渡。务必要按点检制内容规定，将检查结果记载备案。不允许走马观花式的形式主义的应付性检查，更不允许弄虚作假填报虚假数字。

需要强调的是，落实设备检查工作必须明确责任制！必须明确如果出现误查、漏查、瞒报等情况，特别是出现设备安全事故时，谁对此负责，该责任者的上一级要承担什么责任。

（2）执行检查工作的“五定”要求。

1）定点。明确要检查哪些设备、哪些“点”（需要把设备可能出现故障的部位、零部件事先设定为若干“点”，并把检查结果如实填写在点检卡上）。

2）定标。事先制定出要查设备的正常标准和异常标准，即“标杆”，以便现场对照分析、判断。

3）定法。要确定检查的具体方法。例如，哪些设备重点查，哪些设备一般检查；设备的哪些部位静态查、哪些部位开车运转时动态检查；用什么仪器检查；等等

4）定时。规定检查时间和检查周期，以制度形式规范运作。

5）定人。全部运行设备都要明确日常点检和专业点检的负责人，“人-机对号入座”，以制度形式规范运作，如很多厂矿执行的“区域分工负责制”。

（3）做好“修-查”结合工作。对于大型设备或关键设备，做好“修-查”结合工作尤为重要。各种形式的设备修理与检查工作需要密切结合，同步推进。在设备大、中修期间或临时抢修时，若某台关键设备如主机列设备、大型剪切机、主电动机已开箱拆件修理，此时除保质保量完成修复工作外，还需要同步完成设备的检查任务。要充分利用此宝贵时机，对该设备进行“查体”，并记录保存修前、修后的相关参数。例如，哪些零部件、哪些部位出现了磨损或变形，具体数值是多少；齿轮副和轴承的间隙值；箱体内润滑油的颜色、气味以及是否含有微小杂质，是否需要化验；主要零部件的形状与位置公差数值、联轴器的不同轴度等。

需要指出的是，有些设备的检查工作不是一个专业人员能独立完成的，需要多专业人员协同配合检测，要注意做好组织、协调工作，如大型电动机的检查、车间桥式起重机主梁的检查等。总之设备的检查工作要求认真而细致的工作作风。给设备“看病”是设备管理与设备维修的基础。检查工作的结果与数据是开展后续修理工作和管理工作极为重要的依据。

7.2 设备修理的分类

关于设备修理的分类，目前还没有统一的规定。但不论怎样分类，其内容、含义基本上是趋于一致的，学习的侧重点在于理解其内涵。根据修理规模、工作量大小、占用时间的多少、修理后性能恢复的程度、修理费用额度、资金支付渠道、实施者的工种范围、组织实施方式等，设备修理大致可分成五类：

（1）维护修理。维护修理是常见的修理方式，也称保全修理、跟班修理。这是每天每班都要进行的常务性修理工作，也属设备维护范围。它所涉及的内容较简单，主要是清洁、润滑、紧固、调整、检查及更换易损件，如链条、V带等，不需占用生产时间，一般在交接班时间（15~20min）或生产停车间隙时完成。维护修理的目的是恢复、维持设备原貌、原功能。该工作一般是由生产、操作工人和值班电工、钳工、仪表工、马达工等人员负责完成。结合车间文明生产管理和“定置管理”规定，通常把备品备件中的易损件，如三角胶带（V带）、螺栓、螺母、轴承、链条和油脂类等，按规定集中摆放在设备附近的安全、固定位置，便于迅速更换。

（2）设备小修。设备小修也称日常检修，是结合点检定修制或计划检修制内容要求进行的工作量最小的局部修理。设备小修以修复在维修间隔期内即将失效的零部件为目的，一般不涉及对设备基础件的维修，只是一种排除故障隐患的局部性修理。按事先制订及下发的检修计划单修复和更换少量的失效零部件，调整运转机构，按润滑要求，给必须停车注油之处加注油脂。按区域分工，检查各自负责区域的设备状况。设备小修通常占用时间 4 ~ 8h，当班处理完毕。它基本上是恢复性修理，目的是保证设备的运转间隔期，保证设备能使用到下一次停车小修。支领更换的备品备件和修理消耗材料（含油脂）等费用记入车间当月生产成本。设备小修由本企业机电修人员和当班生产工人实施完成。有些企业每周安排一次这种修理，并在检修日的前一天讨论、制订检修计划单。

（3）临时抢修。临时抢修是企业最不愿意看到的、很无奈的被迫行动，是事故突发后被动地、临时地快速抢修，很多时候还发生在夜班。临时抢修是典型的计划外修理。发生临时抢修，无外乎两种诱发因素——外因与内因。

1）外因方面。生产设备周围环境发生突变，已不能维持正常运转。例如，出现人力不可抗拒的强风暴雨、车间厂房失去防风防雨功能、输电线路掉闸断电、设备绝缘失效等。

2）内因方面。

①管理环节出现漏洞。表现为点检工作不到位，对零部件失效的前兆、存在的缺陷、隐患事先毫无察觉；设备主管人员缺乏防范意识和措施。

②操作失误引起的人为设备事故。一般由生产人员尤其岗位新人误操作造成。违规作业、违规使用设备是造成突发事故的直接原因。加强“应知应会”岗位技能培训和经济责任制落实是减少或避免发生临时抢修的有效办法。

临时抢修的工作量和占用时间多少，在现场是未知数。边抢修、边摸察，才能总结出大概的工作量及难易程度，非常被动。临时抢修采取的抢修措施要视现场工况条件而定，灵活处理，快速明确哪些零部件必须修复、哪些零部件甚至设备可以放弃不修，暂时用其他方式代替。权衡标准是企业的整体效益。临时抢修的目标是恢复生产设备最基本的运转条件和生产环境，通常是围绕动力能源供应或某台设备关键零部件进行的抢修。大量统计数据表明，临时抢修所耗用的人力、物力、财力大约是同规模计划检修的 3 ~ 4 倍，生产经营也会蒙受意外的损失。该项修理的次数多少，从一个侧面反映出企业生产管理、设备管理水平的高低。从资料汇总情况看，临时抢修占用时间以 16 ~ 48h 为多。临时抢修费用同设备小修，但要注意剔除非设备性修理费用。

临时抢修的参加者、实施者是随机的，一切依现场抢修需要而定。需要什么人，就调动什么人或聘请什么人。在企业内部，一般打破工种界限和行政隶属关系，全力以赴参加抢修。有关领导要站在第一线，靠前指挥，甚至参与具体抢修工作。大家共同的目标是尽快恢复生产。

（4）设备中修（项修）。设备中修是工作量较大的规模性设备修理。停产检修一般需 7 ~ 14 天左右。正常生产状态时，一般每年安排一次。设备中修（项修）内容大部分是恢复性的，少量是改进性修理和针对生产工艺需要，安装新设备、新设施的基建项目。设备中修一般要确定 1 ~ 2 项影响较突出的设备隐患予以集中处理。根据点检制和动态监测与故障诊断结果，企业主管部门要研究并拟定比较详细的设备中修（项修）项目内容与资金。中修时需对部分主要运行设备拆箱解体检修或更换接近失效的关键零部件，实体测量、调整技术参数，批量整体更换集中润滑站的油液，校验、鉴定需周期性年检的特种设备，如各类起重机、专用仪器仪表、压力容器、安全阀等。检修内容甚至涉及厂房、设备土建基础，坑、池、沟、管等处的清理与修复。目的是消除平时生产期间不能处理解决的生产缺陷和设备隐患，以达到规定的技术精度和技术标准，恢复或改善车间全部生产设备应有的功能。

冶金企业的中等车间级设备中修资金费用一般在800万以上。中修费用计入企业的生产成本。需要指出的是，在设备中修中往往混有其他费用，故资金费用不应一概而论，需具体区别对待。例如，有些项目属于基建项目，仅利用中修期间同步进行施工；有些属于企业专项技改投资；有些则属于企业拨付的大修理资金（利用中修施工）等。

设备中修的参加者、实施者是以设备系统人员为主体的企业全体职工。一般要外委专业土建施工队伍，炉窑施工队伍，外聘一些本单位空白专业的技术人员指导工程施工或验收。

（5）设备大修。这是工作量最大、耗用时间最长、全面恢复设备原有功能的一种规模性修理。设备大修是对企业现存固定资产全面消除缺陷、隐患而进行的一种实物补偿。大修中，对车间全部日常检修时无法检修的设备和关键设备进行解体，重点修复其基础件尤其是关联土建类施工工程的机件，如设备的地脚螺栓、地下稀油站、储水池等，更换关键、重要的零部件，调整机、电、仪、能源等处的精度或特性参数。其中更换关键、重要零部件的意义在于：一是更换即将失效的零部件；二是储备1～2套可靠的备用部件、套件，以应急时使用。

设备大修的作用不仅是维持简单再生产，而且是贯彻“逢修必改、修改结合”精神，安排一定比例的较大技改项目，以改善设备环境，提高可靠性、维修性、先进性，环保性、全面提高设备出力水平与效率，从而达到与时俱进，赶超国内外领先水平的目标。

大修的显著特征就是有“大”的变动：

1）车间生产工艺流程局部出现新布局，工艺原理有新改动，如将喷煤粉或烧重油的工业炉窑改成使用先进的节能型煤气炉，燃料为自产煤气。

2）为设备服务的基础类施工占较大比例工程量，如主机列设备混凝土基础破损修复、剪切机砼基础加大、循环水池拆改重建为环保型等。

3）设备自身更新换代，如主电动机、剪切机更换型号、功率。

4）对大部分装机设备和动力、能源设施进行解体性检查与修理，有针对性地更换关键零部件或检测其特性。例如，将一些重要的传动轴外委作动平衡试验、将电气控制设施作特性安全测试等，根据故障诊断需要，对关键之处增补动态监测辅助设施。

依据设备大修工程项目的性质，其范围类型可划分为以下三种：

1）改造项目费用占总工程费10%以下者称为恢复性大修理。

2）改造项目费用占总工程费10%～30%者称为部分改造性大修理。

3）改造项目费用占总工程费30%以上者称为改造性大修理。

设备大修工程一般工期为14～30天。设备大修的参加者、实施者同设备中修，但人数略多，专业技术人员略多。一般由具有一定资质的专业施工队伍（公司）担任主体检修项目、任务，本厂人员担任辅助工作。

设备大修费用由企业大修理基金支付，不计入生产成本。大修理基金按国家规定的大修理折旧率提取，基金结余可跨年度使用。凡超出大修范围的项目可随大修同时进行，但资金不得由大修费列支。

7.3　零部件修复技术

设备零部件失效后，绝大部分工件是可以修复的。修复技术与更换零件相对比，具有很多优势：

（1）因不必等待新备件更换，可减少设备停机时间。

（2）减少备品备件消耗与储备定额，节省了外委件的定购、运输、验收环节，有利于降低维修成本。

（3）在修复中应用三新技术，小改小革，还可提高零部件的使用功能。对于加工订货周期较长的高、大、精、尖特殊工件，上述修复优势更为突出。

根据各行业多年来的维修经验总结，修复旧损零部件的基本出发点为：

（1）在保证质量的前提下，力求工艺简单便利、时间快捷。修复成本一般应低于更换新件的成本。

（2）修复后的零件须达到规定的技术要求与性能，保证使用（检修）间隔期。

（3）从提高维修性角度考虑，贯彻“逢修必改”的原则，通过技术改进来延长其使用寿命或改善工作性能，比恢复原样有更佳的效果。所以，从这个角度修复技术可分为两类：1）恢复原有公称尺寸与形状、形位公差的修理。简称恢复性修理。2）改变原有公称尺寸与形状、形位公差的改进性修理。简称改进性修理。恢复性修理是在修理实践中应用最为广泛的一种方式，改进性修理为技术改进、创新性修理。

7.3.1　工厂常用修复技术简介

依据采用修复技术的广泛程度和普遍性，大体上可把工厂常用的修复技术精简归纳为三大类、十五大种，见表7-1。三大类是指焊修修复技术、机加工修复技术和综合修复技术。常用修复技术与操作手法见表7-1所示。

表7-1　工厂常用修复技术

修复技术类别	修复工艺	操作手法
焊修修复技术（四大种）	补　焊（焊接）	电弧焊
		气　焊
	堆　焊	氧－乙炔焰堆焊
		手工电弧堆焊
		气体保护焊堆焊(氩弧焊、CO_2保护焊)
		埋弧堆焊
	喷　焊	氧-乙炔焰喷焊
	钎　焊	硬钎焊、软钎焊
机加工修复技术（五大种）	车　削	
	铣　削	
	钻　铰	
	刨　削	
	研　磨	

修复技术类别	修复工艺	操作手法
综合修复技术（六大种）	钳工作业	刮削法(高技术含量手法)、调整法、局部更换法、修理尺寸法、镶套法、校正法(冷、热、压力校正)
	热喷涂	氧-乙炔焰粉末喷涂(成本低、工艺简单、广泛应用于现场维修)、电弧喷涂、等离子喷涂
	刷镀①	又称快速镀在被镀零件表面局部快速电沉积金属层
	金属扣合	加强扣合、热扣合
	表面强化	表面机械、热处理强化、电火花强化
	胶　接	多种方法

①过去曾用涂镀、快速电镀、无槽电镀等名称，现均按国家标准称为刷镀。

需要明确，各类（种）常用修复技术并不是孤立的，它们之间相辅相成，是一个有机的整体。例如，修复某个零件，可能仅应用机加工修复技术即可；而修复另一个零件，可能需要先后应用焊修、机加工和综合三大类修复技术。合理地选择和运用修复技术，是设备维修人员的基本功，是关系修复质量、缩短停修时间和降低维修费用的有效措施。选用修复技术的指导思想是：考虑总成本（人力投入、资金费用、工时消耗特别是占用停产时间的多少），追求大效益。

7.3.2 常用焊修修复技术

7.3.2.1 修复工艺类型

对分离的金属通过局部加热或加压，使金属产生原子间结合而成为不可分离的连接的方法，称为焊接。将焊接技术应用于维修工作中称为焊修。焊修由于质量好、效率高、设备成本低、适于现场抢修等特点，应用十分广泛。按照工艺、方法不同，焊修主要可分为补焊、堆焊、喷焊和钎焊等修复工艺类型。常用焊修修复技术特征与应用范围见表7-2。

表 7-2 常用焊修修复技术特征与应用范围

修复工艺	基本技术		特征	应用范围
补焊	电焊		设备简单，操作灵活，结合强度高，应用最广泛的焊修方法	高碳钢材质的零件在焊修过程中，易产生裂纹，注意采取相应防范措施
	气焊		适于焊接厚度在2mm左右的薄钢板，如蒸汽管道、输油管道、容器等	碳化焰适合高碳钢、硬质合金、铸铁；中性焰适合低碳钢、不锈钢、紫铜；氧化焰适合黄铜、青铜。焊修不锈钢、铜合金时，须用气焊熔剂
堆焊	氧-乙炔堆焊		适于覆盖层单层厚度小于1.0mm的零件表面	修复轴类、轧辊类、模具类，表面光滑。尽量采用小号焊炬、焊嘴
	电弧堆焊		为主要堆焊方法，常用于大中型复杂零件修复，可改善表面性能	正确选用堆焊层合金；用小电流、快速焊、窄道焊；大型件焊前预热、焊后缓冷
	气体保护堆焊	氩弧焊	不必用焊剂就可获得高质量焊缝。几乎可用于所有金属材料的焊接，可进行各种空间位置的焊接	多用于焊接铝、镁、铜、低合金钢、不锈钢、耐热钢等化学性质活泼的金属材料
		CO_2保护焊	成本低、变形小，不宜焊修易氧化的有色金属材料，焊缝成形不够光滑	适用于碳素钢、低合金钢、不锈钢、耐热钢；修补机件，如磨损件的堆焊。不宜在有风的场地操作
	埋弧堆焊		应用广泛、质量好、效率高，节省焊材、易实现自动化，设备费用高	一般适于平焊缝。用于低碳钢、低合金钢、铜、铝等金属厚板的长焊缝焊接，如建材类、结构类
喷焊	氧-乙炔焰喷焊		喷焊可理解为合金喷涂和金属堆焊两种工艺的合成。它克服了热喷涂层结合强度弱、硬度低等缺陷，同时因应用高合金粉末可使喷焊层具有一些特殊力学性能	一是与基体的结合强度高，可承受冲击负荷；二是熔化层薄而均匀、组织致密，因此耐磨、耐腐蚀。适于承受冲击负荷、要求表面硬度高、耐磨损零件的修复，如挖掘机铲斗齿、破碎机齿板、承受冲击重载的转轴等
钎焊	用熔化的填充金属（焊接）将被焊工件在固态下连接起来的方法		钎料熔化而焊件接头并不熔化，表面光洁、形状与尺寸稳定，可连接不同成分的金属材料。缺点是钎缝强度和耐热能力都比焊件低	对于硬钎料：具有较高强度（熔点大于450℃），适于硬质合金刀具、自行车车架等 对于软钎料：较低强度（熔点小于450℃），适于不承受较大载荷但气密性好的焊件，如容器、仪表元件等

A 补焊

补焊是应用最广泛的焊修技术之一。将焊接技术用于修复，使零件恢复尺寸与形状或修复断裂的操作工艺称为补焊。机械零件补焊比钢结构焊接困难，一般还要考虑材料的焊接性及焊后的加工性要求，要注意保持零件未损伤部位的精度与性能。

B 堆焊

用于恢复零件尺寸与形状，同时要求零件表面具有某些特殊性能的熔敷金属时的操作工艺称为堆焊。堆焊可修复各种轴类、轧辊和模具、工具类。它不仅可以恢复零件尺寸，而且可以改善零件表面性能。

堆焊的工艺原理、热过程的基本规律和一般的焊接技术没有什么区别，但是它有其自身的特点。

（1）堆焊技术除可以恢复零件尺寸外，主要是满足零件性能方面的要求。堆焊层金属与母材（基体金属）结合强度高且具有很好的耐磨、耐蚀性。

（2）堆焊层金属通常与母材成分不同（合金元素含量高），会产生新问题，如由于两种材料性能不同引起的裂纹问题等。由于堆焊技术是在零件表面进行，不对称受热显著，致使堆焊后零件变形明显。这些都要求妥善解决。

（3）堆焊适于快速修复，生产率较高。

由于焊修具有质量好、效率高、设备成本低、便于现场抢修等特点，补焊和堆焊的修复技术应用非常广泛。但补焊和堆焊的工艺性质也表明了它的自身弊端：

（1）对零件的局部不均匀加热使零件产生内应力和变形，故不宜修复较高精度、细长类零部件；

（2）焊修时易产生气孔、夹渣或裂纹等焊接缺陷，这将对焊缝强度和工件密封性产生影响。

C 热喷涂技术

这是利用氧-乙炔火焰或电弧等热源，将喷涂材料（粉状或丝状）加热到熔融状态，在氧-乙炔火焰或压缩空气等高速气流推动下，喷涂材料被雾化并喷射到正在旋转的待修复工件表面上的加工技术。大量喷涂材料颗粒在工件表面相互挤嵌堆积，就形成了喷涂层。该技术不仅能恢复机械零件已磨损的尺寸，而且通过选用合适的喷涂材料，还能提高包括耐磨性等在内的零件表面性能，故用途很广泛。它适用于修复各种结合强度要求不高的磨损部位，也可修复内孔，如一般负荷的轴，轴承座孔等。

按照所用热源不同，热喷涂技术有多种种类，如氧-乙炔焰喷涂、电弧喷涂、等离子喷涂和激光喷涂等。其中氧-乙炔焰喷涂以其成本费用低、工艺简单、可进行现场维修等优势，在设备维修中得到广泛的应用。

热喷涂技术的优点有：

（1）工艺灵活、适用范围广。涂层材料和被喷涂工件均可以是金属、非金属及复合材料。施工对象的体积大小也不受限制。

（2）喷涂层的多孔组织形态具有储油润滑和减磨性能，因此喷涂层的减磨性能良好。

（3）被喷涂工件受到的热影响程度较小。工件热变形较小，材料组织不发生变化。

热喷涂技术的缺点有：

（1）喷涂层与工件自身基体的结合强度较低，易脱落，不能承受冲击载荷和较大的交变载荷。

（2）喷涂前准备阶段对工件表面粗糙化（拉毛）处理会较低零件的刚度。

篇幅所限，这里仅侧重介绍“氧-乙炔焰粉末喷涂技术”。

氧-乙炔焰粉末喷涂技术主要适用于修理已经精加工后的或有微量磨损的、不允许变形的在用零件，如轴类、套筒类的修复。有时也可应用于某些零件的预保护处理，即先覆盖一层保护层，再投入现场运转使用。圆柱形工件喷涂应装夹在车床上进行，工件表面线速度控制在12～25m/min，以保证喷涂层均匀熔融、覆盖。

氧-乙炔焰粉末喷涂技术机理是以氧-乙炔焰为热源，借助压缩空气高速气流将喷涂粉末吸入、输送到火焰区，进而加热到熔融状态后，再喷射到待修工件表面，形成喷涂层。该技术所需装备比较简单，主要包括喷枪、氧气瓶、乙炔瓶、空压机、电火花拉毛机、气焊焊炬和普通车床（轴类）等。喷枪是氧－乙炔焰喷涂技术的主要设备。中小型喷枪的结构如图7-1所示。当粉阀不开启时，其作用和普通气焊枪相同，可用作喷涂前待修复工件的预热及喷粉后的重熔。当粉阀开启时，喷涂粉末从粉斗流进枪体，随氧-乙炔的混合流被熔融、喷射到待修工件上。各种喷枪都配备有2～4个不同孔径的喷嘴，以适应修复工件对火焰大小的要求。

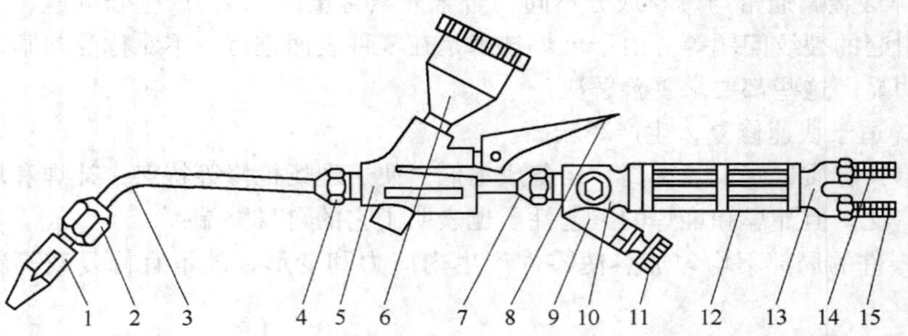

图7-1　中小型喷枪的典型结构

1—喷嘴；2—喷嘴接头；3—混合气管；4—混合气管接头；5—粉阀体；6—粉斗；7—气接头螺母；8—粉阀开关阀柄；9—中部主体；10—乙炔开关阀；11—氧气开关阀；12—手柄；13—后部接体；14—乙炔接头；15—氧气接头

氧-乙炔焰粉末喷涂技术使用包括三大过程：喷涂前准备工作、喷涂和喷后处理三项。在此仅介绍喷涂前准备工作和喷后处理两项。

（1）喷涂前的准备。

1）确定喷涂层厚度。由于喷涂后的工件须机加工，故要考虑加工裕量和工件表面层的热胀冷缩因素。

2）确定喷涂层材质。应根据工件自身材料及工况技术要求，分别选择结合层和工作层用材质。结合层用底粉喷敷在基体与工作层之间，其作用是提高基体与工作层之间的结合强度，目前常用的为镍、铝复合粉。工作粉需要满足工件表面使用条件，同时需与已喷涂的结合层牢固地结合。工作粉末种类较多，在材质成分上多为镍基、铁基和铜基三大类。

3）工件表面预处理。为提高喷涂层与基体表面的结合强度，在喷涂前必须对工件基体表面进行清洁、脱脂与表面粗糙化（拉毛）和预热（尤其在冬季）等项预处理。这是实施喷涂技术的一个重要环节。

（2）喷后处理。

1）对于摩擦副零件，如转轴与套筒类，可在喷后趁热将零件浸入润滑油中，利用喷涂层孔隙储油有利于运转润滑。对于承受液压的零件或腐蚀工况条件下的零件，需采取“封孔”工序，即应用环氧、酚醛等合成树脂（封孔剂）填充喷涂层孔隙。

2）按工件尺寸、形状精度要求和表面粗糙度要求（图纸技术要求），对工件进行车削或磨削等项机加工。

D 喷焊

喷焊与喷涂的技术过程基本相同，它是在热喷涂的基础上发展起来的。喷焊是指对经预热的合金粉末喷涂层再加热（约达1000～1300℃），使喷涂层颗粒熔化，与基体表面层材料达到熔融状态，形成厚度约0.10mm冶金结合层的工艺过程，也称重熔过程。这样就在零件表面形成了一层类似堆焊性能的涂层——喷焊层。它与基体的结合强度可达400MPa，其耐磨、耐腐蚀和抗冲击性能均比较优良。

喷焊可理解为合金喷涂和金属堆焊两种工艺的合成。它克服了热喷涂层结合强度弱、硬度低等缺陷，同时因应用高合金粉末使喷焊层具有一些特殊力学性能。这一点是一般堆焊所不易得到的。喷焊与喷涂及堆焊的区别之处在于：

（1）喷涂时工件表面未熔化，而喷焊表面产生了熔化的熔敷层。

（2）堆焊时基体的熔池较深且不规则，而喷焊基体表面的熔化层薄而均匀。

喷焊的优点有：

（1）与基体的结合强度高，可承受冲击负荷。

（2）熔化层薄而均匀，组织致密、因此耐磨、耐腐蚀。

在喷焊技术的适用范围规范中，由于热变形问题有两点需要注意：

（1）有些材料组成的零件不适于喷焊。这类材料的熔点比喷焊用合金粉末还低，如铝、镁及其合金、某些铜合金、含铬量不小于18%的马氏体高铬钢等。

（2）有些材料组成的零件，在喷焊时需采取技术措施，要预热到250～375℃，喷焊后进行缓冷。这类材料指含碳量大于0.4%的碳素钢，锰、钼、钒总的质量分数大于3%的结构钢，含铬量大于2%的结构钢。预热时采用中性焰或弱碳化焰，避免表面氧化。

目前我国关于喷涂层、喷焊层常用的检测方法如下：

（1）对于喷涂层、喷焊层宏观硬度的检测一般采用洛氏硬度测定，对于金属覆盖层使用维氏硬度试验方法。

（2）喷焊层的正常组织与金属堆焊组织相同。表面焊渣去除后，焊层表面光滑坚实。除铜基喷焊层颜色为银黄色外，其他铁基、镍基等喷焊层均呈金属光泽的银灰色。

（3）对喷焊层组织粗车加工后，该表面不应出现孔洞、裂纹、针孔、夹渣等缺陷。

E 钎焊

钎焊技术在机械、电机、仪器仪表、无线电等制造行业中得到了广泛应用。钎焊是采用比母材熔点低的金属材料作钎料，将焊件和钎料加热到高于钎料熔点、低于母材熔点的温度，利用液态钎料填充接头间隙并与母材相互扩散，实现连接焊件的方法。

钎焊的特点一是钎料熔化而焊件接头并不熔化，二是可以连接不同成分的金属材料。常用的钎料一般有硬钎料和软钎料两类。硬钎料如铜基、铝基、镍基等钎料，它们的熔点一般高于450℃。硬钎料具有较高的强度，可连接承受负荷的零件，如硬质合金刀具、自行车车架等，应用较广泛。熔点低于450℃的钎料称为软钎料，一般由锡、铅、铋等金属组成。软钎料焊接强度低，主要用于焊接不承受较大负荷但要求密封性好的焊件，如容器类、仪器仪表元件等。钎焊的优点为焊接接头表面干净光洁、形状与尺寸稳定、气密性良好、焊件材质的组织和性能变化不大。钎焊的缺点是焊接后钎缝的强度和耐热能力都比焊件自身低。

7.3.2.2 金属的焊接性

了解、掌握金属材料的焊接性，才能正确地进行维修焊接前的有关准备工作和拟定具体焊接工艺，以保障维修质量与进度、保障现场抢修的速度与时间。

所谓金属材料的焊接性实质是指金属材料（特别是钢质）对焊接加工的适应性，换句话说是指在确定的现场工况条件下，金属焊接成功的难易程度。它包含两方面的内容：

(1) 操作上的工艺性能，指要施焊金属对形成焊接缺陷（主要指裂纹）的敏感性，焊接效果。

(2) 使用上的适应性，指焊接后零部件能否正常使用、持久使用，即使用运转效果如何，能否适应生产现场工况需求。需要澄清的概念是：完整的焊接接头并不一定具备良好的使用性能。

根据维修现场经常遇到的实际情况，重点选择三方面内容予以介绍。

A 碳素钢和低合金结构钢的焊接性

(1) 低碳钢的焊接性。低碳钢的焊接性良好，一般不需要采取什么工艺措施即可得到优质的焊接效果。低碳钢几乎可应用各种焊接方法施焊。低碳钢焊接前一般也不需要采取预热措施，在特殊寒冷环境（环境温度低于－5℃）或焊件厚度较大（厚度大于20mm）时，才需考虑预热问题，预热至150～180℃。

(2) 中碳钢的焊接性。中碳钢的焊接性比低碳钢差。因为中碳钢焊件的热影响区易产生淬硬组织，当焊件厚度较大、采用的焊接工艺不当时，焊件很容易产生收缩应力所导致的冷裂。同时，焊件接头处有一部分碳会熔入焊缝熔池，促使焊缝处金属的碳当量提高，降低了焊缝的塑性，易导致焊缝处金属在冷凝过程中出现热裂纹。需要采取的应对措施为：1）焊件接头处需要事先开好坡口，以减小焊件金属熔入焊缝金属中的比例，防止产生热裂纹。2）焊前需要采取预热措施，以减小焊接接头处的冷却速度，降低热影响区的淬硬趋势，防止产生冷裂纹。预热温度一般为120～200℃。

(3) 低合金结构钢的焊接性。低合金结构钢的焊接性随着其强度等级的提高而变差，其焊件的热影响区有较大的淬硬性。随着强度等级的提高，钢中含碳量也增大，加上合金元素的影响，使得热影响区的淬硬倾向也增大。因此导致了焊接接头处的塑性下降，焊件产生冷裂纹的倾向也随之增大。需要采取的应对措施为：1）焊前预热或焊后及时进行相应的热处理。2）焊接操作时，应选择较大的焊接电流和较小的焊接速度，以减缓焊接接头处的冷却速度。

B 铸铁的焊接性

铸铁的焊接性很差。实际生产中，铸铁是不作为材料焊接的。只有当重要设备的铸铁零部件表面产生了不太严重的缺陷时（磨损、裂纹、气孔、缩孔等），才采用焊补的方法。铸铁工件焊后易产生白口组织。另外，由于铸铁的塑性极差，抗拉强度又低，铸铁焊件在经局部加热和之后的冷却工序后，产生较大的焊接内应力（热胀冷缩），容易产生裂纹。需采取的应对措施：

(1) 将焊件预热到400～700℃后施焊。

(2) 焊后可将焊件保温一段时间后缓慢冷却，以减缓焊缝处的冷却速度。

(3) 采用非铸铁焊接材料，如镍铜、高钒钢等合金焊条。

(4) 增加焊缝处金属中石墨化元素的含量。

C 常用钢的可焊性

设备维修中经常会遇到碳素钢、合金钢等各类钢的焊接问题。能否焊接，焊后的质量有否保证，怎样焊接操作最为科学合理。这些问题都需要在实施前搞清楚并予以确定。常用钢种可焊性见表7-3。钢种的可焊性是一个维修常识，应掌握牢记。

表 7-3 常用钢种可焊性

钢 种	常用钢号	可焊性	说 明
低碳钢	Q195，Q215-A，Q235-A，ZG230-450，08，20，16Mn	良 好	通常条件下可焊接，焊后的变形易矫正，当环境温度低于 $-5℃$、工件厚度大于 20mm，结构刚度较大时要预热。某些低合金钢须预热且焊后进行相应的热处理
低合金钢	15MnV，15MnTi，20Cr		
不锈钢	1Cr18Ni9Ti，0Cr13		
中碳钢	30，35，ZG270-500	一 般	形成冷裂倾向小，采用适当的焊接规范可得到满意的结果。结构复杂或较厚板焊接时必须预热
低合金钢	15CrMo，20CrV		
不锈钢	1Cr13，Cr25Ti		
中碳钢	40，45，40Mn	较 差	一般情况下，有形成裂纹的倾向，焊前应预热，焊后进行消除应力的热处理
低合金钢	30Mn2，40Cr		
不锈钢	2Cr13		
中、高碳钢	50，55，50Mn，65Mn	不 好	很容易形成裂纹，但在采用焊前预热、焊后进行消除内应力的热处理措施，这些钢也可以焊接
低合金钢	45Mn2，50Cr		
不锈钢	3Cr13		

7.3.2.3 焊接变形及防止方法

因焊接而产生的变形称为焊接变形。零部件或金属结构件在焊接后，时常发现其形状有所变化，甚至还会出现微裂纹。综合看，产生焊接变形或出现微裂纹的原因有两点：一是焊接工艺，即具体操作手法不合理；二是被焊工件自身结构不合理。产生焊接收缩应力与变形的根本原因是焊接时工件局部的不均匀加热和冷却。

焊接变形的基本形式有弯曲变形、扭曲变形（镰刀弯）、波浪变形（起鼓）和角变形等。

防止焊接变形通常采取如下操作手法：

（1）反变形法。当焊接一些薄板工件时（对焊或堆焊），由于热胀冷缩原因易导致出现弯曲变形现象。这样可根据这些工件变形的规律，预先采取相关措施来预防。焊接操作前，将被焊工件的形态、位置按与焊接时发生变形的相反方向放置，以抵消焊接后产生的变形。如针对板料工件焊接易产生角变形的规律，焊接操作前将被焊两块板料放在垫块上，使其向下弯折一个角度（这个角度就是 V 形坡口焊接后向上弯曲变形的角度），于是焊后的两块板料便平直了。

（2）锤击焊缝法。锤击焊缝法是指在焊接操作过程中，不断地使用手锤敲击焊缝金属，目的是促使工件焊缝金属产生塑性变形，减小焊接应力的负面影响。

（3）焊前固定法。焊前固定法是指焊接操作前，采用夹具（固定装置）或重物（钢坯类）压在被焊工件上，以抵抗焊接应力，防止被焊工件变形。为防止将重物或固定装置去除后被焊工件再发生变形，通常在焊接操作时不断地使用手锤敲击焊缝，使得焊接应力及时释放，保障被焊工件形状、尺寸稳定和理想。

（4）焊接顺序变换法。焊接顺序变换法的机理是：分散焊接操作时所产生的热量，使其尽快散发掉，防止焊接热量集聚而产生变形应力。通常应用的焊接顺序变换法有对称法、跳跃法和分段倒退法，如图 7-2 所示。

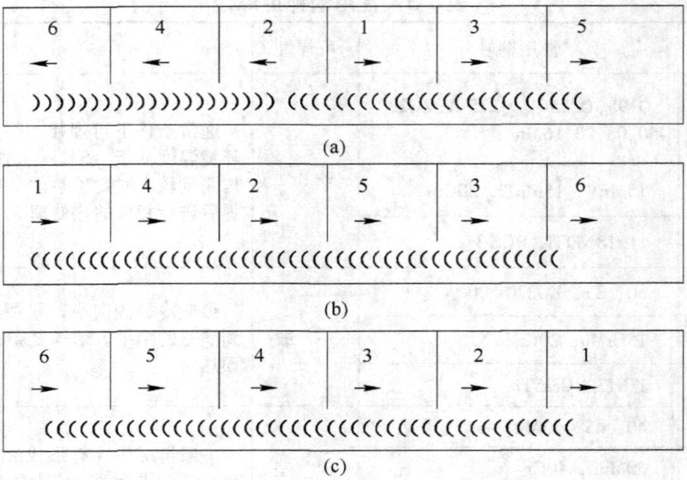

图 7-2　焊接顺序变换法操作顺序

（a）对称法；（b）跳跃法；（c）分段倒退法

（图中小箭头为焊接操作时焊条运行的方向，数字表示操作焊接顺序）

7.3.2.4　铸铁件常用焊接方法

在重工业机械设备中，铸铁件的重量约占设备总重的一半以上，多数为减震耐磨的箱体、机身类重要基础件。它们的特征是体积大、结构形状复杂、制造周期较长、有较高的精度技术要求。使用单位一般缺乏自行生产铸件毛坯和机加工的能力。所以一旦铸铁件出现故障损坏，很难更换，需要千方百计设法修复，以补偿其有形自然磨损。焊修是铸铁件修理的主要方法之一。对铸铁件（多数为灰铸铁）进行补焊，主要是针对磨损、裂纹、断裂等故障损坏的修复。铸铁的焊接性很差，实施补焊时需要采取一些必要的技术措施来保证焊修质量。

（1）做好补焊前的清洗、开设焊接坡口、预热等项准备工作。如对裂纹的焊修，当铸铁件的厚度大于 12mm 时，应开 V 形或 X 形坡口，其深度为裂纹深度的$\frac{1}{2}$左右。

（2）选择性能良好、适应的铸铁焊条，详情见表 7-4。

（3）重视控制施焊中工件的冷却速度。

（4）焊后缓冷操作。为缓解内应力，焊后工件必须保温和缓慢冷却。

表 7-4　常用铸铁电焊条

焊条名称	铸铁芯铸铁焊条	钢芯铸铁焊条	镍铁铸铁焊条	铜铁铸铁焊条
牌　号	Z248	Z100	Z408	Z607
药皮类型	石墨	强氧化型	石墨	低氢型
焊缝金属	灰铸铁	碳素钢	镍铁合金	铜铁混合
电　源	交直流	交直流	交直流（正接）	直流（反接）
使用范围	一般的灰铸铁	一般灰铸铁的非加工面	重要的高强度灰铸铁及球墨铸铁	一般灰铸铁的非加工面
主要特点	可不预热，焊后保温，可防裂缝及白口	与母材熔合较好、价格低、表面较硬，但抗裂性差	可不预热、强度高、塑性好、抗裂性较好，但加工性略差、价格高	抗裂性较好，切削加工性一般，强度较低

铸铁的补焊分为热焊和冷焊两大种别，具体应用时需根据现场条件、工况环境、强度、外形等特点进行全面权衡，比较选择。

（1）热焊。热焊是指焊前对工件预热至600℃以上、焊接操作过程中控制温度不低于500℃、焊后缓冷的补焊，应用气焊和电焊均可达到满意的效果。热焊能保证焊缝与工件其他部位之间的温差小，避免白口、裂纹和气孔的出现。热焊焊缝与工件基体的金相组织基本相同，焊后机加工容易，焊缝强度高、耐压、密封性能良好，主要应用于小型或个别有特殊要求的铸铁件焊补。

（2）冷焊。冷焊是指焊前不用对工件预热或者预热温度低于400℃，焊后缓冷的补焊工艺。它同样适应于气焊和电焊的补焊操作工艺，适用范围比热焊广泛、普遍。一般铸铁件大多采用冷焊，尤其是大型铸铁件焊补。这是因为冷焊操作工艺简便、快捷、施焊时间短、工作环境与劳动条件较好。

常用补焊方法的技术措施、特征见表7-5。实施补焊时，需采取的具体技术措施：

（1）补焊前准备工作。包括拟定修复方案、检查损伤情况、制备坡口、烘干焊条和低温预热工件（60～80℃）。对于大型件需要应用氧-乙炔焰虚火对补焊部位及其周边较大面积进行烘烤。

（2）施焊工作。注意采用小电流、分段、分层焊修及锤击，以减小焊接应力和变形，并限制基体金属成分对焊缝的影响，这是电弧冷焊的关键要点。采用手工气焊冷焊操作时，应选择工件的棱角、肋筋等承受支撑力较大部位应用“加热减应”补焊的手法。另外需应用气割焊炬进行烘烤、加热，以减小焊接应力和变形。

（3）焊后工件必须保温和缓慢冷却，以缓解内应力。随后进行质量检验，敲击表面焊渣，全面查验。

表7-5　铸铁件常用补焊方法

<table>
<tr><th>焊接方法</th><th>技术措施</th><th colspan="2">工艺特征与适用范围</th></tr>
<tr><td rowspan="4">电　焊</td><td>热焊法</td><td colspan="2">焊前预热温度至600～700℃，在450℃左右时焊接焊后保温缓冷。从预热温度操作至常温结束，约3～6h（防白口铁产生）。采用铸铁芯焊条（EZC）。焊后不易裂可加工、应用范围广泛</td></tr>
<tr><td>半热焊法</td><td colspan="2">焊前预热温度至400～500℃左右，要求连续施焊，工艺较复杂。可采用钢芯石墨化焊条，焊后保温缓冷。强度与母材相近，但加工性能不稳定，适合用于大型铸件的焊补</td></tr>
<tr><td rowspan="2">冷焊法</td><td rowspan="2">严格执行工艺要点</td><td>焊前不预热，采用非铸铁组织（镍铁合金）焊条，焊缝强度高，焊件变形小，焊后需加工。适用于零件的重要部位或薄壁件修补</td></tr>
<tr><td>焊前不预热，采用非铸铁组织（高钒）焊条，焊缝强度高，加工性能较好。适用于强度要求较高的厚铸铁件的修补</td></tr>
<tr><td rowspan="2">气　焊</td><td>热焊法</td><td colspan="2">焊前预热温度至600～700℃，在450℃左右时焊接，焊后保温缓冷。从650～700℃操作至常温结束，约3～6h。采用铸铁填充料。焊后不易裂、可加工。焊缝强度高，但易变形。适用于焊缝质量要求较高的铸铁件</td></tr>
<tr><td>冷焊法</td><td colspan="2">焊前不预热，仅用焊枪烘烤施焊区域及周边，焊后保温缓冷。从650～700℃操作至常温结束，约3～6h。采用铸铁填充料。操作手法不当时有开裂现象。适用于焊补铸铁件的边角部位或薄壁零件修补</td></tr>
<tr><td>钎　焊</td><td>火焰加热</td><td colspan="2">用铜合金钎料，基体母材不熔化。焊后不易裂，加工性能较好。强度因所选用的钎料不同而异</td></tr>
</table>

7.3.3 常用机加工修复技术

金属切削加工是指用切削刀具从工件上切除多余材料，获得所要求的形状、尺寸和表面质量的零件加工方法。切削加工分为钳工作业和机械加工两部分。机加工主要方式为车削、铣削、刨削、钻削、镗削和磨削等。这些方式已在设备维修的修复技术中得到了广泛的应用。采用机加工修复技术时必然要涉及三个基本问题：需要加工什么工件，应用什么刀具材料来进行加工，加工中有哪些影响技术要求的因素。

7.3.3.1 刀具材料应具备的四大性能

(1) 高硬度和耐磨性。硬度是刀具材料应具备的基本性能，其常温硬度需大于60 HRC。

(2) 强度和韧性。通常用刀具材料的抗弯强度和冲击韧性表示其强度和韧性。

(3) 高耐热性。高耐热性又称红硬性。耐热性越好，允许的切削速度就越高。

(4) 良好的工艺性。便于制作，如锻造、焊接、热处理、磨削加工等。

7.3.3.2 刀具的选择

制作刀具切削部分材料的种类很多，主要金属材料有碳工钢、合金工具钢、高速钢和硬质合金等。应视零部件具体应用工况要求和本单位装备条件、技术水平、实践经验等来进行刀具的选择。硬质合金现已成为最主要的刀具材料之一。目前车削刀具大都采用硬质合金，其他刀具采用硬质合金的也渐增多，如硬质合金面的铣刀、拉刀、铰刀等。具体选择刀具切削部分的材料，见表7-6。

表 7-6 刀具材料常用牌号与性能特征

序号	类别	名 称	常用牌号	适用加工范围	性 能 特 征
1	高速钢	普通高速钢（锋钢）	W6Mo5Cr4V2	可制造多种刀具，如铣刀、拉刀、成形刀具等。可加工碳素钢、合金钢、铸铁等多种材料	强度、冲击韧性较好，热处理后硬度 63 ~ 66HRC，耐热性 600 ~ 660℃。切削速度达 30m/min（碳素钢）
2		钴高速钢	W2Mo9Cr4Co8	用于切削高温合金、不锈钢等加工困难的材料	良好的综合性能、高温硬度和抗氧化能力。缺点是成本高，钴的价格很贵
3		高碳高速钢	95W18Cr4V	用于切削高温合金、不锈钢等加工困难的材料，还可加工钛合金	提高了硬度、耐磨性和耐热性。强度和韧性略有下降
4	WC 基硬质合金	钨钴类硬质合金（YG）	YG3、YG6、YG8	可加工铸铁、有色金属及非金属材料	牌号中 G 后的数字为钴的百分含量。含钴量多则强度和韧性好，适于粗加工，含钴量少则适于精加工
5		钨钽（铌）钴类硬质合金（YA）	YA6	对冷硬铸铁、有色金属及其合金的半精加工；对高锰钢、淬火钢进行半精加工和精加工	较高的常温硬度、耐磨性、高温强度和抗氧化能力
6		钨钛钽铌钴类硬质合金（YW）	YW1、YW2	适于钢材、铸铁、合金等材质零件	通用性较好的刀具材料

7.3.3.3 钻削加工

钻削加工和镗削加工都是加工孔的重要方法。应用钻头在工件（构件）上加工孔的方法称为钻孔，应用扩孔钻扩大已有孔的方法称为扩孔。此外，钻削加工还包括绞孔、锪孔和锪埋头孔等工作。钻削时，钻床主轴的旋转运动为主运动，主轴的轴向移动为进给运动。

A 钻头

标准麻花钻是钻孔的常用刀具，一般由高速钢制成。高速钢的强度和冲击韧性较好，热处理后硬度为 63 ~ 66HRC，切削碳素钢材料时切削速度可达 30m/min。麻花钻形体主要由柄部（尾部）、颈部和工作部分（切削与导向部分）组成。柄部是钻头的夹持部分，分为直柄和锥柄两种。锥柄可传递较大的转矩，通常用于直径大于 16mm 的钻头。钻孔时,孔的尺寸是由麻花钻的尺寸来保证的。钻出孔的直径要比钻头的实际尺寸略有增大。

B 钻削的缺点

1）易出现孔径扩大现象。这不仅与钻头引偏有关，还与钻头的刃磨质量有关。钻头的两个主切削刃应修磨得对称一致，否则钻出的孔径会大于钻头直径。

2）加工表面质量不高。孔加工是内表面的加工，切削情况不易观察。这种半封闭式切削，造成排屑困难和润滑困难。

3）孔轴线易歪斜，存在导向问题，钻头易折断。一般钻头尤其是直径小于 16mm 且较长的钻头，刚性差，操作不慎时易折断。

4）钻削的生产效率比较低。原因一是定位定心麻烦，二是钻削温度高，刀具（钻头、铰刀）磨损较快（切削冷却液难以及时注入切削区，高温切屑又不能及时排出）。

C 钻削应用

钻孔是一种粗加工方法，对精度要求不高的孔，可作为终加工方法，如螺栓孔、润滑油孔、透气孔等。对于精度要求较高的孔，应在钻孔后再进行扩孔、铰孔或镗孔。钻孔直径有限制，一般小于 80mm。钻孔的加工质量较差，尺寸精度一般为 IT13 ~ IT11，表面粗糙度值 Ra 仅能达到 50 ~ 12.5μm。

7.3.3.4 车削加工

在车床上利用工件的旋转运动和刀具的移动进行切削加工的方法，称为车削加工。它是金属切削加工中最基本的方法，在设备维修中应用十分广泛。车削加工具有以下优点：

（1）应用范围广。车削主要用来加工回转体表面及端面，还可进行切断、车螺纹、钻孔、铰孔等工作。它不但可加工钢铁件，还可对有色金属及非金属材料进行加工。当对车床进行适当改装或使用附件夹具时，便可实现镗削、磨削、抛光、滚花等加工。

（2）生产效率高。由于操作简便，可选择较大的吃刀量和切削速度连续车削。车削加工体现了很高的生产效率，尤其是数控技术的应用，更显优势。

（3）成本低廉。所涉及的各种附件、夹具、车刀的结构简单、价格低廉，加工前的安装与相关准备工作所占时间较短。

（4）精度范围大。根据被加工件的技术要求，通过荒车、粗车、半精车、精车各工序车削加工可获得从低到高大范围的加工精度。精车后工件尺寸精度可达 IT7，表面粗糙度 Ra 值达 1.6μm。

7.3.3.5 铣削加工

应用多刃回转刀具在铣床上对平面、沟槽、成型表面和螺旋表面进行切削加工的方法称为铣削加工。一般情况下，铣刀的旋转为主运动，被加工件的移动为进给运动。铣削可以完成对工件进行的粗加工和半精加工。设备维修中，铣削加工通常用来修复加工各种键槽、T形槽和齿轮轮齿。

7.3.3.6 镗削加工

应用镗刀在镗床上对相对静止的大型工件上有预制孔的孔系进行镗削加工的方法称为镗削加工。通常情况下，镗刀旋转为主运动，镗刀或工件移动为进给运动。其显著特点为应用一把刀具就可加工不同直径和各种结构类型的内孔，如盲孔、阶梯孔等。镗孔的尺寸精度及位置精度均比钻孔高。镗削加工特别适合单件、复杂的大型工件上大直径的内孔及孔内环槽的修复加工，如大型减速器、剪切机等设备上轴孔的修复。

7.3.3.7 套筒类零件加工

A 套筒类零件的功能与结构特点

套筒类零件是机械中常见的一种零件，其功能作用是传递扭矩、支承或导向。它的应用范围较广。例如，轧钢机主传动装置上传递转矩的套筒-连接杆，车间内的运输辊道，各种联轴器、各种形式的轴承，液压设备中的液压缸等。图7-3所示为套筒类零件的四种典型结构。

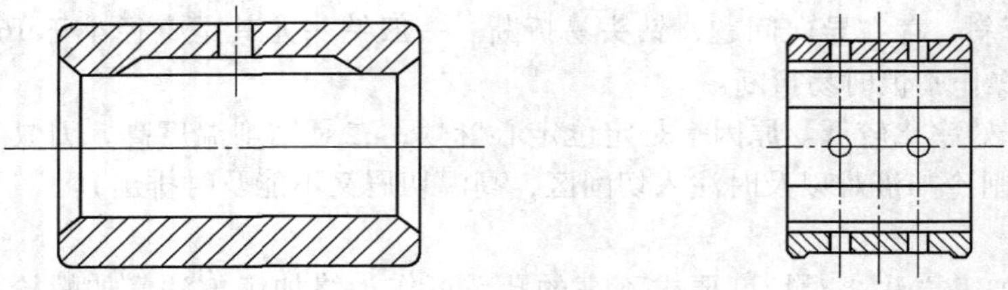

(a)　　(b)

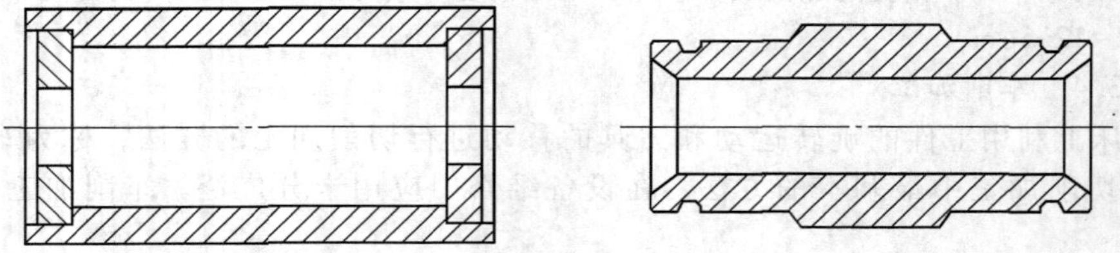

(c)　　(d)

图7-3 套筒类零件

(a) 滑动轴承；(b) 轧机套筒；(c) 输送辊道；(d) 液压缸

尽管功能作用不同，套筒类零件的形状和尺寸有着较大的差别，但结构上仍具有很多共同特点：

(1) 零件长度一般大于其直径。

(2) 零件主表面为同轴度要求较高的内外旋转表面。

(3) 套筒壁厚度较薄易变形。

B 套筒类零件的技术要求

套筒类零件的关键表面是内孔和外圆，其主要技术要求见表7-7。

表 7-7 套筒类零件的技术要求

位置名称	功能作用	技术要求及相关数据
内　孔	支承或导向，有些结构也传递转矩，如联轴器	直径尺寸精度一般为 IT7，精密者取 IT6，有密封圈时取 IT9。形状精度应控制在孔径公差以内，精密者控制在 1/2 ~ 1/3，长度较大者应标注圆柱度和圆度。为提高其耐磨性与性能指标，表面粗糙度 *Ra* 值一般为 3.2 ~ 0.4μm
外　圆	定位与支承，有些结构为非工作面	通常采用过渡配合或过盈配合与箱体上的预留孔相连接。外径尺寸精度一般为 IT7 ~ IT6，形状精度控制在外径公差以内。表面粗糙度 *Ra* 值一般为 6.3 ~ 0.8μm
内孔与外圆轴线（同轴度）	技术要求或定位的关键依据	轴线即中心线，关键技术要求是零件的内、外圆间的同轴度要控制在规定数值内。若内孔最终加工是在装配后进行的，同轴度要求可低一些。若最终加工是在装配前完成的，则同轴度要求较高，一般为 0.02 ~ 0.05mm
端面（垂直度）	承受轴向或径向负荷，加工或装配中作定位基准	关键技术要求是零件的位置公差：垂直度要求较高，一般为 0.05 ~ 0.1mm；当零件的径向尺寸较大时，需标注圆跳动限制

7.3.3.8 影响形位误差的若干因素

在机加工修复技术中，影响形状位置误差的若干因素大体有以下几项：

（1）所采用的加工机床精度不够或调整不正。

（2）选择刀具不当（角度或型式），产生过大的切削压力促使被加工件变形。

（3）加工前对工件的装夹方式不妥。

（4）切削用量选择不当，对表面质量产生影响。

（5）切削热造成的残余应力对工件变形产生影响。

（6）被加工零件毛坯内应力释放所产生的变形误差。

（7）零件热处理产生的变形误差。

（8）质量检测工作中的各种测量误差。

7.3.4 常用综合修复技术

各行业在长期的生产实践中，创造了许多行之有效的机械零部件修复工艺和方法，创造了巨大的经济效益。由于这些修复工艺和方法在科学、技术层面上具有相似相同性，可予以归纳、整理。目前在工矿企业生产中，大体上有钳工修复技术、热喷涂等六类常用的综合修复技术（不包括焊修和机加工修复技术）。这些基本技术的特征与适用范围见表 7-8。

7.3.4.1 钳工修复技术

A 修理尺寸法

修理尺寸法是相对于标准尺寸修理法而言的（在失效零件修复中，修后能达到原设计尺寸及其技术要求的修理方法称为标准尺寸修理法）。采用修理尺寸法是有前提条件的，即修后零件的强度与刚度要符合条件。当去除已损坏的零件表层时，就应考虑到修后零件的强度与刚度是否还能满足工况需要及结构上的要求。如轴颈尺寸减小量一般不能超过原尺寸的 10%，轴上键槽仅允许将其扩大 10% ~15% 来配制大尺寸键等。例如，某减速器高速轴安装滚动轴承

表 7-8 常用综合修复技术特征与应用

修复工艺	基本技术		操作方法	适用范围与特点
钳工修复技术	刮削法		机加工后用刮刀在工件表面刮削很薄金属层，以获得规定的配合尺寸与精度的现场手工作业	常用于零件上相互配合的重要滑动表面，如用于修复低速重载机器的滑动轴承、机床导轨等处，大型电动机滑动轴承的磨损修复或装配（俗称“刮瓦”）刮削属钳工高技术含量的手工操作，目前还没有其他替代方式
	调整法		维修中最常用的方法。应用增减垫片或调整螺栓的方法来调整零部件间的配合间隙、配合关系	通过该方法维持、恢复设备相互配合部件之间的原有正常技术参数值。如轴承座上盖与底座的装配，滚动轴承的轴向游隙数值，各种离合器、制动器的调整等
	局部更换法		是恢复零部件的工作性能的方法。该法简便、快捷，能缩短停修时间，减少维修费用和简化修复工艺，扩大修复范围	针对零部件局部损坏严重而其他部位仍基本完好的情况，仅把已损坏的零件或其损坏部位更换掉。如齿式联轴器的齿圈损坏严重，而外齿轴套还可使用时，就不必全套更换联轴器，仅拆卸、更换已损坏严重的齿圈即可；长丝杠局部磨损后可调头安装使用
	修理尺寸法		修复失效零件时不考虑原有尺寸，在保证其形位精度等技术条件前提下，用机加工方法获得一个新尺寸。与此相配合的机件则按该修理尺寸制作新件	工艺简便，费用较低，但备件互换性变差。一般在现场快速抢修或考虑降低维修成本时采用修理尺寸法，如轴类零件轴颈磨损或变形的修复
	镶套法		也称附加零件法。该方法只在允许减小轴颈或扩大孔的情况下使用。把车削好的内套（外套）按过盈配合量安装到已磨损的孔壁（轴颈）上，然后加工至原有规定尺寸，恢复组合件运转配合间隙	常用于频繁装拆且承受交变负荷的配合部件处，适于磨损量较大情况，如轴承孔、壳体、转轴轴颈等处，修复质量较好。维修方便，应用广泛。使用时注意镶套材质应与基体一致，配合表面的粗糙度值要选择合理
	矫正法	压力矫正	压力矫正是将变形的零件两端固定，凸面向上，采用压力机向下缓慢施压矫正。施压矫正需保持 2～3min 后再撤除压力，并检测矫正结果。压力矫正后因有硬化现象需进行热处理，降低残余应力	该法简单易行，应用较普遍，适于弯曲量小于8‰的零件矫正，矫正精确度可达 0.05‰～0.15‰，但矫正后零件内含有残余应力，矫正效果不稳定，抗疲劳强度下降
		冷作矫正	也称分子热胀法。用手锤（尖）敲击需修理零件的凹面，使其产生塑变，从而使材料被挤压延展、发热，产生压缩应力。弯曲件在应力与微热胀效应作用下被矫正修复	修理矫正有一定的范围，一般不超过需修理件长度的0.5‰。可修理丝杠、细长轴类工件的微量挠曲变形。 该法易控制，效果稳定，并不会降低被修件的强度。但修复时间较长
		热矫	是一种塑性变形修配法。通常是将变形弯曲零件的局部加热，然后快速冷却来校正零件变形的方法	热矫适用于弯曲变形量较大、形状复杂、要求较高的大型件修复。矫正效果稳定，对修复件抗疲劳强度影响较小，应用较普遍。 因局部加热使得金属组织与性能发生局部变化，故对曾热处理过的零件应恢复其原有热处理条件

续表 7-8

修复工艺	基本技术	操作方法	适用范围与特点
热喷涂	氧-乙炔焰喷涂	喷涂层减磨性好，轴类工件喷涂可装夹在车床上进行。喷涂前1～6h内须应用电火花、喷砂等方法对工件表面进行拉毛处理	涂层厚0.2～3mm。优点是成本低、工艺简单灵活、范围广（金属、非金属均可）。缺点是结合强度低，不宜承受交变、冲击载荷
	等离子喷涂	以电弧放电产生等离子作为高温热源，将喷涂材料迅速加热至熔融状态，在等离子射流加速下，高速喷射到经过预处理的零件表面形成涂层	零件寿命可提高2～4倍。适用于耐磨工件修复，如阀门、阀座、气门等件的磨损部位。涂层较细密，能形成耐磨、耐高温的涂层，涂层厚0.2～3mm。优点是孔隙率低、结合强度高、污染小、工艺稳定。缺点是成本较高
刷 镀（快速镀）		将表面处理好的零件与电源的负极相连，作为刷镀的阴极，将刷镀笔与电源的正极相连，作为刷镀的阳极。用针织品包套的镀笔浸满刷镀液，在被镀零件表面上移动并保持适当压力。于是，刷镀液中的金属离子扩散到零件表面，还原后沉淀结晶就形成了刷镀层	工艺、设备简单，可现场修复，适应性较广。主要用于修复零件磨损表面，并使零件表面具有良好的性能，如耐磨、耐腐蚀性等，通常应用于轴类零件修复。在常温进行，基体金属不受影响。结合强度高于热喷涂和电镀。对淬硬、渗碳等热处理层也可刷镀，不需附加热处理。不能修复断裂缺陷，不适用修复承受高接触应力的零件表面，如轮齿工作面
金属扣合	加强扣合	在垂直于断裂面（裂纹）的修复区加工出空穴，镶入加强件，得到牢固的结合。这种方法的强度和密封性良好，操作简单，可常温进行、现场作业、快速修理。对于变形有严格限制的铸件或不易补焊的钢件产生裂纹时，可应用金属扣合法修复	可修复承受高载荷厚壁机件，如轧钢机机架、压力机横梁、机床床身等不易焊修的钢铁件、有色金属件
	热扣合		利用扣合件热胀后冷缩之力扣紧机件的裂纹。用于修复大型飞轮、齿轮和重型设备的机身，不适用于薄壁铸件的修复
表面强化	喷丸强化	利用高速弹丸冲击零件表面，使之产生形变硬化层（厚度 $\delta=0.5\sim1.5$mm）的机械强化工艺方法	广泛用于齿轮、链条、轴、叶轮等处的强化，显著提高其抗弯强度、抗腐蚀疲劳、抗磨损等性能
	电火花强化	以直接放电方式，改变表面层的化学成分和金相组织，提高表面性能的方法	能在工件表面形成高硬度、高耐磨、耐腐蚀的强化层，厚度小于0.06mm，表面较粗糙。用于修复轧辊、模具、量具和零件的已磨损表面。质量较好，经济性较佳
胶 接		这是近十几年来发展极快的一种修复技术。在现场快速抢修和形状复杂的小尺寸、薄壁构件的修复中更显优越。该法工艺简单、成本低，具有多种用途，如连接、堆补、堵漏、密封等。缺点是抗剥离、扯离强度较低，在冷热交变、冲击负荷等恶劣环境中使用寿命不高。目前还缺乏可靠的试验数据	（1）须根据胶接物特性来选择合适的胶粘剂。（2）须考虑工况条件，如温度、湿度：胶粘剂随温度升高而强度降低，低温易脆裂。在潮湿工况下不宜选用厌氧胶、环氧-聚酰胺胶等。（3）两胶接物结合表面用胶前3～5min要清理干净见本色。（4）粗糙度值过低或过高均影响胶接强度；有机胶适合 *Ra* 2.5～20，无机胶适合 *Ra* 10～60

（6320）处的 ϕ100mm 轴颈磨损了，拆卸后检测最深点达1.6mm。针对此况，可考虑几种修复方式，但此时采用修理尺寸法明显是最快、最省的修复方式。在车床上将该轴颈加工成 ϕ95mm 的新尺寸轴颈，再选择比原滚动轴承小一号的新轴承（6319）安装在该轴颈处即可

（需要相应变动之处有：因外圈直径减小了 15mm，新轴承外圈处需要配制一个钢套；因新轴承宽度减小了 2mm，可用配制垫圈的方法解决）。

修理尺寸法简便易行、经济性好，是修复工作量最小的维修方法。它在一定的修理尺寸范围内能保持零件的互换性，对于较复杂的关键零部件修复更具优越性，但是这种方法使得零件的互换性复杂化。应用修理尺寸法后，需要及时在设备档案上登录修复日期和内容。

B　矫正法

利用外力或火焰使已变形零件产生新的塑性变形，以消除原有变形的修复方法称为矫正法。矫正法大体上可分为冷作矫正、压力矫正和热矫正三种。视要消除的变形量的大小来选择对应的修复方法。

（1）冷作矫正。冷作矫正又称分子热胀法。冷作矫正的机理是：用锤尖敲击需修理零件的凹面，被击处金属受到敲击后被挤压变形同时延展（分子热胀），在塑性变形层中产生压缩应力。这个应力会对周边的金属产生推力作用，于是零件的弯曲变形在此推力作用下被逐渐矫正，冷作矫正的精度易控制，效果稳定，且不降低零件的疲劳强度，矫正后一般不需再进行定形热处理。冷作矫正适用于零件的弯曲变形量微小，通常不超过零件长度的 0.5‰的矫正。

（2）压力矫正。压力矫正法操作简单易行，通常应用螺旋压力机（或千斤顶）手工完成，根据矫正效果可多次施压。该法的矫正精度不易控制、效果不稳定，同时还会降低零件的抗疲劳强度，矫正后一般需要进行定形及定性热处理。压力矫正可分为一般矫正和精确矫正两种，适用于零件的弯曲变形量不超过其长度的 8‰的矫正。

（3）热矫正。热矫正的机理是：将零件弯曲变形部分的最高点（区域）应用火焰进行局部加热，使该处金属受热膨胀，但周围冷金属的阻碍限制了该处金属随温度升高的延展。当零件冷却时其收缩量与温度降低幅度成正比，形成收缩量大于膨胀量，从而产生一收缩力。该收缩力会将该处金属的两侧金属拉直，从而校正弯曲变形。热矫正的矫正效果稳定，对零件的抗疲劳强度影响较小，适应于零件的弯曲变形量大于其长度 8‰的矫正，尤其适于矫正大型、复杂形状的零件，应用范围比较广。

以弯轴矫正为例简述热矫法操作要点。将弯曲变形的轴水平放置于 V 形铁上，并使弯曲部位向上。在轴最大弯曲处用湿石棉或耐材纤维布包扎，并且沿轴表面上部半圆周剪开一长方形孔$\left(\frac{1}{8}d \times \frac{1}{3}d\text{，}d\text{ 为轴直径}\right)$。使用氧-乙炔焰（中性焰）在开口处加热 4 ~ 5 min（温度达 500℃）后，随即盖上石棉布并保温 15min 左右，然后采用压缩空气吹冷，快速冷却。一次未能矫正，可重复进行。弯轴的矫正效果由已设定好的千分表中读出。加热深度增大，矫正弯曲变形的能力也增加。在加热深度增加到轴直径的 1/3 时，校正效果最佳。矫直结束，应在轴的加热处做退火处理。处理方法为，将轴转动，缓慢地加热至 300 ~ 350℃，在此温度下保持 50min 左右，然后再用石棉绳包扎加热处，将轴转动冷却至 50℃左右结束。

7.3.4.2　刷镀修复技术

刷镀是设备维修领域中在电镀基础上发展起来的一项新兴修复技术，曾被称为快速镀。刷镀是在被镀零件表面局部用电快速沉积金属镀层的技术。如图 7-4 所示，该技术机理实质是依靠一个与阳极连接的刷垫（电镀笔、刷镀笔）提供所需要电解液的电镀笔和被镀工件连接电源正负极后，电解液中的金属离子在电场力作用下，源源不断地扩散到被镀工件表面，并以金属原子状态沉积结晶其表面，从而形成刷镀金属层。随着被镀工件的转动（或电镀笔在被镀工件表面不断移动），镀层逐渐增厚，直到所需要的厚度。

刷镀修复技术的优点是：

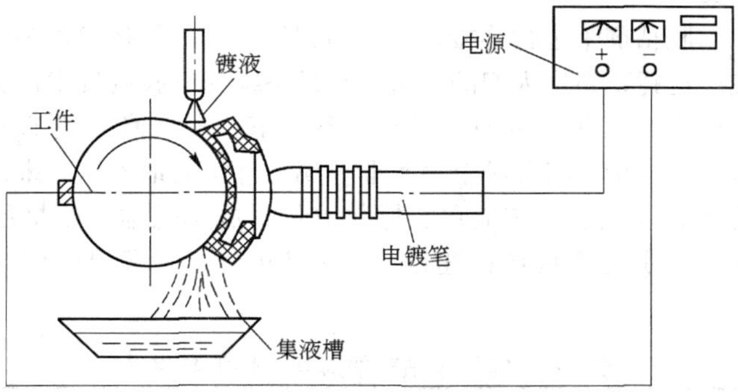

图 7-4　刷镀技术工作原理

（1）刷镀层与工件（基体金属）结合强度高于热喷涂和普通的电镀。

（2）在常温下操作，因此基体金属性质几乎不受影响，工件的原热处理效果不变。

（3）工艺操作简便、修复时间短、成本低，刷镀层厚度可控制在 ±0.01mm，适于修复精密零件和大型、工艺复杂的工件。

刷镀修复技术的缺点在于它存在一定的应用局限性：不宜应用于承受高接触应力之处，如滚动或滑动摩擦表面，齿轮轮齿、蜗轮蜗杆表面等；不能修复零件上的裂纹类缺陷；不适于修复大面积或较厚的表面缺陷，因为刷镀修复大面积或较厚表面缺陷时成本较高。

7.3.4.3　金属扣合技术及热扣合法

金属扣合技术是利用扣合件的塑性变形或热胀冷缩的性质将零件已损坏的两部分连接起来，达到修复裂纹或断裂的目的。该技术可用于不易焊修的钢件、有色金属件尤其是大型铸件，如轧钢机机架、大型减速器箱体、机床床身等基础件的修复，对于大型铸件发生裂纹故障的修复效果尤其显著。金属扣合技术的优点是保证被修复的机件具有足够的强度和良好的密封性，操作手法简便，工具简单，成本较低；相对修复速度较快，可用于钳工现场作业；修理过程在常温下进行，因而排除了热变形、应力集中的不利影响，故修理过程中被修复的机件不会产生热变形与热应力。该技术也存在一定的应用局限性，它一般不适于壁厚小于 8mm 的薄壁铸件修理。另外它对被修复的机件上波形槽的加工整形比较费工费力。

金属扣合技术大体上可分为强固扣合、强密扣合、加强扣合和热扣合法四种。通常采用较多的方法为加强扣合法和热扣合法。

加强扣合法是指在垂直于裂纹的修复区域，加工出要求形状的空穴（如矩形），然后把形状、尺寸相同的加强件镶入空穴中，在机件与加强件的边界结合处再加工缀缝栓，使其一半嵌在加强件上，另一半嵌在机件基体上，从而使机件与加强件牢固结合。

热扣合法比其他扣合法更加实用简便。其机理是利用金属热胀冷缩的原理，将已制作好的扣合件加热，然后放在零件裂纹处已加工好的与扣合件形状相同的凹槽中，扣合件冷却过程中所产生的收缩力，会把裂纹处两侧的金属“拉紧”密合。热扣合法修复大型机件、机架，特别是对大型铸件出现裂纹情况的修理效果尤为显著。热扣合件可设计成多种样式，其中工字形热扣合件最适合于零件壁部裂纹的修复，如图 7-5 所示。

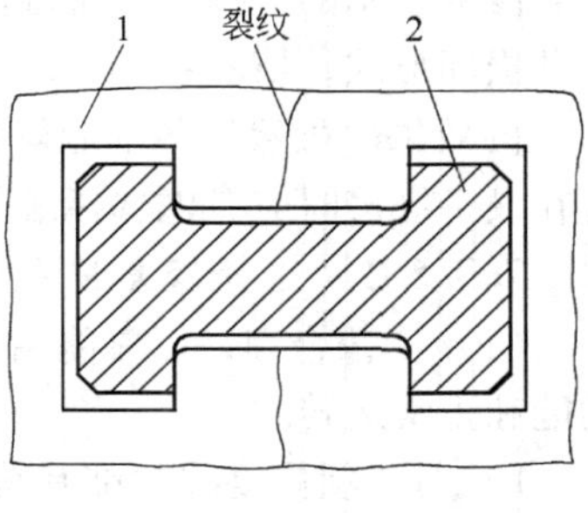

图 7-5　热扣合法
1—零件；2—扣合件

7.3.4.4　胶接技术

在设备维修中采用胶粘剂来进行连接，从而达到修复目的的技术称为胶接修复技术。近十几年来，胶接技术发展迅猛，超出人们的预料。在设备维修中胶接技术以其快速、牢固、经济的优点，应用领域十分广泛。在一定的工况环境条件下，胶接修复技术可部分代替焊接、铆接、螺栓连接和过盈配合连接，将各种金属和非金属零件牢固地连接起来，并达到一定强度要求。胶接修复技术的特点表现在工艺简单、操作方便，成本低廉，胶接层密封、防腐性能良好，耐疲劳强度较高，特别适于现场快速抢修。表 7-9 介绍了常用胶粘剂的牌号、性能与用途，供应用时参考。

表 7-9　常用胶粘剂的牌号、性能与用途

名称牌号	基本性能	用　　途
J-09 高温胶	剪切强度（不锈钢）： 室温下为 13 ~ 15MPa 450℃下为 5 ~ 7MPa	可用于高温工况下的机电零件胶接，也可作为高温应变片用胶。使用温度为 - 60 ~ 450℃，用于各种金属和非金属的胶接
PB1 高温胶	剪切强度（铝合金）： 室温下为 30MPa 250℃下为 20MPa	使用温度为 - 253 ~ 538℃，可胶接 45 号钢、不锈钢、黄铜、紫铜等
Y-150 厌氧胶	对钢剪切强度大于 15MPa	用于螺纹件防松，结合面密封防漏，轴套、键等配合件固定。工作温度为 - 50 ~ 150℃
205-220 钛合金金属胶	耐温 220℃、耐磨修补	用于铸铁、铸钢砂眼、缩孔缺陷修补，也可用于轴承、阀门、水泵、导轨等修补
208-750 磷酸盐无机胶	耐温 750℃、采用槽套接法，剪切强度大于 80MPa	用于模具、刀具、钻具等修补
51060 号 快补钢（速成钢）	耐温 120℃（摩棒）双组分同轴胶棒，固化后坚韧，可对其进行机加工	操作简便，截取所需量用手粿合 2 ~ 3min 即可施于待补处，10 ~ 30min 固化。可与金属、玻璃、塑料等表面结合，适于现场抢修

胶接修复技术用途除表 7-9 所述外，还可：（1）替代焊修时的初步定位，可获得较准确的焊接尺寸或位置保障；（2）替代过盈配合。如轴承座孔与轴承外圈配合时，就可用胶接替代过盈配合，从而避免轴承外圈可能的变形。

7.3.5　修复技术的选择

修复技术的选择是设备维修工作的一个关键问题。众所周知，设备中的一种零部件存在着多种损坏形式，情况各异。而一种损坏形式人们可采用多种修复工艺和办法，达到“殊途同归”的效果。虽然设备都能得到修复和运转，但这里存在着哪种方式方法最省最优的问题。因此在设备维修时应考虑选择最佳修复工艺。

7.3.5.1　选择修复技术的三项原则

（1）工艺合理，可靠能用。采用的修复技术能够保质保量完成检修任务，能够保证设备功能和正常运转。

1）每一项修复技术都有其适应的材质，故应考虑待修零件的材质对所选修复技术的适应性。如喷涂技术对材质的适用范围较广，碳素钢、合金钢、铸铁和大部分有色金属及其合金件等几乎都能应用喷涂；而喷焊技术对材质的适用范围较窄，有很多不适于进行喷焊加工的材质，如黄铜、青铜、铝合金等。

2）考虑覆盖层厚度（磨损程度）及力学性能（硬度、强度、结合强度、结构等）。如覆盖层厚度，刷镀为0.01～2mm，喷涂为0.2～3mm，喷焊为0.5～5mm。当轴的磨损量超过2mm时，采用刷镀技术修复显然是不合适的。又如与工件基体的抗拉强度，氧-乙炔焰喷涂层为20～30MPa，等离子喷涂层为30～70MPa，喷焊层为400MPa。对重载工况、承受冲击负荷已磨损的转轴采用喷涂技术修复显然也是不合适的。还有，尺寸较小的零件应用埋弧焊和喷涂技术修复就不合适；电动机端盖上轴承孔磨损了，因其轴向尺寸较小（薄），相互包容面积有限，不宜采用镶套法修复。

3）考虑工况环境、工作条件（负荷、温度、运动速度、工作面间隙等）。机械零部件工况环境、工作条件不同，所采用的修复工艺也应不同。如在滚动配合条件下工作的零件表面，所承受的接触应力相对较高，像热锯机、电动平车等设备车轮与钢轨磨损的修复，除更换备件外，只有堆焊、喷焊法技术可胜任。如采用堆焊法修复零件，因操作温度较高、时间较长，不可避免地会出现变形和原热处理状态被破坏。焊修类技术由于高温使得热影响区金属组织及力学性能均发生变化，故只适于焊修后再加工整形的零件、未淬火及焊后需热处理的零件。

（2）低成本、高效益。关注所采用修复技术的性价比，关注其支出费用与所获效益的高低。实质是关注“大成本”，即耗时、耗工、耗料、耗资问题，特别是在一个时间段内（如年度）纯停机修复时间的多少。单纯以修复支出费用、成本衡量经济性是不可取的，还要考虑应用某项技术后该零部件的安全使用寿命，特别是因备品备件短缺所造成的停机停产而使企业蒙受的经济损失——这是一笔大账。

（3）可操作性。关注所采用的修复技术能否具体实施操作，包括“谁来干”和“怎么干”两方面。谁来干即是本单位自干还是外委施工；怎么干即修理工艺的可行性（工序先后）、技术合理性和生产经营方面的可能性（整体环境）。

总之修复技术的选择需要全面权衡，综合比较，好中选优。

7.3.5.2 选择修复技术的注意事项

（1）调研与技术摸底。了解待修机件失效损坏的类别、部位和程度。了解是首次失效损坏还是重复事故。如是重复事故，还要查看上次损坏日期。需要查看实物备品备件，需要清楚该件在设备运转中的功能原理和工况条件。

（2）考虑修复能力。需要考虑本单位修复技术能力和技术装备水平，在人、机、料各方面是否具备修复能力，若涉及大型机件还要考虑起重运输的方式。

（3）考虑基准与标准。注意预先确定机件修理时的定位基准、标准工作参数、装配关系、质量验收办法等。对于高速回转运动零部件，需考虑动平衡问题。

（4）注意维修性。注意所选定的修复方法是否会妨碍该设备日后的修理与维护。一定要权衡维修性和避免一次性的修复方式。

（5）合理安排工序。需要考虑修理工序的合理性。应把修理时可能产生较大变形的工序排在前面，把精度高、表面粗糙度值低的工序排在后面的收尾工序。

7.3.6 选择毛坯的注意事项

选择零件制作毛坯，是设备维修中的一项常识。其实质是追求维修成本最低化。需综合考虑下列因素：

（1）零件材料的工艺特性及其力学性能。如工况条件要求机件材料具有耐磨性时，应优先考虑选用铸铁类材料；像铸铁、有色金属（青铜）类零件应采用铸件毛坯；如对力学性能要求较高的钢机件，其毛坯采用锻造件为宜，而不是应用型材。

(2) 零件的结构形状和尺寸。零件毛坯和零件的结构形状与尺寸有着非常密切的关系。如一般用途且负荷较小的钢制阶梯轴，各段阶梯直径相差不大时可采用棒料毛坯；若各段阶梯直径相差较大时宜采用锻造件，可节省材料用量及机床加工工时。尺寸较大的零件，因受到加工设备限制通常其毛坯采用自由锻方法制作。小型零件的毛坯可应用模锻。如遇到结构形状复杂的零件，一般采用铸造方法制作毛坯；但是若此机件体积较大（箱体机架类）且工期要求非常紧张时，可考虑采用钢板焊制。

(3) 毛坯生产类型和现场条件。不同的毛坯生产类型决定了不同的毛坯制造方法。当遇到零件毛坯需求量较大时，无疑应选择精度和生产率都比较高的毛坯制造方法，即采用铸造件毛坯且用金属模铸，若采用锻造件则用模锻。需求量为单件或少量时，一般应用木模手工造型或自由锻方法制作（用于毛坯制造的昂贵费用可由材料消耗的减少和机加工费用的降低来补偿）。

选择零件制作毛坯时，必须要结合本地区、本单位的实际状况，即机加工的装备水平、加工制作能力、拆卸与组装能力、外协专业厂生产毛坯的可能性等。此外，还应考虑到与时俱进，应用三新技术的必要性和可能性，如精密铸造、冷轧冷拔，粉末冶金、线切割、工程塑料和复合材料等项三新技术的应用。

7.3.7　修复实践

7.3.7.1　转轴修复内容

现将一般转轴的损坏部位、状况及常用修复方法归纳如下，见表 7-10，供参考。

表 7-10　转轴损坏状况与常用修复方法

损坏部位或形式	损坏状况	常用修复方法
中心孔	轻微沟痕、擦伤	应用三角刮刀、油石等修整
	损坏严重，出现塑变	在车床上用中心钻加工修磨。无论哪种方法，修后均需在车床上校验同轴度、圆跳动等技术要求
轴颈磨损	椭圆度小于 0.2mm	用细钢锉、细砂布消除
	磨损量小于 0.5mm	采用机加工变径法（修理尺寸法），使轴颈恢复正确几何形状，再按该尺寸，配车包容件新的内孔尺寸
	磨损量小于 1.5mm 的不承受冲击负荷的轴颈	采用热喷涂法，喷前 4h 内须对轴颈表面进行拉毛处理，线速度控制在 15 ~ 25m/min，喷后应用车削及磨削加工，也可应用刷镀技术
	磨损量小于 2.5mm 的承受冲击负荷的轴颈	采用喷焊法，喷焊前对轴颈预热，一般碳素钢轴预热至 200 ~ 300℃，喷焊后视具体情况采用不同的冷却措施。因所用粉末价高，不适于批量件修复
	磨损量较大、负荷较大	采用堆焊法：(1) 氧-乙炔法，单层厚度小于 1.0mm 时应用小号焊炬、嘴；(2) 电弧堆焊法，小电流、快速焊，大型轴件焊前预热、焊后缓冷
键　槽	工作面明显变形或磨损较大时	(1) 扩大键槽，配较大尺寸键（变动量小于 15%）。(2) 当轴、毂槽磨损其一时，部分改变键槽，配作阶梯键；(3) 当磨损量大于 15% 时，可旋转 90°或 180°重新开槽（将原槽填满）

续表 7-10

损坏部位或形式	损坏状况	常用修复方法
裂　纹	轻载轴，径向裂纹小于轴颈直径 10% 时（如轴径向裂纹大于轴颈直径 10% 或扭转变形大于 10°时，轴应报废）	（1）焊补法：开坡口→预热→焊补→回火处理→车削。 （2）胶接法：露新痕→胶接操作→固化→车削
折　断	一般负荷的不重要的轴，在轴肩变径处断裂	车制一段新轴代替已折断部分轴头。应用焊补法焊接（新轴段需在对接面一端多车制出螺纹部分或采用对接镶销轴方法）
弯　曲	弯曲量小于 0.5‰的一般轴	冷作矫正
	弯曲量小于 8‰的一般轴	压力矫正（见图 7-6）：应用千斤顶或螺旋压力器缓慢加压矫直，精确度达 0.05～0.15mm/m
	弯曲量小于 8‰的精确冷矫轴	压力矫正，并应用支点法加敲打法
	弯曲量较大、要求较高的轴	热矫正

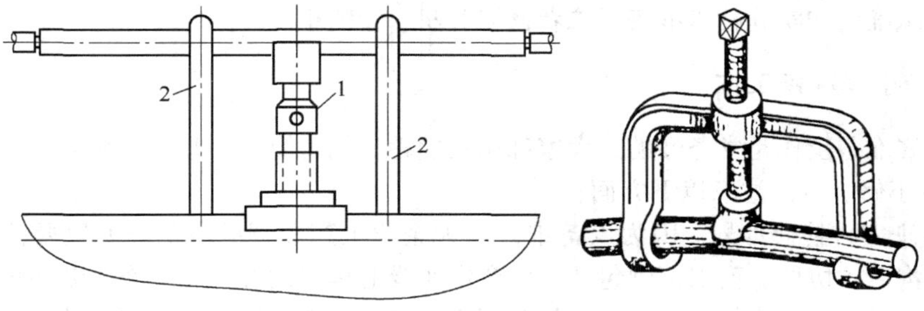

图 7-6　轴的塑变冷矫法

1—千斤顶；2—钩子

7.3.7.2　变速箱体裂纹的修复

变速箱体上的裂纹修复是比较困难的操作。箱体裂纹的波形键修复是一种“扣合法”工艺技术，如图 7-7 所示，具体步骤如下：

（1）先在裂纹两末端处钻“止裂孔”（孔直径 $d=6\sim10$mm）。

（2）制作波形键，形状可参考图 7-7 所示。通常以颈部宽度 b 作为基本尺寸来确定其他尺寸值。一般取 $b=5\sim9$mm。凸缘直径 $d=(1.3\sim1.7)b$，间距 $L=(2\sim2.3)b$，厚度 $t\leqslant b$，凸缘

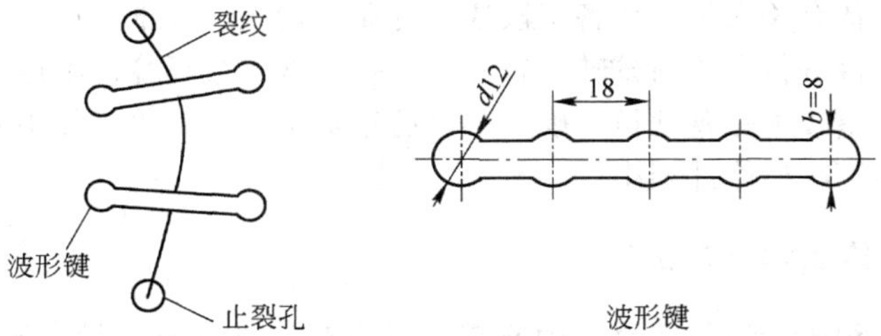

图 7-7　箱体裂纹的波形键修复

数选用5、7个。波形键材质选1Cr18Ni9Ti等铬镍合金钢，制作后要经热处理。

(3) 在垂直于裂纹的修复区上加工出一定形状的空穴——波形槽。槽深要大于波形键厚度，可取为$t+(0.5\sim0.8)$mm，外形周边与波形键相同，二者配合间隙可选定为0.15mm左右。

(4) 沿裂纹划开V形槽。用清洗剂或丙酮反复清洗该槽及波形键与槽。

(5) 应用高强度结构胶（TS 811，有A、B两个组分）按重量比A∶B＝4∶1搅拌均匀，涂敷粘接。最后应用速成钢涂敷于外表面，要求平整光滑。然后在常温20℃以上放置24h，进行固化后即可使用。

需要注意的是，上述方法只适于一般机械的箱体，若修复大型齿轮或重型设备的机身，采用热扣合法更为稳妥。此外，修复大型齿轮或重型设备也可采用补焊方法或加固法修复。即先在裂纹两末端处钻止裂孔，然后在距裂纹30mm左右处周边钻孔、攻丝（4~8个），应用方形钢板加固，螺钉连接。

7.4　检修前的准备工作

检修准备工作是否充分、全面、恰当，直接关系到检修工作的成败，关系到工期、质量与安全，关系到生产效率和经营效益。机电设备在检修前需要进行一系列准备工作，主要包括两方面，即组织准备和实施技术准备。二者密切关联、相辅相成。

7.4.1　设备小修准备工作

设备小修准备工作是常务性的，大家都比较熟悉，相对简单一些。一般生产企业每月安排3~4次设备小修。重点注意以下方面：

(1) 合理安排检修计划。因为设备维修是为企业生产经营服务的，所以要注意与生产系统的商议、沟通、协调。商议范围包括：生产作业线上哪些设备需要检修；哪些设备已经影响生产产品的质量或产量指标；哪些可以暂时不修，等待生产周期停车间隙时处理；哪些设备隐患程度事先无法确定，只能检修时现场检查、检测后商议确定。安排检修计划要照顾全面，尽量避免施工修理时的窝工现象，如车间内起重吊车的使用。在商议、沟通的基础上，按点检制规范制定检修计划并在检修日前1天下发。计划单中必须注明各项目时限要求和检修负责人。

(2) 做好“修-查”结合工作。设备检查工作需在实施小修前后分两个阶段完成。

1) 设备小修的一项重要内容，是利用设备拆箱、换油换件的机会，进行设备检查工作。掌握设备内部零部件的状况或磨损、变形等失效程度，必要时进行劣化分析，研究制订有针对性的修理内容。需要克服重修、轻查的陈旧观念，不但要查，还要查准、查实、减少失误。

2) 做好验收工作的思想与组织准备。在设备小修收尾阶段，需要履行全线检修验收程序。组织与车间生产和设备有关人员，如各工段或各专业负责人、技术人员、使用操作人等，按生产流程对现场设备逐台进行空负荷试转。查安全、查异常、查环境，不但验收已修设备，也要查验未修设备，及时整改不完善项目，确保小修后正常生产。验收工作中发现的、来不及整改的不完善项目，列入下次检修计划中。

7.4.2　设备大、中修工程准备工作

与其他类别检修相比，设备大修、中修工程具有艰巨性和复杂性。因其规模大、工期长、耗资多，且要保证一年以上的设备运转间隔周期，所以需要给予高度重视。

7.4.2.1 技术准备

（1）订、报计划。通常在 10 ~ 15 个月前向上级部门填表上报设备大修、中修计划项目。计划表如表 7-11 所示。

（2）准备图纸、资料。包括主体设备装配图，零件图，土建基础图，地下、地上管网施工图（水、气、油、热力），设备出厂说明书，随机图纸，技术要求，主体设备档案及修理数据，相关设备的检修质量验收技术标准——国标、行业标准或企业标准。

（3）商定技术协作部门与送检单位。如回转件的动平衡试验，桥式起重机桥架、主梁变形程度的检测与鉴定，锅炉、压力容器系统重要元件的检测与鉴定等。

表 7-11 <　　>年度大（中）修项目申请表

<table>
<tr><td>主体设备名称</td><td></td><td>检修部位名称</td><td colspan="3"></td></tr>
<tr><td rowspan="2">计划投资
总　额</td><td rowspan="2">万元</td><td rowspan="2">计　划
检　修</td><td>日期</td><td colspan="2"></td></tr>
<tr><td>工期</td><td colspan="2">天</td></tr>
<tr><td>上次大（中）修
日　期</td><td></td><td>实际运行
时　间</td><td></td><td>检修
性质</td><td></td></tr>
<tr><td>上次大（中）修
至今检修情况</td><td colspan="5"></td></tr>
<tr><td>设　备
主要缺陷</td><td colspan="5"></td></tr>
<tr><td>检修内容</td><td colspan="5"></td></tr>
<tr><td>包含技改项目
及预期效果</td><td colspan="5"></td></tr>
<tr><td>备注与说明</td><td colspan="5"></td></tr>
</table>

7.4.2.2 物质准备

重点准备以下各项：（1）填写待更换的备品备件，金属、非金属材料或设备明细表，见表 7-12。（2）各种工具、测量器具、诊断设备与仪器等，包含起重、运输设施。（3）在外地定做的设备、零部件，特殊备品与材料。

表 7-12 主要零部件、设备更换明细

序　号	备件、材料或设备名称	图　号	材　质	数　量	备件或设备来源	备　注

7.4.2.3 组织准备

（1）凡属停产性大（中）修工程项目，施工前要成立由工程申报单位和外委施工单位，物资供应部门，上级生产调度、设备管理、安全管理等有关部门组成的大（中）修工程指挥部或大（中）修工程领导小组，负责工程的全面领导工作。指挥部每天召集工程碰头会，协调解决施工中的疑难问题，如安全、运输、检修时限、技术、管理等方面需协调的问题。

（2）各施工单位需要按总工期要求，编制本单位工程施工网络计划图，并提前（15 天左右）向指挥部交报。由工程申报单位负责绘制出工程总施工网络计划图。各单位、各部门统一步调，均要按此总网络计划图开展工作。

(3) 为保障工程质量，各施工单位和工程申报单位均要设立技术专职检验人员，严格执行技术规范，履行监督、监察、验收工作职能。各施工单位在验收前应交付下列资料：开、竣工日期及工期，检修原始记录，检修质量标准，更换主要备件记录和遗留问题。

(4) 由工程指挥部统一组织项目试车和最终验收工作。生产实践是大（中）修工程的最终验收标准。一般规定车间正常生产的产量与质量必须达标——按小时比例考核。

7.5　拆卸、清洗与检测

从图7-8可看出，拆卸、清洗与检测属于修理范畴的前段工作，或说是修理的开局工作。拆卸、清洗与检测一样，是具有一定规范化技术要求的工艺操作，并不是随意的拆卸、清洗。其工作质量直接关系到设备后续检修(修、装、试)质量的优劣及其耗用时间，所以应给予足够的重视。

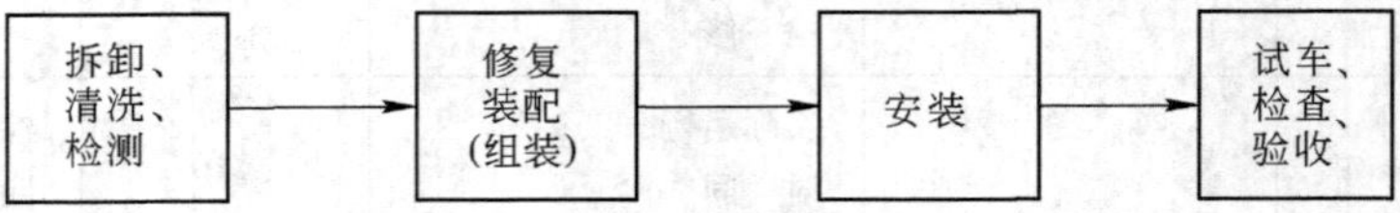

图7-8　设备修理全过程

7.5.1　拆卸

拆卸俗称设备解体。拆卸的目的是进行零部件的内部检查和修理，或取其部件内某一零件用到新零部件的装配之中。常用拆卸方法有锤击法、摞拉法、顶压法、温差法（热卸法）等。检修时合理有步骤地解体、拆卸，是避免零部件受损、减少工时与材料浪费和保证安全的重要环节。

7.5.1.1　重点注意事项和要求

(1) 拆卸之前检修者必须清楚该设备的功能原理与构造，拆卸程序、方法及应用工具。杜绝盲目拆卸，对不清楚处应事先查阅有关技术资料，图纸或询问有关专业人员；对缺乏资料，无法查询的机件，可采用试拆法，边测量分析、边判断、边试拆，并作好现场记录。

(2) 拆卸之前落实安全保障工作。包括须与该设备的生产操作、使用人员对口联系确认拆卸时间，断电挂牌，作业场地围挡、警示，放油卸压等。需临时供电时，应按规定采取相应的安全措施。

(3) 遵循拆卸顺序规则：拆卸顺序一般与装配顺序相反！

1) 动手拆卸之前务必先作标识、记号，按原装配位置在零部件上作出标记（但不得在配合面上打印)。形状相同且数量多的机件应绘制编号简图或在机件上拴纸板编号，以免错乱。牢记零部件之间的原始位置，避免误装。如拆卸齿式联轴器前，需在主、被动侧两半联轴器外缘结合面处打冲标识、记号，然后再拆卸联轴器各处配合螺栓。

2) 对暂不修查的机器部件，最好先不动。有计划有步骤地逐项拆修，有利于技术保障和提高解体效率。

3) 对拆卸后易降低配合精度的机件，要设法予以保护。尤其遇到复杂、精密的进口设备时，更要注意排清顺序。精密零件要求涂油、包好。

4) 凡不属报废零部件（包括可卸的紧固件）不准破坏性拆卸。

(4) 实施同步的技术工作。遇到技术资料短缺急需补建时，简便可靠的方法是现场测绘，及时订制备品备件，保障设备正常运行。对有配合关系的保留件，必须打印，留有明显的标记，如联轴器、啮合的齿轮等。有关设备原始标高、水平线、中心线、间隙及与相邻（不动）设备的相对尺寸等需做出详细记录。

7.5.1.2 基本操作手法

A 锤击法

锤击法是最方便、最简单快捷的拆卸手法。拆卸前，为减少摩擦，在连接处应用润滑油浸润或应用螺栓松动剂浸润（提前20min左右浸润螺纹处）。

锤击法中含有大锤、手锤和拔销器等操作手法，如图7-9（a）、（d）所示。

拆卸滚动轴承的操作要点：1）打击力须加在轴承内圈上，少数情况加在轴承外圈上。严禁用滚动体传递打击力！2）打击力不应太大。需要不断移动样冲到对称位置击打，以使轴承内圈圆周受力均匀。

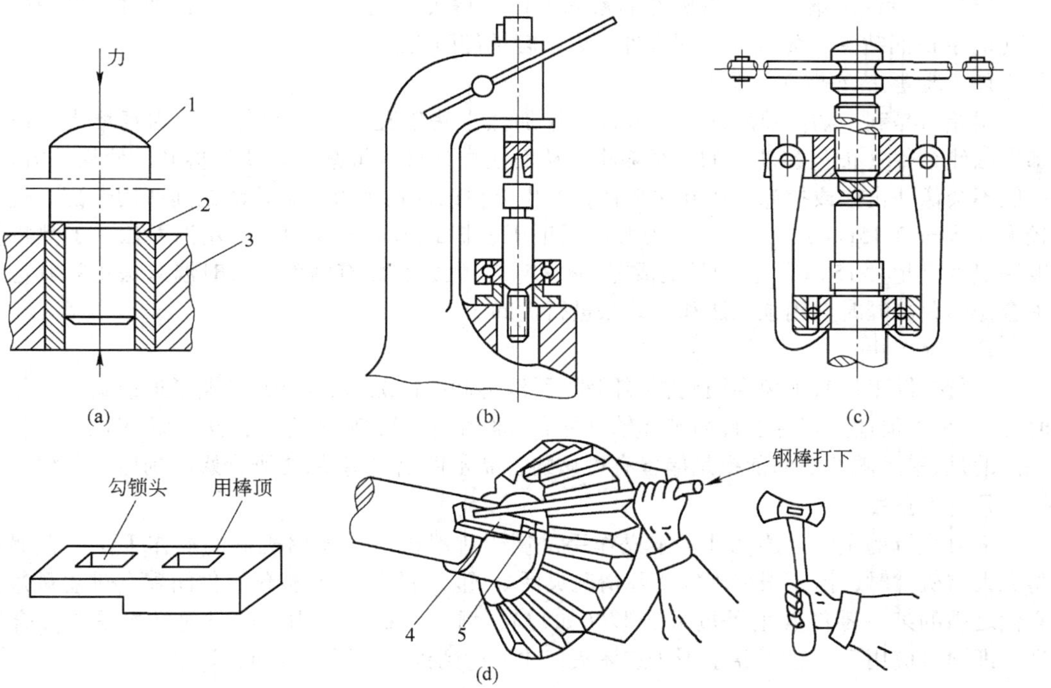

图7-9 锤击法、拉卸法与压卸法

（a）使用圆管形冲子击拆滑动轴承衬套；（b）拆卸滚珠轴承用的齿条式压床；（c）用拆卸器进行零件拆卸；（d）使用拆卸工具卸直键

1—冲头；2—垫块；3—轴承座；4—挂钩；5—键

拆卸孔中滑动轴承衬套（铜套）或滚动轴承外圈的操作要点：一般都属小过盈配合（过渡配合）应用圆管形样冲时，其内径与衬套内径要相配，其外径要比衬套外径略小1mm左右。需在端面上铺垫软质垫块。

B 拉卸、压卸法

与锤击法相比，拉卸、压卸法具有很多优点：稳妥可靠、施力均匀、方向可控，适用于有过盈的配合件，如链轮、皮带轮、轴承等。用该法拆卸必须使用专用工具或拉压设备，如常用的螺旋拉拔器（掰子）、拔销器、齿条式压床等。压卸是相对于拉卸而言的。如拆卸滚动轴承，除应用螺旋拉拔器（掰子）外，也可将滚动轴承相对固定、隔挡后，采用小于轴承内径的铜棒或硬木棒抵住轴末端，再用手锤敲击；或者应用小型千斤顶加压施力，如图 7-9（b）、（c）所示。

C 顶压法

顶压法适用于形状简单的大型过盈配合零部件，如飞轮、齿轮、联轴器的拆卸。使用工具为各种大型千斤顶。常用设备有油压机、水压机、螺旋压力机等。拆卸时要注意控制压卸速度，忌太快。拆卸前可提前在连接处应用润滑油浸润。

应用顶压法拆卸大型机件时，需注意三点：

（1）事先掌握被拆机件的构造机理与过盈配合量，从而决定所用拆卸设备是否适应。

（2）若拆卸困难，可同时应用顶压法和温差法进行拆卸，即同时应用 2 ~ 3 把大号氧-乙炔割炬，快速加热机件轮毂，达到热胀的目的。

（3）若拆卸困难，可观察机件的紧固零件（键类）是否发生变形，必要时可采用破坏方式（应用长柄钻头）先毁掉紧固零件，以减轻拆卸阻力。

D 温差法（热拆冷拆）

温差法是利用物体热胀冷缩的特性，用加热方法使孔件（包容件）的内径增大，或用冷却方法使轴件（被包容件）的直径缩小，从而使配合过盈量减小，便于拆卸。使用该方法时，一般不会像锤击法或拉卸、压卸法那样，产生卡住或损伤现象。温差法尤其适用于配合过盈量较大（大于 0.15mm）、公称尺寸较大且用顶压法拆卸困难时采用。应用温差法，加热零件温度一般不宜超过 150℃，否则易造成零件热变形，失去它原有精度。有时温差法也和其他方法配合操作，如同时应用顶压法和温差法进行拆卸。

E 破坏法

进行拆卸工作时不免会遇到相当困难、无法拆卸的情况，尤其拆卸工期紧迫或缺乏专用工具时，为顾全大局就要保存主件而破坏辅助零件，采用钻、锯、割、车等方法进行破坏性拆卸。需要注意的是，采用破坏法的前提是储备有可靠的备品备件或代用品，否则会影响到后期装配工作。

F 综合法

需要强调的是，上述几种基本操作手法属于一般机械或通用机械的操作手法，在遇到重型、大型机件时，需要根据现场实际情况灵活处置。如包容件与被包容件间配合过盈量过大或它们之中的某一零件发生了过载变形（如键），增大了拆卸阻力，此时通常要采用综合法处理，即同时应用顶压法、温差法和破坏法，才能达到预期的拆卸目的、效果。

7.5.2 清洗

清洗是指对设备整体及其零部件的清洗，内容包括除油污、除锈蚀、除水垢等。凡有油孔、油路、透气孔、罩的零部件，均须彻底清洗畅通，并用洁净的压缩空气吹净，包好。

7.5.2.1 清除油污方法

（1）应用化学清洗液。化学合成水基金属清洗剂品种较多，应用广泛。其优点是去油污能力强、无毒、不燃烧、费用低，并有一定的防锈能力。目前应用最广泛，正在逐步替代其他清洗剂。

（2）应用蒸汽或热空气吹洗，吹洗后须及时除尽水分。

（3）用热机油、汽轮机油或变压器油清洗，油温小于 100℃。如将零部件浸入油内加热熔解清洗时，被清洗零部件与容器底部和四周应保持适当的距离。

（4）应用碱性溶液，如肥皂液、水玻璃（硅酸钠）、树胶等清洗。清洗液宜加热至 60 ~ 90℃，清洗后应用热清水冲洗洁净并使之干燥。碱性清洗液配方及适用范围，见表 7-13。

（5）用煤油、轻质柴油、丙酮或汽油等有机溶剂油清洗。用热煤油时，灯用煤油温度需小于40℃；溶剂煤油需小于65℃。有机溶剂除油是以溶解污物为基础，对金属无损伤，清洗效果较好。但该方法成本高且易燃，适于分散的维修工作。

表 7-13 常用碱性清洗液配方及适用范围

序号	配方/%	适用范围	序号	配方/%	适用范围
1	氢氧化钠：0.5～1 碳酸钠：5～10 硅酸钠：3～4（水余量）	碱性较强，适用于一般的钢铁件。对铝合金件腐蚀性强	3	磷酸三钠：5～8 磷酸二氢钠：2～3 硅酸钠：5～6 烷基苯磺酸钠：0.5～1（水余量）	碱性较弱，有除油能力，对金属腐蚀性较低，适用于钢铁件和铝合金件
2	氢氧化钠：1～2 磷酸三钠：5～8 硅酸钠：3～4（水余量）				

7.5.2.2 除锈方法

应根据被除锈零部件表面粗糙度选择除锈方法，见表7-14。除锈后应用煤油或汽油清洗洁净，使其干燥并涂适量的防锈油脂。

表 7-14 除锈方法的选择

表面粗糙度	除 锈 方 法
Ra 6.3～3.2	用细油石，粒度为150号(2/0)或180号(3/0)的砂布蘸机械油擦拭或进行酸洗除锈
Ra 1.6～0.4	先用粒度为180号（3/0）或240号（4/0）的砂布蘸机械油擦拭，然后再用干净的棉布蘸机械油和研磨膏的混合剂进行磨光

注：轴承的滑动面除锈时，不得用砂布；有色金属加工面锈蚀需应用粒度不低于150号的砂布蘸机械油擦拭。

7.5.2.3 除水垢方法

工业用水一般属于天然水，水中含有各种杂质。这些杂质按颗粒大小，大致可分为悬浮物质、胶体物质和溶解物质三种。如果不经处理，这些杂质在循环使用中就会以固体形态析出、沉淀或黏附在水管壁内形成一层黄白色的硬皮，这就是所说的水垢（水锈）。水垢的主要成分是水中的钙、镁盐类。清除水垢可用下列几种化学去除法：

（1）碱性溶液除水垢方法。化学机理是用氢氧化钠与水中的钙、镁离子发生作用，生成松软的碳酸钙和氢氧化镁泥渣沉淀，然后通过排污除去。对于钢铁类零件，使用溶液的浓度为10%～12%；对于有色金属类零件，使用溶液的浓度为2%～3%。

（2）酸洗液清除水垢方法。常用的有盐酸、磷酸、铬酸等。例如，用磷酸盐液除水垢，化学机理是用磷酸三钠与水中的钙、镁离子发生作用，生成钙、镁磷酸盐泥渣沉淀，然后通过排污除去。用3%～8%的磷酸三钠溶液注入待除水垢的容器中并保持10h，使水垢生成溶于水的盐类后再用水冲掉，然后再用清水冲洗干净。

采用化学清除液除水垢时，注意根据水垢成分、工况温度和零件材质选用适合牌号。

7.5.3 检测

检测工作是主要的辅助工序，是保证机加工产品质量与设备装配质量的措施。下列场合均需单独安排检测工作：零部件机加工阶段各重要工序前后，工件从一个车间转向另一个车间前后，全部加工结束后(购置后)入库前,零件组装前后和最后试运转阶段的密封性、动静平衡性检测等。

检测工作系指查看、测量与验证，重点是查异常。检测工作是制定零部件修复工艺的主要依据，也是设备检查的一个分支内容。它决定零部件的取舍，决定装配质量，影响维修成本。在整个维修过程中，按实施阶段不同检测工作大致可分为三个阶段，如下所示：

修前检测 ⟶ 修后检测 ⟶ 组装检测（进货检验）

↓　　　　↓　　　　↓

设备拆卸后的检测，依据检测结果决定取舍

零件修复阶段的检验、检测

零件组装前后（含仓库进货）检测，包括（1）待装检测；（2）中间工序检测；（3）装后整体检测

设备解体后进行的修前检测的主要内容有：

（1）零件的外观质量。1）几何精度：含尺寸、形状（形位公差内容）。2）表面质量：含表面粗糙度、有无划伤及失效的表现形式（磨损、变形、断裂等）。

（2）零件的隐蔽缺陷。在使用与制造过程中产生的缺陷，如松动窜移、老化夹渣、气孔、变形、微裂纹等。对于关键零件，一般手段是应用对应的诊断仪器测量。

（3）由多个部件构成的组件配合情况（相互位置精度），包括中心距、同轴度、间隙量、垂直度、径向与轴向圆跳动值、载荷分布均匀性和密封性等。

（4）检测结果处理。对已确定报废的零部件，迅速明确规格、型号并支领备品备件予以更换；不属于备品备件范围已确定报废的零部件，需要立即组织技术人员现场测绘草图并进行加工制作，或联系采购，或商定该件的代用品；对已确定需要修复的零部件，需迅速明确修复方法、技术要求及注意事项等。

注意结果的书面登记。将修前检测结果填写明细表（见表 7-15），清楚地记录落实办理的途径与方法。

表 7-15　修前检测结果明细登记

序　号	图号代号	备品备件名称	检测部位检测结果	标准数据原始参数	处理结果			备　注
					报废	修复	改进修复	

例 7-1　$N=1250\text{kW}$ 大型电动机气隙值检测。

在拆掉防护罩之后，需要在电动机尾端、出端的两个方向应用长塞尺，分别实测其圆周气隙数值。每间隔 60°一测，此为第一循环数值。然后手动盘车，使转子旋转 90°后再重复上述实测方法，此为第二循环数值。依此类推，共四个循环后实测结束。获取修前的真实状态值，以掌握其定子、转子的相互位置精度。

例 7-2　$A=1100\text{mm}$ 主减速器齿轮啮合状况实测。

在拆掉主减速器两端联轴器配合螺栓和减速器上盖之后，采用压铅法检测主、被动齿轮啮合的侧隙值。具体方法是：采用直径 $\phi=0.12m_n \sim 0.18m_n$（mm）（$m_n$ 为齿轮的法向模数）、长度 $L=300\text{mm}$ 左右的铅丝（保险丝），沿齿宽方向均匀地放置 2 ~ 4 根铅丝，长度能压上 3 个齿为宜。手动盘车，均匀地转动齿轮，使铅丝通过齿间被压扁。手动盘车后取出被压扁的铅丝，现场用千分尺实测并记录。最厚处为齿顶隙，厚度最小处（最薄）是工作侧隙，厚度较大处是非工作侧隙。轮齿侧隙值（齿侧间隙）为工作侧隙与非工作侧隙之和。然后再改变角度位置实测 2 ~ 3 遍。侧隙值的标准值应根据该啮合齿轮的图纸上技术要求而定或根据该齿轮实际运转工况条件对应手册查找。齿轮的侧隙值与其法向模数之间存在着一定的对应关系，即一般侧隙值为 $(0.04 \sim 0.08)m_n$。在缺乏图纸或技术资料时，可以利用这个对应关系。大致确定一般侧隙值的大小。

7.6　机械设备装配

把已修复的零部件和已准备好的合格备品备件，按照一定的工艺要求进行组装及调整，并

达到规定的技术条件与使用功能的全部工艺过程，称为机械设备的装配。它属于修理的范畴，是设备维修的重要环节。装配包含零件组装、部件组装和设备总装。

设备装配有两项基本要求：一是需要选择、应用最适合的设备装配工艺规程；二是需要做好细致、周密的装配准备工作。

7.6.1 装配准备工作

在机械设备装配前应事先做好以下四方面准备工作：

（1）要求装配人员必须了解、清楚所装机械的功能用途、构造、工作原理和调整方法。需阅读装配图及其相关的技术要求。

（2）根据现场条件，选择具体的装配方法，确定组装顺序。注意零部件标识，避免混乱。

（3）认真、周密地准备好装配各工序所需用的工具、机具、量具和相关的备品备件，准备好装配中所涉及的各种材料。

（4）零件装配前需全面清理清洗，检验复验整体状况和表面缺陷、变形划伤、毛刺等。

7.6.2 装配精度

保证一定的装配精度，是机械设备装配的根本任务。设备维修工作的实践经验证明，即使零件本身精度较高，若装配工艺不匹配、不合理或组装手法粗糙，也达不到设备所要求的应有精度，不能满足生产运转与产品质量标准。

装配精度是指装配后零部件的质量与技术要求、规格的符合程度，包括零部件的配合精度、位置精度、距离精度、运动精度和接触精度等。影响装配精度的主要因素有三点：

（1）零件本身加工制作、修复质量的优劣。

（2）装配过程中选配与操作、组装手法。

（3）装配后的质量检测和配合调整。

7.6.3 装配手法

获得理想装配精度的操作手法主要有三种：调整法、修配法和互换法。通常所采用的装配手法、操作工艺内容和适用范围，见表7-16。

表 7-16 常用装配手法

装配手法	操作工艺内容	适用范围	应用实例
调整法	（1）采用微调手法改变零部件间的相互位置，获得最小的累积误差与配合技术要求精度；（2）利用螺纹、斜面、锥面等可调整件微调相对位置以获得要求的装配精度	适用于各种装配情况	滚动轴承、制动器、润滑装置、密封装置、气动及液压设施等
修配法	对所装配或修复的备件，事先预留修配裕量，根据现场检测数据或运转状况，视情况修配零部件的尺寸及表面形状，以保证配合技术要求的装配精度	通常适用于单件组装或修复。装配质量与修配人员技术水平密切相关	大型电动机的滑动轴承、机床导轨、大型齿轮的斜齿、人字齿等
互换法	组装或修复设备时所用零部件大部分为通用标准件或套件，一般不需作选择、修配就能满足规定的装配精度，但需要在现场进行视情况微量调整。该法操作简便、易于掌握、组装效率高	适用于批量设备组装或修复，一般用于对装配精度要求不严的辅助设备	小型减速器、滚动轴承、链传动、带传动等处

7.6.4　装配工作注意要点

为达到预定的装配工作目标，除以上的装配准备工作、装配精度、装配手法各项要求外，还要注意一些具体的工作细节、要点，否则会导致不必要的损失。

（1）注意检测。务必履行装配前的零部件检测工作，要求备有数据记载，含重要旋转零部件的静、动平衡结果。重点注意检测工作中量具的正确使用步骤与所测数据的准确性。例如，检测一个大于200mm的较大圆柱形工件的内孔直径时，首先应对尺校尺，应用外径千分尺核对需应用的内径千分尺；然后查看复验要检测工件的内孔表面状态，是否干净，是否有毛刺，现场环境是否适于检验检测；最后按照规定标准、测量工艺手法实施检验检测工作，并在现场登录记载测量数据。

（2）注意装配程序。装配工作要按一定的程序实施，一般应遵循：先装下，后装上；先装内，后装外；先装重，后装轻；先装精，后装粗的装配顺序。

（3）注意装配工具的选择。操作中所选用的装配工具是否正确和适应，直接关系到装配质量、效率和劳动强度。特别注意不得错用和“凑合”代用，应积极应用专用工具，按工艺常识操作装配。例如，组装过盈量较小的滚动轴承与轴的配合时，可用车制的专用钢套，垫在轴承内圈上用手锤打入；滚动轴承与座体的装配，可用车制的专用心轴及专用钢套辅助，使锤击力同时加载到其内、外圈上来完成装配工艺。

7.7　通用机械零部件装配

7.7.1　过盈配合零件装配方法

7.7.1.1　含义与要求

过盈配合又称压入配合（曾称静配合），在机器零件连接中应用相当广泛，如联轴器、齿轮、飞轮、链轮等与轴的连接、轴承座与铜套的连接等。相互连接的两零件配合时，当被包容件（轴）的实际尺寸大于包容件（孔）的实际尺寸时的装配配合称为过盈配合，俗称“轴大孔小”。

为保证零部件装配后正常工作，必须满足以下两项基本要求：

（1）装配后最小实际公盈量能保证两零件间的正确位置，即能运转使用。

（2）装配后最大实际盈量保证不会使零件遭到损伤，甚至胀裂即可装配。

7.7.1.2　特点与装配方法

过盈配合的优点表现为，能承受很大的扭矩及动负荷，也适应于交变载荷和冲击载荷。形状结构简单、对中性和定心性好。

过盈配合的缺点在于，零件装配要求比较严格，拆卸相对困难；对其两配合面的机加工精度要求较高。

现场零部件由于运转工况条件及结构性能不同，需要采用不同的装配方法。主要装配方法有人工操作装配、机械压入装配、温差法（热装或冷装）装配和复合方法装配这些装配方法的适用范围和应用设备特点对比见表7-17。

7.7.1.3　需考虑的客观工况

客观工况是指实际过盈量和装配前需核查的准备工作。

表 7-17 装配方法、工艺特点与适用范围对比

装配方法		应用设备、设施或工具	装配工艺特点	适用范围
人工操作装配	手工装配	手锤或大锤	操作简便快速，对中性较差	过盈量很小、配合公称尺寸较小的单件组装
	机具装配	千斤顶、螺旋压力机	操作简便，施力均匀，方向易控制，效率高	过盈量较小、配合公称尺寸不大的多件组装，如滚动轴承、铜套、钢套、小齿轮等
机械压入装配	压力机装配	螺旋压力机（小于30t）、液压压力机（小于150t）	装配压力大，对中导向性能优良，辅助操作严格，时间较长	中等过盈量、配合公称尺寸较大的单件或多件组装，如大型齿轮或齿圈、飞轮、衬套等机件的装配。适用范围广泛
热装（温差法）	油液介质加热	热油箱槽(90~300℃)	均匀加热包容件，效率较高	过盈量较小，配合公称尺寸不大的小型多件组装，如滚动轴承、衬套镶套、齿轮等
	感应加热	电感应加热器(400℃以上)	加热包容件，时间短，效率高，温度易控制	过盈量较大，配合公称尺寸（$\phi130\sim\phi300$）较大、精密的中型多件组装，如轧辊两端的滚动轴承组装
	燃气或炉窑加热	氧-乙炔割炬、喷灯、炉窑等	加热包容件，操作简便快速，温度易控制	适于过盈量较大、配合公称尺寸较大、局部加热且热胀尺寸要求严格控制的大中型单机件装配，如大型设备的联轴器、叶轮、齿圈、飞轮等
冷装（温差法）	干冰冷却	干冰箱（可冷却至-78℃）	应用固体CO_2冷却被包容件，操作简便	过盈量较小、配合公称尺寸较大、但包容件为形状复杂且不准加热的薄壁零件
	液氮冷却	液氮专用箱槽、（可冷却至-195℃）	冷却被包容件，时间短、效率高	适于过盈量较大的精密配合，单件或多机件组装
复合方法装配	压力机与热装装配	液压压力机与氧-乙炔割炬	加热包容件，操作快速，温度易控制。装配压力大，对中导向性能优良	适于过盈量较大、配合公称尺寸较大、局部加热且热胀尺寸要求严格控制的大中型单机件装配，如大型设备的联轴器、叶轮、齿圈、飞轮等

（1）实际过盈量与测量配合尺寸时的测量过盈量不同。装配前零件表面存在一定大小的粗糙度，装配后该粗糙度会有所改变，故实际过盈量往往比测量过盈量小。因此，为保证合理配合，重要零件的配合面需经磨光，以使过盈量的改变不大。

配合零件的直径愈小，加工愈粗糙，过盈配合连接的紧密度就愈差。为避免过盈量过大或过小，宜采用按零件尺寸分组选配法。对于承受较大轴向力或扭矩的零部件，一般过盈配合不能保证配合的可靠性。为稳妥安全，宜采用附加紧固装置，如附加平键连接、附加止动螺钉等。

（2）装配前需核查的准备工作。

1）包容件与被包容件的实际形状、尺寸及配合公差量。

2）导向部位的锥度、长度、导角。

3）焊制操作时的临时吊环的主要作用是服务于作业现场的装配操作工作：一是承担起重功能，二是起到装配操作时的扶手作用，即装配人员应用一些工具（如撬棍、夹钳）与临时吊环相连，可有效地控制装配零件的位置及移动（角度或上下左右），以保稳定、准确地装配位置。

4）包容件内孔需开设径向透气小孔，钻孔直径一般为5~8mm。

7.7.1.4 顶压装配

顶压装配常用油（水）压机或千斤顶来操作装配。顶压的压入力可按经验公式（7-1）或式（7-2）计算。

（1）当包容件与被包容件的材质都是钢时：

$$F = 2.9[(D/d)^2 - 1] \cdot i \cdot L/(D/d)^2 \tag{7-1}$$

（2）当被包容件的材质是钢、包容件的材质是铸铁时；

$$F = 4.3(D/d + 0.3) \cdot i \cdot L/(D/d) + 6.35 \tag{7-2}$$

式中 F——压入力，t；

i——平均实测过盈值，mm；

D——包容件外径，mm；

L——两机件的配合长度，mm；

d——被包容件外径，mm。

例7-3 某45号钢材质的齿轮轴轴端，拟安装ZG35钢材质的HL9弹性柱销（尼龙）联轴器，其额定转矩为25kN · m，配合轴孔直径为130mm，配合长度为200mm，半联轴器毂外径为230mm。试计算顶压装配该半联轴器所需油压机的压入力。（过盈量 i = 0.17mm）。

解： 由于包容件与被包容件的材质都是钢，因此所需油压机的压入力为：

$$\begin{aligned} F &= 2.9[(D/d)^2 - 1] \cdot i \cdot L/(D/d)^2 \\ &= 2.9[(230/130)^2 - 1] \times 0.17 \times 200/(230/130) \\ &= 67.2 \end{aligned}$$

答： 装配该半联轴器所需油压机的压入力约为67.2t左右。

顶压装配（含热装配）需注意：

（1）控制压入速度。压入速度对连接的可靠性也有关系，宜控制在2~4mm/s。

（2）修正变形。压入衬套类零件时，如果过盈量较大往往会引起衬套内径尺寸和形状的改变，应把此因素考虑在内。必要时可在衬套压入后，再用铰刀铰至规定尺寸。

（3）检查互配表面。在装配前应仔细检查互配表面有无毛刺、麻点、凹陷等缺陷。

（4）增设导向装置。为避免压入过程中的歪斜引起零件表面的损伤，被压入零件可增设导向装置。为便于顶压，被包容件在端部应有30°~45°倒角，这样一方面容易对中，另一方面也可避免相互刮伤。

（5）涂油。在装配前应将配合表面清洗洁净，并涂以润滑剂。

7.7.1.5 热装配

热装配俗称热装、红装。被加热件加热的温度不应超过被加热件的回火温度。一般机件加热温度应小于500℃、淬火件应小于300℃。被加热件加热的温度可按式（7-3）计算。

$$t = [(2 \sim 3)i/(\alpha \cdot d)] + t_0 \tag{7-3}$$

式中 t——被加热件的加热温度，℃；

d——被加热件的公称直径，mm；

i——平均实测过盈值，mm；

t_0——环境温度，℃；

α——被加热件材料的线膨胀系数，℃$^{-1}$。

7.7.2　键连接装配

7.7.2.1　平键与半圆键

装配时平键两侧工作面应均匀紧密结合。键的上平面与轮毂键槽底面不得接触，其间隙值应符合表 7-18 中的规定。

表 7-18　平键顶间隙值

轴径/mm	<100	100～200	>200
顶间隙/mm	0.2～0.4	0.3～0.5	0.5～0.6

设备正常运行状态，如遇平键频繁损坏情况，则应校核连接的挤压强度。一般键的剪切强度足够，用于静连接的普通平键主要失效形式是工作面的压溃（俗称滚键）。挤压强度条件为：

$$\sigma_P = 4T/(dhl) \leqslant [\sigma_P]$$

式中　T——转矩，N · mm；

l——键的工作长度，mm；对 A 型键 $l = L - b$，对 C 型键 $l = L - b/2$；

d——轴的直径，mm；

h——键的高度，mm。

关于许用挤压应力 $[\sigma_P]$ 的数值，可查阅表 7-19。

表 7-19　许用挤压应力值

许 用 值	连接中薄弱零件的材料	负荷性质/MPa	
		一　般	冲　击
$[\sigma_P]$	铸　铁	50～60	30～45
	钢	100～120	60～90

半圆键能在轴槽中摆动以适应毂槽底面，装配方便。它的缺点是键槽对轴的削弱较大，只适用于轻载连接。半圆键也是以两侧面为工作面，因此与平键一样具有定心较好的优点。

7.7.2.2　楔形键

楔形键分为普通楔键和钩头楔键两种。其中钩头楔键应用普遍，设置钩头是为了拆键方便。由于楔形键装配打入时，迫使轴和轮毂产生偏心，因而楔键仅适用于定心精度要求不高、负荷平稳和低速运转的连接，如图 7-10 所示。

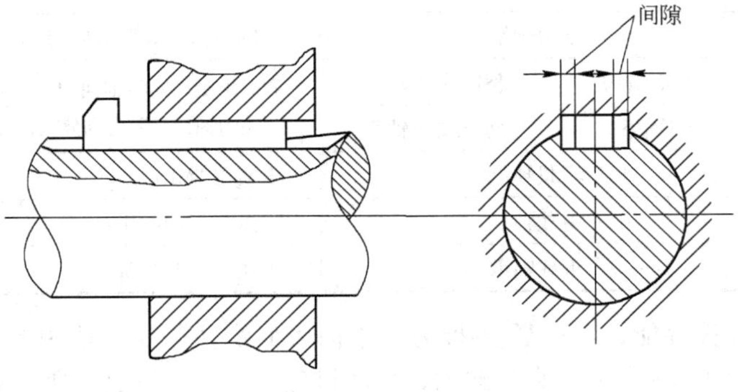

图 7-10　楔形键的装配

楔形键的上下面是工作面，它的上表面有1/100的斜度，轮毂槽的底面也有1/100的斜度，因此把楔形键装配打入时，其工作面上会产生很大的预紧力。楔形键的工作机理是靠摩擦力传递扭矩，并能轴向固定零件和承受单向轴向力。

楔形键装配时，其斜度与轮毂槽的斜度应研磨吻合。装配后：（1）其键头与轮毂端面间应留出约等于键高的距离。（2）键的非工作面——两侧面应留出规定侧间隙，见表7-20。

表7-20　楔形键键高及侧间隙值　　mm

键　宽	键　高	侧间隙	键　宽	键　高	侧间隙
12～18	5～11	0.3	32～50	11～28	0.5
20～28	8～16	0.4			

7.7.2.3　切向键

切向键的窄面（上下面）是工作面。运转时键工作面上的压力沿转轴的转动切线方向传递作用，故称为切向键。如图7-11所示，切向键是由两个楔形键组成，装配时需要把它们楔紧。切向键能够传递很大的扭矩，当传递双向扭矩时（正反转），须采用两个切向键且成120°布置。切向键装配时，两键相接触的斜面应研磨吻合，同时，键的工作面与轴和轮毂的接触面必须均匀紧密结合。切向键的非工作面——两侧面与轴和轮毂间的间隙与勾头键的侧间隙要求相同。在重型机械中，大型电动机轴端联轴器的装配结构形式中通常采用切向键连接。

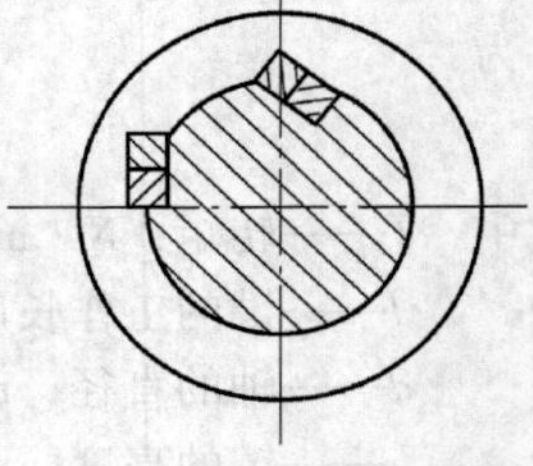

图7-11　切向键的装配

7.7.3　滑动轴承装配

滑动轴承具有承载能力强、工作平稳、抗冲击、高速性能好等优势，但也存在一些缺点，如启动摩擦阻力矩大、附加设施多、维护较复杂等。滑动轴承由于其独特的优势，目前在汽轮机、大型电动机、车辆、机床、冶金机械、工程机械等方面得到广泛的应用。

在正常运转时，除有特殊规定外，一般滑动轴承的摩擦部分的温度不得超过65℃。滑动轴承的主要分类见表7-21，这里主要介绍径向-推力轴承。

表7-21　滑动轴承的分类

分类方法	类　别		说　明
按载荷方向	径向轴承	整体式（轴套）	受径向力，载荷方向与轴中心线垂直
		剖分式（轴瓦）	
	推力轴承		受轴向力，载荷方向与轴中心线平行
	径向-推力轴承	整体式（轴套）	同时承受径向和轴向力，如圆锥、球面轴承，大型电动机两端的轴瓦一般为剖分式径向－推力轴承（厚轴瓦）
		剖分式（轴瓦）	
按载荷大小	轻载轴承		压强在1MPa以下
	中载轴承		压强在1～10MPa
	重载轴承		压强大于10MPa

为改善轴瓦的摩擦性能，常在径向-推力轴承内表面浇注一层减磨材料如轴承合金，称为轴承衬。其厚度一般为1～6mm。直径愈大，轴承衬愈厚。一般衬层愈薄，其抗疲劳强度愈高。

按结构形式分，径向-推力轴承分类大致如下：

- 按结构形式
  - 整体式（轴套）
    - 金属轴套
    - 非金属轴套
      - 尼龙轴套
      - 含油轴承（粉末冶金轴套）
      - 水润滑橡胶、胶木轴套（瓦）
  - 对开式（剖分式）
    - 厚轴瓦
    - 薄轴瓦

7.7.3.1 滑动轴承座的技术及安装要求

A 技术要求

（1）加工后的轴承座上盖与底座的分合面应贴合良好，分合面对轴承座内径的轴线位置度公差为0.05mm。

（2）轴承座的内孔表面和轴瓦或轴套的外圆周表面粗糙度 Ra 值均应不大于1.6μm。

（3）公差配合方面，轴承座内径的极限偏差应符合 GB 1801 中 H7 规定，轴瓦外径的极限偏差应符合 GB 1801 中 m6 规定，轴套外径的极限偏差应符合 GB 1801 中 S7 规定。

B 安装要求

（1）同轴度要求。安装轴承座时，必须把轴瓦或轴套先装配到轴承座上，按瓦或套的中心进行位置校正，即先采用细钢丝拉线法检查，再用接触法验正，合格后，再把轴放置在轴瓦（或轴套上），用显示剂（樟丹）检查各轴瓦（或轴套）表面上的接触情况。

（2）紧固性要求。轴承座须紧密地固定在机体上，当机构运转时轴承座不得与机体发生相对位移。在轴颈转动时，不允许轴瓦或轴套在轴承座内发生滑动、蠕动。

7.7.3.2 装配滑动轴承轴套（整体式）注意事项

（1）装配前要核查轴套和轴承体的配合过盈量是否符合图纸规定或技术规范。

（2）装配前注意涂油以减少摩擦力，装配时注意压入速度控制。

（3）遇到很薄又较长的轴套，宜采用冷却轴套的办法，以避免轴套变形。

（4）装配后为防止轴套发生滑动，还需在外端面轴套和滑动轴承座圆周结合部附加止动螺钉。

（5）装配完毕后进行刮研。刮研顺序为，先刮研接触斑点，然后刮研接触角，最后刮研侧间隙。刮研接触角规定范围时，接触部分与非接触部分不应有明显的界限，应刮研成光滑过渡，用手指擦抹表面时应感到非常光滑。刮研要关注三项技术要求：轴套与轴颈之间的间隙量、单位面积内的接触斑点数、受力区接触弧角度控制。它们应符合技术规范或规定。含油轴套与轴颈之间的间隙量一般为轴颈的0.7‰～2.0‰。轴套与轴颈之间的接触弧角度，当轴颈转速大于500r/min时，接触角为60°，当轴颈转速小于500r/min时，接触角为90°。

7.7.3.3 装配滑动轴承轴瓦（剖分式）注意事项

A 基本条件

（1）上下瓦放入轴承座内，合缝处用塞尺检查，不允许存在漏缝和错口。轴瓦剖分面应高于轴承座剖分面。一般轴瓦都在结合面上对角装配两个稳钉（见图7-12），防止错位。轴瓦与轴承座的配合应恰当，轴瓦的外直径不能过大或太小（见图7-13、图7-14）。如果将直径过大的轴瓦强行压入轴承座内，就会使轴瓦产生变形。如果轴瓦比轴承座略大一点时可用人工进行刮研。轴瓦外直径也不能过小。受磨损影响（也可能是轴承座镗孔内表面磨大），可能会遇到轴瓦的直径相对小的情况，这是较难处理的情况。可采用的修复办法有：1）在不影响轴瓦形状的前提下，可用焊补法修复。2）可用胶黏剂如钛合金金属胶、速成钢等作为一种抢修措施。3）若仅需维持短时间的设备运转（2～3天，即将停产检修时），可采用附加软金属垫片的方法临时维持。4）报废更新。

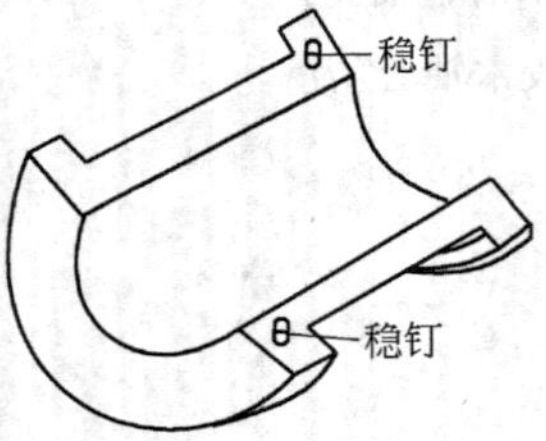

图 7-12　轴瓦上稳钉的位置

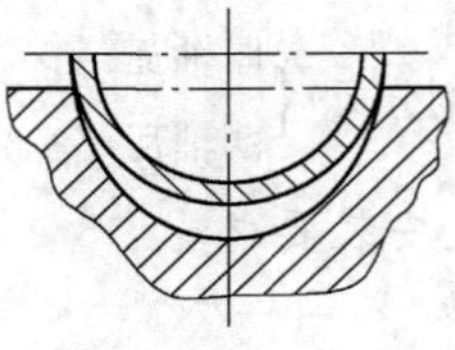

图 7-13　轴瓦直径过大

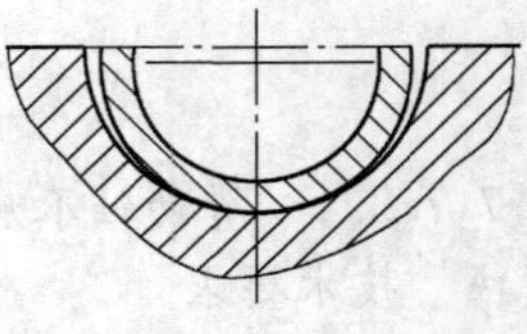

图 7-14　轴瓦直径过小

上下瓦合缝结合面处，允许用垫片调整顶间隙的滑动轴承可加垫片，但垫片不得与轴接触，并用定位销固定。每组垫片不得超过3片，每片最小厚度大于0.10mm，并要求两侧垫片总厚度相等。

（2）轴瓦端部翻边或止口处与轴承座之间，不应有轴向间隙，应配合较紧（过渡配合）。

（3）钨金瓦的浇铸层（巴氏合金）应与轴瓦紧密地结合在一起。简单的验证方法：用硬木或有弧面的铜棒轻轻敲打瓦面，从声音上可判断是否合格。

轴瓦与轴承座镗孔内表面必须接触良好，接触位置点分布均匀。这可用着色法检验。受力瓦（一般为下瓦）瓦背接触面积须大于60%；不受力瓦（一般为上瓦）接触面积大于50%。

B　技术要求

（1）刮研接触斑点。轴瓦工作面的接触斑点，可用着色法检验。接触斑点数应符合表7-22所示的轴瓦刮研接触斑点规定标准（机床轴瓦除外）。

表 7-22　轴瓦刮研接触斑点规定标准

轴转速/r · min^{-1}	100～300	300～500	500～1500
每25mm×25mm面积上的接触斑点数	2～3	3～5	5～8

注：对重要滑动轴承的轴瓦（如轧钢主机列），其接触点按表中数据提高1级转速选择。

（2）接触弧角度。轴与轴瓦的接触弧角度应在受力瓦中间的60°～110°范围。在精度高、高速轻载工况时，取60°～90°；在精度低、低速重载工况时，取80°～110°。曲轴瓦四周与轴都要接触，不得开瓦口。接触面积约为整个面积的85%。

（3）顶间隙。轴与轴瓦的顶间隙可用千分表法、塞尺法或压铅法检查。压铅用的铅丝直径一般不大于3倍顶间隙。轴与轴瓦的顶间隙值见表7-23。同一滑动轴承（轴瓦）两端顶间隙值之差见表7-24。

表 7-23　轴瓦顶间隙值

工况条件	顶间隙值/mm	工况条件	顶间隙值/mm
稀油循环润滑	(1.2/1000～1.9/1000)D	干油（油脂）润滑（工作条件恶劣时）	(2.2/1000～2.8/1000)D
稀油非循环润滑	(1.8/1000～2.2/1000)D	干油（油脂）润滑（设备精度低时）	(2.8/1000～3.5/1000)D
干油（油脂）润滑（一般条件时）	(1.8/1000～2.5/1000)D		

注：D为轴颈直径。

表 7-24 轴瓦两端顶间隙值之差技术规定

轴颈公称直径/mm	≤50	50~120	120~220	>220
两端顶间隙之差/mm	<0.02	<0.03	<0.05	<0.10

如果上下瓦之间没有调整垫片，在刮研上瓦时必须注意轴承的顶间隙。故应先刮上瓦的顶间隙，使得顶间隙值大致差不多时，再刮研接触斑点和接触角。

（4）侧间隙（两侧之和）。轴颈与轴瓦的侧间隙可用塞尺检查。侧间隙值在距剖分面 $D/8$ 处测量（约 15°处）。刮研侧间隙时，侧间隙自接触角边缘起向剖分面逐渐增大，两端不得刮穿。稀油润滑时侧间隙为顶间隙的 1.5~2 倍；干油润滑（脂）时侧间隙为顶间隙的 2.0~2.5 倍。万向接轴平衡托瓦的单侧间隙为（1.5/1000~2.5/1000）D。

（5）稀油非循环润滑时油圈（油环）的技术要求。该项内容的技术要求可参阅 5.9 节。油圈（油环）的直径一般为轴颈的 1.5~1.9 倍，通常采用梯形或矩形断面。1）装配前要注意油圈（油环）的质量。必须圆而光滑、质量均衡，不得有毛刺。2）装配后要检查，油圈（油环）在单侧摆动 25°的范围内不得与轴承座内的其他零件相碰触。3）一般油圈（油环）浸入油内的深度 $t=d/4\sim d/6$mm，d 为油圈（油环）的内径。

（6）轴向间隙。一端定位的轴，其定位轴承的轴向间隙为该轴颈长度的 1/1000~1.15/1000；

两端定位的轴，其定位轴承的轴向间隙为该轴定位台肩长的 1/1000~1.5/1000。

7.7.3.4 巴氏合金轴瓦修补方法

滑动轴承轴瓦——巴氏合金轴瓦经运转后可能出现局部“离鼓”（脱壳）、碎裂现象，遇此情况可用氢氧焰气焊方法来焊补修复。其操作步骤为：

（1）用汽油洗净待补合金表面再用干布揩净，以敲击手法确定裂缝发空部位。用扁铲铲去碎裂部分，再用刮刀将待焊补区域周围刮清刷净，露出新痕。

（2）自制焊条备用，用巴氏合金熔制成 $\phi4\sim\phi6$mm 的焊条备用。将待焊补部位预热到 100~160℃，以使其水分蒸发汽化。

（3）应用氧-乙炔焊具，控制氢气压力达到 0.01MPa、氧气压力应小于 0.01MPa，调整火焰呈蓝色或乳白色为宜。

（4）用粉末状氯化亚锡撒于待焊补区域上，控制火焰方向与自制合金焊条成 45°角，当轴瓦上合金开始熔化时合金焊条进入火焰区与基体层金属融合。

（5）焊补时要将轴瓦转动，使焊补熔层处于水平位置。可将轴瓦分几个等分，自半圆周纵长中心焊起，然后进行左右间隔焊补以减少变形。

（6）每层焊补厚度极限为 0.5~0.8 mm，如焊补层较厚可分 2~3 次进行。焊补结束后，需覆盖石棉布保温，冷却后再进行修刮。

7.7.4 滚动轴承装配

滚动轴承是标准通用零件，用以支承机械的轴，使之能自由地转动。滚动轴承应用广泛，需求量大，其形状尺寸已标准化、系列化，并由专业的轴承厂家大量生产。对滚动轴承不需自行设计，只需要根据具体的负荷、转速、旋转精度和工况条件等方面的要求，按标准选用。滚动轴承通常由内圈、外圈、滚动体和保持架四部分基本件构成，如图 7-15 所示。

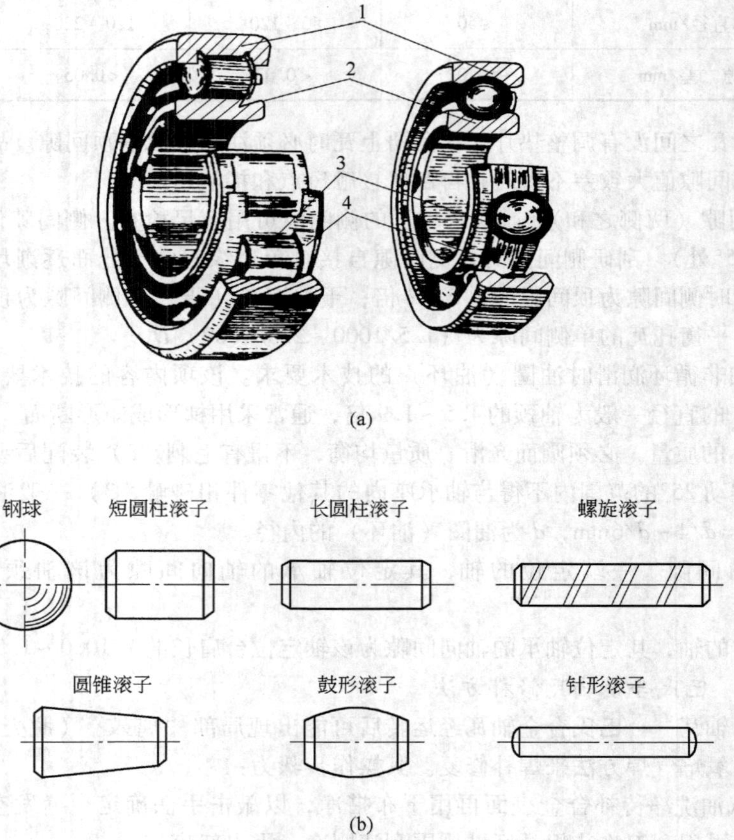

图 7-15　滚动轴承基本结构

（a）滚动轴承；（b）滚动体

1—外圈；2—内圈；3—滚动体；4—保持架

通常情况下内圈与轴紧配合，随轴一起转动，而外圈则固定在支座上，起支承作用。轴承运转工作时，滚动体在内、外圈间的滚道上滚动，形成滚动摩擦。保持架把滚动体均匀地相互隔开，以避免滚动体间的摩擦和磨损。滚动体分为球形、圆柱形、圆锥形、球面滚子形和滚针形等多种样式。不同的滚动体构成不同类型的滚动轴承，以适应不同的负荷及工况环境。保持架的材质一般为普通碳素钢、黄铜、青铜或塑料制成。滚动轴承转动圈滚道表面承受非对称循环交变应力，滚动轴承不动圈滚道表面承受脉动循环交变应力。

7.7.4.1　装配前准备工作

选择轴承配合时，一定要综合考虑轴承负荷性质、大小、工况温度、安装与拆卸。轴承配合过盈量的选择时应注意：当内圈承受循环负荷时，应当采用过盈配合。若过盈量不足，将会产生松动、打滑，导致配合面磨损或烧轴；若过盈量过大，则使轴承与轴颈间配合压力增大，从而使内圈周向应力过大，可能导致内圈断裂，特别在有冲击负荷工况时轴承极易断裂。通常滚动轴承装配前的检测工作见表 7-25。

表 7-25 滚动轴承装配前检测工作

检测工作内容	目的	方法
（新轴承）检测硬度值	判断轴承是否为合格产品（真品）。一般轴承硬度值为50～60HRC，若硬度值过小，说明该轴承材质有问题不能使用	应用硬度计检测
检测间隙值	判断轴承是否为合格产品或所需要的规格型号	用塞尺插入检测，间隙标准值可查阅轴承手册
检测轴承几何尺寸	确定轴承是否为标准轴承，控制配合的程度，避免过紧或过松的装配	应用内、外径千分尺测量
检测要装入轴的轴颈尺寸	确定其配合公差是否符合图纸的要求	应用外径千分尺测量

7.7.4.2 滚动轴承的配合及装配

A 滚动轴承的配合

为防止工作时轴承的内圈与轴、外圈与轴承座孔之间发生相对滑动，必须选择适当的配合。轴承内圈与轴的配合应为基孔制；外圈与轴承座孔的配合应为基轴制。配合的松紧程度由轴和轴承座孔的尺寸公差来保障。按标准规定，轴承内径为负偏差。这与通用公差标准的基准孔尺寸只有正偏差不同，故轴承内径与轴的配合较紧；轴承外径也为负偏差，其大小也与通用公差标准不同。选择滚动轴承的配合时需考虑负荷的大小、方向及性质，转速，旋转精度和装拆是否方便等工况因素：

（1）转动套圈应比固定套圈的配合稍紧一些；

（2）负荷大、转速高且有振动与冲击时，应采用较紧的配合。

（3）当旋转精度要求较高时（如机床），应采用较紧的配合，以借装配过盈减小轴承的原始游隙。

（4）当某轴承作游动支承时，外圈与轴承座孔应取较松的配合。

（5）轴承与空心轴的配合应较紧，以避免因轴的收缩导致配合松动。

（6）对于需经常拆装更换的轴承，应取较松的配合。

（7）一般情况下，内圈与轴、外圈与座孔是较小的过盈配合或过渡配合。

B 滚动轴承装配

（1）圆柱孔轴承在滚动轴承使用中占大多数，所以圆柱孔轴承装配具有轴承装配的共性。这类轴承的装配方法主要取决于轴承与轴、轴承与轴承座孔的配合状况。大体上可分为以下四种情况：

1）轴承内圈与轴为紧配合、外圈与轴承座孔为较松配合时，装配要点是先将轴承安装在轴上，再把这个部件一起装入箱体轴承座孔中、装配时要注意对准对中、导向正确、防止歪斜。装配后要及时检测、验证。

2）轴承外圈与轴承座孔为紧配合、内圈与轴为较松配合时，应先将轴承装入箱体轴承座孔中，再安装轴体。

3）轴承内圈与轴、外圈与轴承座孔均为紧配合时，装配要点是应用专用工具——空心安装套管，把轴承同时压入轴体轴颈和轴承座孔中。

4）轴承内圈与轴为较大过盈配合时，宜采用热装方法。通常应用油槽加热方式煮热轴承，温度控制在90～110℃之间，加热时间大约为15～30min。

（2）需将轴承上印注型号标记的端面向外，便于核查。轴承与轴肩或轴承座挡肩应靠紧，闷盖、透盖、垫环应均匀贴紧在轴承内圈或外圈的端面上，如技术文件规定有游隙，应按规定留出。

（3）过盈量一般的轴承拆装时，施力点须作用在轴承套上，且只允许用铜棒敲打传力或应用专用工具拆装。严禁将施力点作用在滚动体、保持架上敲打装拆。如应用专用钢套，应垫在轴承内圈上用手锤敲入到轴上。

（4）过盈量较大的轴承装配可用压入法或温差法装配。进行热装时，严禁用火焰直接加热，而要用热机油加热（不能与油箱底接触）。加热时间大于15min，温度不超过110℃。冷冻温度须大于－80℃。对尼龙保持架的轴承不能采用温差法装配。

（5）滚动轴承安装在剖分式（对开式）轴承座内孔时注意：

1）该轴承座的盖、座接合面间应无间隙，内孔的两侧不得卡紧轴承外圈，即内瓦口处应留出一定的间隙，见表7-26。这样做的目的是防止加工时产生的残余应力使瓦口向中心方向收缩，出现“夹帮”现象。若间隙较小，可用刮刀刮削以增大间隙，即倒角（开帮）。

2）轴承座与轴承外圈的接触角：在受力面不小于120°，在非受力面不小于90°。在接触角范围内着色面积不小于总面积的50%，且均匀分布。

表7-26　滚动轴承与对开式轴承座间的间隙

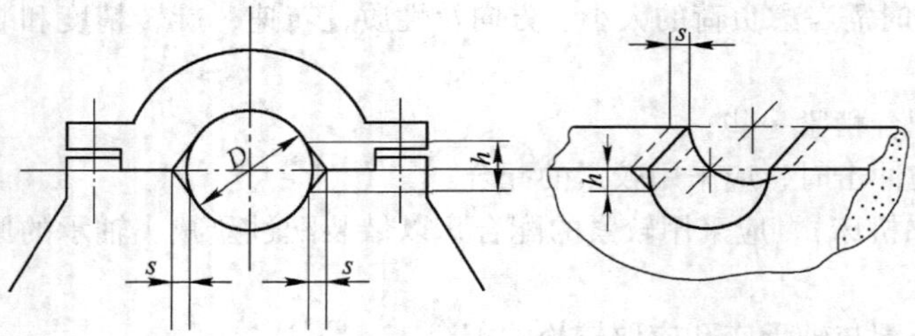

轴承外套直径/mm	s/mm	h/mm
120以下	0.1	10
120～260	0.15	15
260～400	0.20	20
400以上	0.25	30

（6）装配成组轴承时，可采用靠尺法，即应用平尺、塞尺和轴承外套来校对该轴承座的同一中心线。

（7）轴承外圈不准堵住润滑油孔及油路。

（8）密封处注意：

1）迷宫式密封装置内，装配时应填入油脂，转动件与非转动件之间应保持一定间隙，见表7-27。

2）装配油毡前宜将其预先在热机油（80～90℃）中浸渍10min。

表7-27　迷宫式密封装置间隙值

轴径/mm	20～65	70～90	95～160	170～200
间隙值/mm	0.25	0.30	0.35	0.45

7.7.4.3　装配注意事项

A　游隙的选用与调整

滚动轴承的间隙也称为游隙。轴承的游隙分为径向游隙 u_r 和轴向游隙 u_a。他们分别表示一个套圈固定时，另一套圈沿径向或轴向由一个极限位置移到另一极限位置的最大移动量。轴承游隙过大，会使承受负荷的滚动体个数减小，轴承寿命降低。同时还会降低其旋转精度，引起振动和噪声，当存在冲击负荷时此影响更显著。轴承游隙过小，轴承易发热和磨损，也会降低轴承寿命。因此，需要根据使用条件对轴承游隙大小进行适当选用或必要的调整。

在实际使用中轴承游隙又有原始游隙、安装游隙、工作游隙之分，这三类游隙依次减小。根据经验，轴承安装后轴承内圈因过盈配合滚道会膨胀，原始游隙则减小，减小量大约为配合过盈量的70%～80%左右。

在GB/T 4604中，滚动轴承的径向游隙根据轴承的结构类型，分别规定了若干不同组别的游隙值，以满足选用需要。如深沟球轴承的径向游隙分为C2、C0、C3、C4、C5五个游隙组别，其中C0为基本组，C2为较小组游隙，C3、C4、C5为较大组游隙。滚动轴承在一般正常工况条件下，应优先选用基本组游隙。它可满足大多数轴承使用场合的需要。

滚动轴承的间隙有的可调，有的不可调。间隙的调整方法有：（1）用垫片调整。利用侧盖处的垫片调整是常用的方法；（2）用螺钉调整。利用侧盖处的螺钉调整；（3）用内外圈调整。在轴承尚未装到轴上时进行，内外圈厚度根据轴向间隙确定。

角接触球轴承（向心推力球轴承）并列使用时，其轴向游隙调整范围规定：接触角$\beta=12°$时，轴向游隙为（0.6/1000～1.0/1000）d（d为轴承内径）；接触角$\beta=26°$或36°时，轴向游隙为（0.3/1000～0.7/1000）d。圆锥形的向心推力滚子轴承的内外圈是分开的。其内外圈之间的间隙是在装配后进行调整而定的。

间隙过小则磨损加快，间隙过大则工作时会产生振动。通常依靠外圈的轴向移动来调整、控制间隙。装配双列圆锥滚子轴承和并列使用的单列圆锥滚子轴承的轴向游隙调整范围按表7-28中数值规定。

表7-28 圆锥滚子轴承轴向游隙值

d/mm	圆锥滚子轴承轴向游隙/mm	
	锥角11°～16°的轴承	大锥角25°～29°的轴承
30～100	(1.5/1000～2/1000)d	(0.7/1000～1/1000)d
>100	(1.5/1000～2/1000)d	(0.4/1000～0.7/1000)d

注：表中的d为轴承内径，轴承内径较大时应取较小的系数，工作环境温度较高时应取较大的系数。

B 不可调轴承装配

单列向心球轴承、双列向心球面球轴承（滚子轴承）等不可调轴承装配时，应预留出轴向热膨胀间隙ΔL，间隙一般应大于0.5mm。不可调轴承安装在轴的两侧，由两端限制轴向窜动，其间隙值的计算公式为：

$$\Delta L = L \cdot \alpha \cdot \Delta t + 0.15$$

式中 ΔL——轴向间隙，mm；

L——两轴承的中心距，mm；

α——轴材料的线膨胀系数，℃$^{-1}$；

Δt——运转时轴与工况环境的最大温差值，℃。

C 推力轴承的装配

推力轴承装配时，应注意区分轴圈与座圈。座圈内孔比轴圈内孔大0.2mm，装配时应使轴圈靠在转动零件的平面上，座圈靠在静止零件的平面上，如图7-16所示。推力轴承的间隙也是靠螺纹来调整。推力轴承的外套与机座孔间应保持0.5～1mm的间隙。

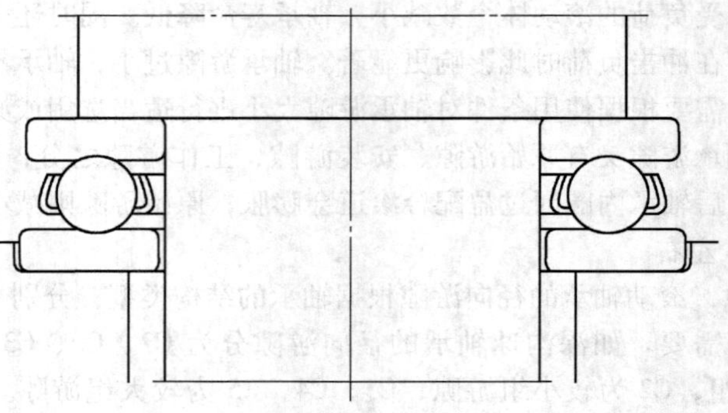

图 7-16　推力轴承装配

D　两端固定支承的轴向固定方式

该方式适于工作温度变化不大、两支点跨距 $L<350$mm 的短轴。装配时，对于深沟球轴承，在外圈与轴承座透盖之间预留间隙 C，通常 $C=0.25\sim0.35$mm，如图 7-17 所示；对于角接触球轴承，则要调整其内、外圈的相对轴向位置，间隙 C 值可查阅轴承手册。在很多使用场合，单列角接触球轴承是以成对配置或多联配置的方式出现。成对安装的角接触球轴承配置方式有三种：背靠背、面对面和串联配置。

（1）背靠背配置：可以承受两个方向的轴向负荷，但每个轴承仅能承受一个方向的轴向负荷。由于背靠背配置的压力作用点间距大，故刚性较大，并可承受倾覆力矩。

（2）面对面配置：功能同背靠背配置，但刚性比背靠背低，不适合用于承受倾覆力矩。

（3）串联配置：径向和轴向负荷由两个轴承平均分担，仅能承受一个方向的轴向负荷。

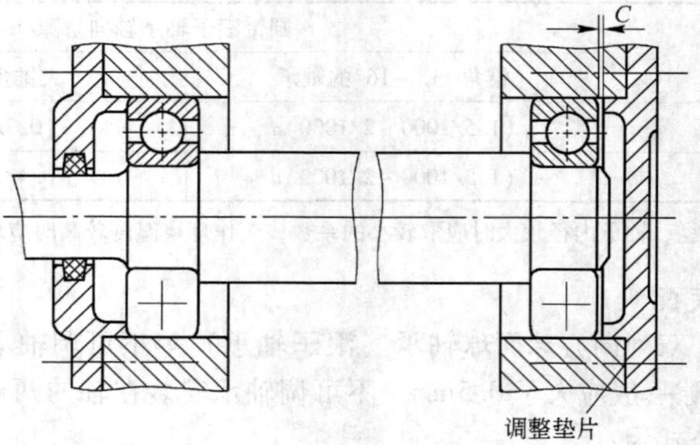

图 7-17　两端固定支承轴向固定方式

E　一端双向固定、一端游动支承的轴向固定方式

游动支承允许轴因温度变化发生热胀冷缩，即作自由游动，见图 7-18。

（1）当应用深沟球轴承时，轴承内圈两端分别靠轴肩和止动垫圈等使之固定在轴上，轴承外圈与轴承座孔间（径向）为微小间隙配合，在外圈与轴承座透盖之间预留大于轴的热胀量的间隙 C，通常 $C=2\sim3$mm。其轴向游动在轴承外圈与轴承座孔间进行。

（2）当应用圆柱滚子轴承时，其内圈固定在轴上，外圈固定在轴承座上，轴向游动在滚动体与外圈间进行。一端固定、一端游动支承的轴向固定方式主要用于工作温度变化大，且两支点跨距大的长轴处。

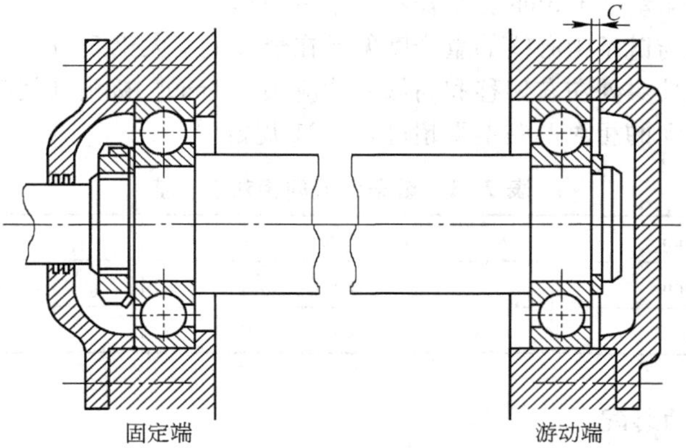

图 7-18 一端游动支承轴向固定方式

7.7.5 链传动装配

7.7.5.1 链轮自身要求

链轮装在轴上后,应检验它的径向和端面摆动。允许的径向跳动和端面摆动平均值见表 7-29。

表 7-29 链传动链轮摆动量值

链轮直径/mm	套筒滚子链的链轮摆动量/mm		钩环链的链轮摆动量/mm	
	径向跳动	端面摆动	径向跳动	端面摆动
100 ~ 200	0.5	0.5	1.0	1.0
200 ~ 300	0.75	0.8	1.5	1.5
300 ~ 400	1.0	1.0	2.0	2.0
400 以上	1.2	1.5	2.5	3.0

7.7.5.2 安装相对位置要求

(1) 两链轮轮宽中央平面应在同一平面上，允许的链轮偏移量见表 7-30。为了消除链轮的偏移，在结构上通常使其中一个链轮的位置是可调的。在轮毂孔内拧入止动螺钉，调整好位置后即可用止动螺钉将链轮固定。链轮间的相对位置可用细钢丝测定，当中心间距小于 1000mm 时，应用靠尺法检验比较快捷。

表 7-30 链轮间相对位置允许偏移量

链轮的型式	下列中心间距时的允许偏移量/mm		
	500 以下	500 ~ 1000	1000 以上（每 1000mm 长）
套筒滚子链的链轮	1.0	2.0	2.0
钩环链的链轮	2.0	3.0	3.0

(2) 为使链条能匀称准确地在轮齿上爬动，链轮的轴线应互相平行。可用检验链轮轴轴线平行度的方法来测定。两轴的平行度偏差应小于 0.5/1000。

(3) 链轮的轴线对传动机械纵向中心线的垂直度偏差应小于 1/1000。

7.7.5.3 链条滑道安装

(1) 滑道表面应平滑，不得有毛刺和突起。直线度偏差要求为，每 5m 长滑道偏差小于

3mm，每24m长滑道偏差小于5mm，全长不大于10mm。

（2）滑道中心线与链条中心线的重合度偏差在全长上不大于5mm。

（3）两段滑道在接头处左右偏移和高低差均应小于1mm，接头处间隙不超过3mm。

（4）相邻两滑道间的相对偏差不得超过表7-31规定。

表7-31　链条滑道间相对偏差值

滑道中心距离/mm	≤500	>500
中心距离偏差/mm	±1	±2
标高偏差/mm	±1	±2

7.7.6　圆柱齿轮传动装配

国家标准（GB/T 10095）规定齿轮有13个精度等级，按精度高低依次为0～12级，常用的是6～9级。齿轮精度等级由齿轮类型、传动用途、使用条件和圆周速度等决定。为提高齿轮抗各种齿面失效和齿根折断的能力，要求轮齿表面尽量要硬，轮齿芯部尽量要韧。

7.7.6.1　齿轮在轴上的装配

装配前，应仔细核查轴和轮毂孔间配合表面的状况及公差值的大小。高速传动的齿轮在装配前需进行平衡试验。一般齿轮传动，齿轮与轴的配合为过盈配合或过渡配合。过盈量较小时，采用压装法；过盈量较大时，采用热装法。齿轮装在轴上后需主要检查两项内容，即齿圈径向跳动值和端面圆跳动值，见表7-32和图7-19。

表7-32　齿轮在轴上装配主要检查项目

检查项目	可能出现的现象	产生原因	脉动允许值（每100mm长齿轮直径）
齿圈径向跳动（应用千分尺、量规测量）	齿顶圆跳动（扁）	（1）滚齿加工误差。（2）齿轮分度圆轴线与轴颈轴线同轴度误差。均为制造时产生	0.01～0.03mm
齿圈端面圆跳动（应用千分尺测量）	齿轮端面在轴颈上偏摆（耍龙）	（1）齿轮内孔与端面有垂直度误差（制造原因）。（2）齿轮内孔与轴颈压入装配时偏移	0.05～0.08mm

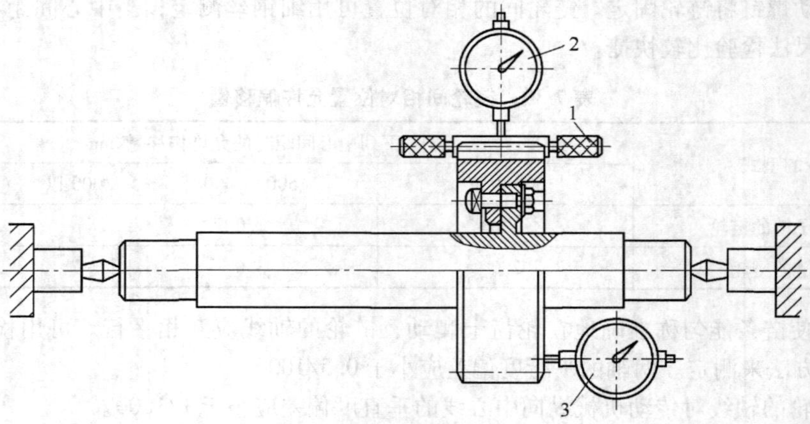

图7-19　齿圈径向、端面跳动检验

1—量规；2，3—千分表

7.7.6.2 齿轮轴组件在机体上的装配

齿轮轴组件在机体上试转时可能出现的啮合现象问题主要有：齿面接触痕迹点集中在节圆偏上部位，说明中心距过大；齿面接触痕迹点集中在节圆偏下部位，说明中心距过小；齿面接触痕迹点集中在齿长方向的某一端，说明两齿轮中心面不在同一平面上。出现这些问题的原因有箱体孔轴线的同轴度、平行度不符合要求，箱体孔的轴线倾斜，两轴的中心距误差较大。也就是说啮合齿轮的接触精度和工作平稳性不符合要求。

解决办法是：当齿轮传动的支承方式采用滑动轴承时，箱体孔等加工误差可用刮研及修磨内孔颈的方法进行微量补偿，使其达到规定的技术要求。当齿轮传动的支承方式采用滚动轴承时，箱体孔等加工误差无法应用修配法进行微量补偿，故必须严格控制箱体孔的加工尺寸与精度。圆柱齿轮传动的齿侧间隙及中心距偏差应符合图纸技术要求。如无规定时，传动齿侧间隙及中心距偏差值可参考表7-33所示数值。

表 7-33 圆柱齿轮传动齿侧间隙及中心距偏差值

圆柱齿轮传动的中心距/mm		200～320	320～500	500～800	800～1250	1250～2000
最小侧隙/μm	闭式齿轮传动	210	260	340	420	530
	开式齿轮传动	420	530	680	850	1060
中心距极限偏差/μm	闭式齿轮传动	±120	±160	±180	±200	±250
	开式齿轮传动	±200	±250	±280	±320	±400

7.7.6.3 齿侧间隙

齿轮传动的齿侧间隙是指一对齿轮在啮合传动中，两个非工作齿廓之间的最小距离。齿侧间隙的作用是避免相互啮合的齿轮由于制造和安装误差、受力变形和热膨胀而相互卡住，同时还可储存润滑油，有利于散热和减小冲击。侧隙可通过适当的齿厚极限偏差和中心距极限偏差值来保证。

（1）齿侧间隙的大小与齿轮模数、精度等级和中心距有关。侧隙值可参阅表7-33。对于一般传动的圆柱齿轮和圆锥齿轮传动，侧隙值为$(0.04\sim0.08)m_n$，齿轮副齿数和较大时取较大系数值。

（2）齿侧间隙的检测方法。

1）压铅法。该法简单、准确，应用较多。在两齿轮的齿面间沿齿宽方向均匀放置2～3根铅丝（保险丝丝径不宜超过侧隙值的3倍，长度为15～20倍齿厚），均匀盘动齿轮，铅丝被咬入、压扁，用手接住该变形的铅丝并应用千分尺测量。压扁铅丝最薄处是工作侧隙值，最厚处是齿顶隙，厚度较大处是非工作侧隙值。工作侧隙值与非工作侧隙值之和为齿侧间隙。

2）千分表法。该法用于较精确的啮合检测。将一个齿轮固定，另一个齿轮相对晃动，用千分表测出该晃动量即为齿侧间隙。一般要沿齿宽方向检测2～3次，以最小值认定。可选择不同角度部位轮齿分别检测，比较稳妥。

（3）相应消除办法。对不符合技术要求的齿侧间隙，可用修整刮研轮齿齿面与调整齿轮轴相对位置的方法来解决。需提醒的是，上述齿侧间隙规定仅作为新齿轮和齿面轻微磨损的旧齿轮安装调试的依据。对于磨损较为严重的旧齿轮，其调整办法要按实际情况确定，但安装后的侧隙值要作检查记录，存入设备档案。

7.7.6.4 接触精度（总装与调试）

对于传递动力、特别是负荷较大的齿轮，如冶金工厂内主机传动齿轮，其齿面的接触状况尤为重要。它关系到齿轮的承载能力。齿轮使用中应避免过大的载荷集中和冲击负荷，避免断齿现象发生，从而延长齿轮副的使用寿命。齿面的接触精度是用接触斑点面积大小（面积和）来表示的，并且位置需正确（见7.7.6.2节内容）。这是齿轮总装与调试必要检测程序。

圆柱齿轮运转啮合中所发生的各种齿面接触情况见图7-20。

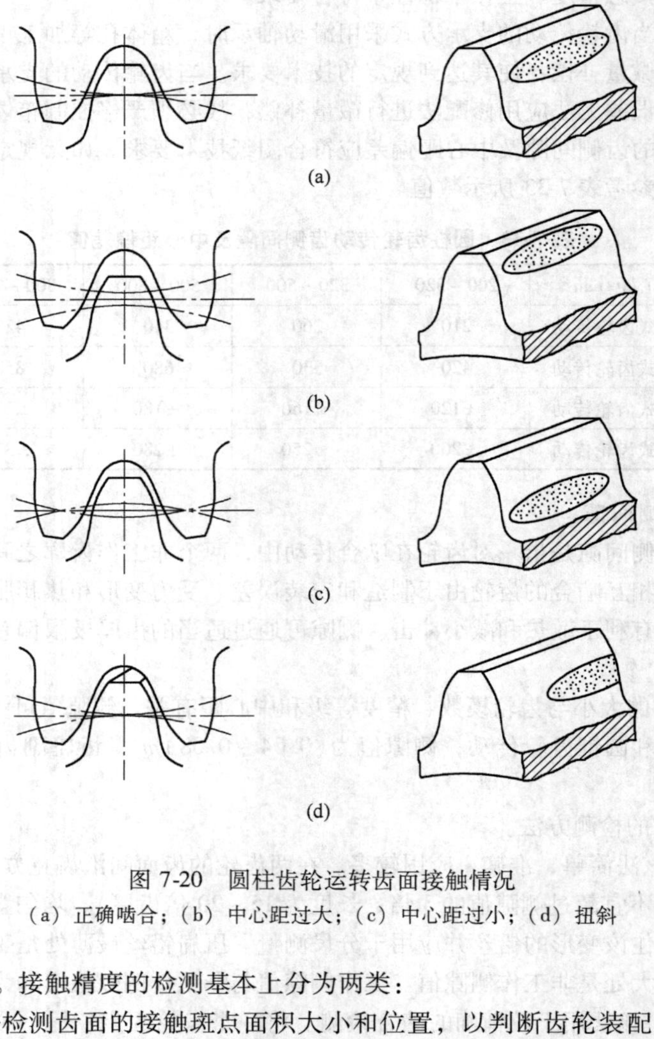

图7-20 圆柱齿轮运转齿面接触情况

（a）正确啮合；（b）中心距过大；（c）中心距过小；（d）扭斜

（1）检测方法。接触精度的检测基本上分为两类：

1）利用涂色法检测齿面的接触斑点面积大小和位置，以判断齿轮装配的质量。即在小齿轮齿面上涂色，然后手动盘车，待大齿轮转动8~10圈后，进行查看。

2）在线检测。该法适于负荷大的齿轮工况。将齿轮及相关部件装配完毕后，在生产线上试运转查看。第一步空负荷试运转约1~2h，停车后进行查看。若不合格，则进行第二步带负荷试运转，以50%~80%的负荷试运转，约3~6h。注意此阶段试车必须每隔30~40min停车进行查看一次！一旦合格，即刻终止试运转在线检测工作。

（2）相应消除办法。可用修整刮研及磨合（人工或在线方式）等工艺解决。通常采用在齿面上涂研磨膏进行转动研磨的方法，以增加工作面上的接触点数。

（3）接触斑点数值。齿轮副接触斑点的百分值数值应符合规定，见表7-34。

表 7-34 齿轮副接触斑点的百分值

齿轮副类别	测量部位	精度等级			
		6	7	8	9
		接触斑点的百分值应不小于/%			
圆柱齿轮	齿　高	50	45	40	30
	齿　宽	70	60	50	40
圆锥齿轮	齿　高	70	60	50	40
	齿　宽	70	60	50	40

7.7.7 联轴器装配

联轴器的作用是把两根轴沿轴长方向连接起来，实现同心传递扭矩。联轴器的种类很多，应注意它们的特殊性，但最主要的是保证两根轴同心。

7.7.7.1 概述

零部件由于制造、安装或使用时发生变形、松动等原因，产生了不同心的各种位移。连接设备的两根轴可能发生的位移有四种：轴向位移 X、径向位移 Y、角度位移 α 和综合位移 $X+Y+\alpha$。如图 7-21 所示。

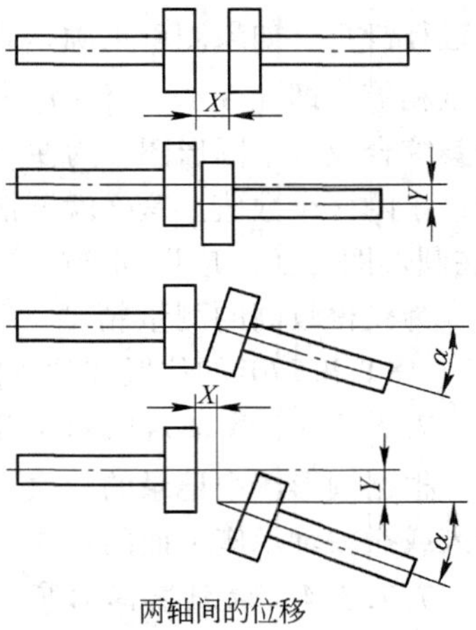

图 7-21 两根连接轴发生位移情况

需要指出的是，测量联轴器的端面间隙 C 值时，应使轴窜动到端面间隙为最小尺寸的位置；对于轴承形式为滑动轴承的电动机，应使其转子处于电动机中心的位置。

7.7.7.2 联轴器的同心度偏移和扭斜的检验方法

同心度测量可用一点测量、两点测量或四点测量的方法进行。由于在测量过程中不可避免地会产生数值上的误差，故进行多点测量可以获得较高的精度，更接近真实情况的值。具体检验方法是，将两半联轴器暂时相互连接，使两半联轴器同时转动一圈，每转 90°测量沿端面和圆周四点的位置，并按测量的记录来进行调整偏差。沿端面测量的数值的差异即可确定联轴器的扭斜量；沿圆周测量的数值的差异即可确定联轴器的平行的偏移量。

同心度最简便的测量方法如图 7-22 所示，采用平块和斜块沿端面测量、用角尺和塞尺沿圆周测量。但这种方法所得结果精度不高，一般只能应用于低速运转的机械设备。采用专门的卡具来测量轴和联轴器的同心度，可得到较高的精度。卡具用螺栓或钢带固定在联

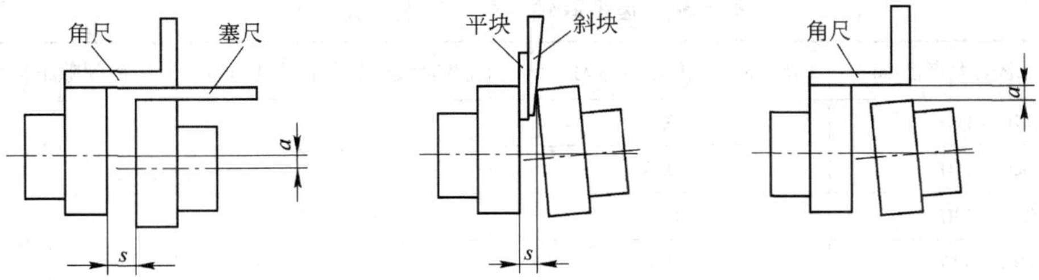

图 7-22 同心度简便测量方法

轴器上，然后将整个联轴器同时按 0°、90°、180°和 270°的位置转动后用塞尺测量。卡具在上述各位置可测得径向间隙 a 和轴向间隙 s，利用测量所得的数值即可计算联轴器的偏移和扭斜。

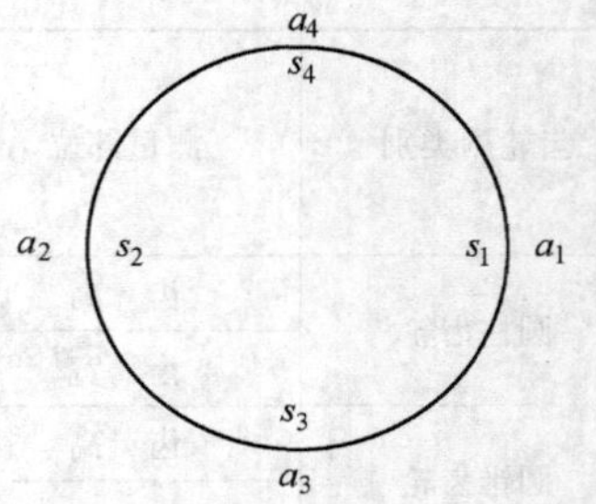

图 7-23　联轴器同心度测量结果记录

同心度测量结果记录用圆形图表示，见图 7-23。图中圆周的外部记录沿圆周的径向间隙（a_1、a_2、a_3、a_4），在圆周的内部记录沿端面的轴向间隙（s_1、s_2、s_3、s_4）。水平方向的偏移和扭斜，由测量记录 a_1，a_2 和 s_1，s_2 来检测；垂直方向偏移和扭斜，由测量记录 a_3，a_4 和 s_3，s_4 来检测。

如果测量得到不相等的间隙值，应对作为调整的那一段轴进行修正。如果测量正确，其两个互相垂直方向数值的和应该相等，即 $a_1 + a_2 = a_3 + a_4$ 和 $s_1 + s_2 = s_3 + s_4$。在圆形图中先记录四个位置轴向间隙的数值，将其综合成一个圆形图。为便于分析，要将数值整理加以简化，即全部轴向间隙的数值减去其中最小的一个数值。这样就可很明显地看出两半联轴器扭斜的实际情况。径向间隙的测量记录（在圆形图外面）应以同样顺序同时进行。

为获得较高的测量精度，常采用四点测量。多点测量是一点测量的多次重复，也按 0°、90°、180°和 270°的位置转动后依次进行（按算术平均值综合成一个圆形图）。

7.7.7.3　联轴器同心度偏移和扭斜的调整方法

根据圆形图中记录的数值，调整其中一个轴中心线的位置。调整方法通常采用在垂直方向加入或撤去轴承座下面的垫片，在水平方向移动轴承座的位置。

7.7.7.4　联轴器同心度偏移和扭斜的允许值

尼龙柱销联轴器径向位移、倾斜及端面间隙值见表 7-35。

表 7-35　尼龙柱销联轴器同心度偏扭允许值表

<table>
<tr><th>联轴器外形最大直径/mm</th><th>两轴心径向位移不得大于/mm</th><th>两轴线倾斜不得大于/mm</th><th>端面间隙/mm</th></tr>
<tr><td>90 ~ 150</td><td rowspan="2">0.05</td><td rowspan="5">0.2/1000</td><td>2 ~ 3</td></tr>
<tr><td>170 ~ 220</td><td>2.5 ~ 4</td></tr>
<tr><td>275 ~ 320</td><td rowspan="3">0.10</td><td>3 ~ 5</td></tr>
<tr><td>340 ~ 490</td><td>4 ~ 6</td></tr>
<tr><td>560 ~ 610</td><td>5 ~ 7</td></tr>
</table>

齿型联轴器轴心径向位移、倾斜及端面间隙值见表 7-36 所示。

表 7-36　齿型联轴器同心度偏扭允许值

<table>
<tr><th>联轴器外形最大直径/mm</th><th>两轴心径向位移不得大于/mm</th><th>两轴线倾斜不得大于/mm</th><th>端面间隙不得小于/mm</th></tr>
<tr><td>170 ~ 180</td><td>0.3</td><td rowspan="2">0.5/1000</td><td rowspan="2">2.5</td></tr>
<tr><td>220 ~ 250</td><td>0.5</td></tr>
<tr><td>290 ~ 430</td><td>0.7</td><td>1.0/1000</td><td rowspan="2">5.0</td></tr>
<tr><td>490 ~ 590</td><td>0.9</td><td rowspan="2">1.5/1000</td></tr>
<tr><td>680 ~ 780</td><td>1.2</td><td>7.5</td></tr>
</table>

7.7.8 减速器装配

7.7.8.1 减速器的分类

减速器是应用于原动机和工作机械（机器）之间的独立的闭式传动装置。减速器的种类很多，用以满足各种机械传动的不同要求。通常减速器有以下几大分类方式：

（1）根据齿轮形状不同，分为圆柱、圆锥、圆锥－圆柱齿轮减速器。

（2）根据传动的级数，分为单级、多级减速器。

（3）根据转轴在空间的位置，分为卧式和立式减速器。

（4）根据传动的布置形式，分为展开式、分流式和同轴式减速器。

（5）根据传动类型，分为普通齿轮、蜗轮蜗杆、齿轮-蜗杆、行星齿轮和谐波减速器等类型。

常用减速器形式比较多而且杂，应用范围各自不同，特点及要求也不同，维修时可查阅相关专业手册。例如，单级圆柱齿轮减速器（展开式）轮齿可做成直齿、斜齿和人字齿。直齿用于速度较低（不大于8m/s）或负荷较轻的传动，斜齿或人字齿用于速度较高（25～50m/s）或负荷较重的传动。箱体通常采用铸铁做成，也有铸钢材质或钢板焊接结构箱体。轴承一般采用滚动轴承，只有在重型或高速时，才会采用滑动轴承。其他形式的减速器与此类同。

7.7.8.2 装配要点

实施减速器装配时，重点注意以下几项：

（1）轴承方面。减速器的轴承应符合“滑动轴承装配”或“滚动轴承装配”的有关规定。同一轴上的轴承中心线应重合，其允许偏差为最小径向间隙的一半。

（2）箱体方面。底座与箱盖合箱时，边缘应平齐。总长度小于1200mm时，相互错位每边不应大于2.0mm；总长度不小于1200mm时，相互错位每边不应大于3.0mm。底座与箱盖合箱后未紧螺栓时，用0.05～0.10mm塞尺检查剖分面接触密合性，塞尺塞入深度应小于剖分面宽度的1/3。轴承孔的轴线应与剖分面重合，允许偏移量为0.3～0.5mm。剖分面拱曲超过0.3/1000时，应予修平。

（3）轴中心线平行度和中心距方面。减速器各齿轮轴中心线平行度和中心距的允许偏差，应保证齿轮啮合的齿顶间隙、齿侧间隙和接触斑点的要求。相关数据应符合表7-37中的数值规定。

表7-37 普通减速器各轴线平行度偏差值

齿面接触精度等级	齿轮宽度或半个人字齿轮宽度/mm					
	≤55	55～110	110～160	160～220	220～320	320～450
	轴线平行度偏差不大于/μm					
6	13	15	17	19	22	26
7	17	19	21	24	28	34
8	21	24	26	30	36	42
9	26	30	34	38	45	52

（4）蜗轮蜗杆减速器要求。普通圆柱蜗杆传动减速器中心距等允许偏差应符合规定，见表7-38。圆柱蜗杆减速器轴线歪斜度允许偏差值见表7-39。双包络弧面蜗杆传动减速器相关装配要求见表7-40。

表 7-38　蜗杆减速器中心距、蜗轮中心平面允许偏差值

精度等级	项　目	中心距/mm				
		≤50	>50~80	>80~160	>160~320	>320~500
		允许偏差/μm				
7	中心距偏差	±30	±42	±55	±70	±85
	蜗轮中心平面偏移	±22	±34	±42	±52	±65
8	中心距偏差	±48	±65	±90	±110	±130
	蜗轮中心平面偏移	±36	±52	±65	±85	±105

表 7-39　圆柱蜗杆减速器轴线歪斜度允许偏差值

精度等级	轴向模数/mm				
	>2~2.5	>2.5~6	>6~10	>10~16	>16~25
	轴线歪斜度允许偏差/μm				
7	13	18	26	36	58
8	17	22	34	45	75

表 7-40　双包络弧面蜗杆减速器装配允许偏差值

项　目		精度等级	中心距/mm			
			>120~240	>240~360	>360~480	>480~600
			允许偏差/μm			
中心距偏差		7	±48	±60	±80	±100
		8	±60	±85	±120	±155
蜗轮中心平面偏移		7	20	35	50	65
		8	35	60	85	110
轴线歪斜度		7	15	25	35	45
		8	25	35	45	55
蜗杆轴线偏移		7	20	40	60	80
		8	30	55	80	105
接触斑点	蜗轮公称包络区	7	沿齿高和齿宽的90%			
		8	沿齿高和齿宽的80%			
	蜗杆被包容齿	7	全长90%			
		8	全长80%			

复习思考题

7-1 设备检查工作的内容有哪些？
7-2 设备修理的含义是什么？
7-3 机加工修复的主要方式有几种，应用的刀具材料应具备哪些性能？
7-4 列举四种常用综合修复技术的特征与用途。
7-5 选择修复技术的三项原则是什么？
7-6 设备拆卸重点注意事项有几点，拆卸的基本操作手法有几种？
7-7 设备检测工作的作用是什么，修前检测的主要内容有哪些？
7-8 防止焊接变形的基本操作手法有几种？
7-9 为了保证焊修质量，碳素钢零件补焊时应采取哪些技术措施？
7-10 铸铁零件补焊的特点是什么？
7-11 简述氧乙炔焰热喷涂技术的目的、原理和特点。
7-12 什么是钳工作业修复技术的修理尺寸法？
7-13 什么是金属扣合技术，热扣合法有何优点？
7-14 某剪切机的铸铁件机身出现裂纹时，怎样修复？
7-15 一般键槽损坏时，怎样修复？
7-16 某轴轴颈有 0.4mm 的磨损量呈椭圆形，应怎样修复？
7-17 零部件装配时，过盈配合零件装配的两项基本要求是什么？
7-18 静连接普通平键的主要失效形式是什么，其挤压强度条件校核公式是什么？
7-19 简述装配轴瓦（剖分式）的主要技术要求。（90 字左右）
7-20 装配滚动轴承的主要注意事项有哪几点？（90 字左右）
7-21 画出应用深沟球轴承时，一端固定、一端游动支承的轴向固定方式简图并说明该轴承热胀冷缩时轴向游动在何位置进行调整。
7-22 一般齿轮传动时，齿轮装配在轴上后需主要检查哪两项内容？
7-23 齿轮传动的齿侧间隙含义与作用是什么，通过控制什么来保证齿侧间隙？
7-24 被连接的两根轴，可能发生的位移有几种情况？
7-25 对于低速运转的机械设备，其联轴器同心度最简便的测量方法是什么？
7-26 加工套筒类零件的技术要求有几项？列出其中一项具体要求。

8 设备安装与试运转

【教学重点】

本章侧重介绍设备安装与试运转工作阶段的工作要求、过程顺序，尤其是根据技术和管理两方面的要求，介绍设备的安装与试运转工作。要求学生掌握设备基础与检验、设备定位、设备找正找平、水压试验、设备试运转步骤、空负荷试运转检查项目等的技术标准要求及操作方法。

8.1 安装前准备工作

8.1.1 设备开箱与检查

在成箱设备运抵安装现场后，需要进行开箱验收工作。开箱前应查明设备名称、数量和型号，防止开错。按惯例，需方和供方双方代表人员应同时在场共同进行设备开箱与检查。检查目的主要有三点：

（1）设备是否有破损。

（2）零部件、附件的数量（或重量）是否短缺。

（3）办理接收移交确认手续。

8.1.2 设备定位

设备在车间的安装位置是指设备的排列，标高，平面、立体间相互距离。它应符合设计平面布置图与安装施工图的规定。

设备定位的基本原则是满足生产工艺的需要，在此基础上还应使设备定位便于维护检修，保障工序衔接和操作安全。

设备定位应以车间厂房柱子的纵、横中心线或墙体的边缘线为基准线，即按照设计图放线定位。特别要注意中心线的准确性和设备安装标高的合理性，即该车间设备的基准起始点（线）。设备安装标高方面第一项工作就是正确确定车间整体设备的基准起始点——正负零（±0.00）的位置。

8.1.3 设备基础与基础检验

设备基础的作用是：

（1）承受机器及其附加设施的全部重量，并将连同基础自重在内的所有重量均匀地传递到土壤实土层上。

（2）承受与消除机器因动力作用所产生的振动。

机器固定在基础上，基础的底面又支承在地基上。地基分为天然的和人工的两种。人工地基又有压实地基、垫层地基（粗砂、碎石、片石）和桩基（木桩、钢筋混凝土桩）三种。根据土壤资料，如果采用天然地基，经计算不能承受上部全部荷重时，即承压力大于天然地基的许可值，则需采用人工地基进行加固。

通常构筑设备基础的材料主要为砖、毛石和混凝土三大类。按材料和受力特点分类，基础可分为刚性基础和柔性基础两大类。

(1) 刚性基础：包括砖基础、毛石基础、混凝土基础和毛石混凝土基础四种。

(2) 柔性基础：是在基础受拉区内的混凝土中配置钢筋（因弯矩产生的拉应力全部由钢筋承担），故称为钢筋混凝土。

砖基础通常应用于静载荷之处，如储水罐、料仓等。目前在工业生产现场，一般都采用钢筋混凝土基础。各种标号的混凝土要按一定的成分比配成，一般实际应用中，水泥：沙子：碎石 = 1∶3∶5；重要之处，水泥：沙子：碎石 = 1∶2∶3 。严格、合理的配合比计算需查阅土建专业资料。

各类设备基础采用的混凝土标号见表8-1。

表8-1 设备基础与混凝土标号参考值

设备类型	基础种类	混凝土标号	举　例
一般设备	混凝土基础	C7.5 ~ C10	机床类，运输机及负荷较小、均匀运转的设备类
重型和不均匀转动、具有冲击负荷的设备	钢筋混凝土基础	C11 ~ C20	重型切削机床类、内燃机、压缩机、轧钢机械、破碎机、球磨机、中型透平机组等
特重型、重要的、有较大冲击负荷的设备	钢筋混凝土基础	C15 ~ C25	大功率的水泵、风机、高精度切削机床类、锻锤、剪切机、大型轧钢机械及冶金机械类等

8.1.3.1 设备基础的技术要求

(1) 构筑设备基础时，必须建立严格的现场技术监理、监督制度以保证质量。对重要设备的基础，应由厂方进行跟踪式基础沉降观测，做出详细记录。

(2) 除较大的设备基础外，浇灌混凝土基础时，要求一次性不间断地完成。混凝土的各项配料要求用搅拌机拌和均匀。若由人工搅拌，其顺序为：先将水泥和沙子进行干的均匀拌和并铺平，然后一面加水一面加入碎石，搅拌均匀。在平均气温低于5℃，最低气温低于 -3℃时，应按冬季施工要求采取措施。

(3) 浇灌混凝土基础时应分层摊平和普遍捣实。二次灌浆层的预留厚度一般为 50 ~ 130mm，该处的设备基础表面应清除浮浆、凿成麻面，并不得有油污以保证二次灌浆的质量。相关设备安装验收合格后，方允许浇灌二次混凝土。

预留地脚螺栓孔、设备底座与基础之间的二次灌浆，应符合《钢筋混凝土工程施工及验收规范（修订本）》的规定。地脚螺栓预留孔内不允许有油污。

(4) 混凝土初凝后，需指派专人负责混凝土的基础养生（养护）。在养护期内，水分过多会引起混凝土膨胀而产生裂纹；水分不足会降低标号强度。洒水期一般为 4 ~ 6 天。冬季可采用蒸汽养生，并在基础上覆盖草帘，但加热前混凝土初温不得低于5℃，升、降温速度每小时不得大于10℃，恒温温度不得超过70℃。混凝土基础由浇灌完毕到设备在其上就位一般不应少于 8 ~ 15 天。为避免基础的不均匀沉降而影响设备运转精度，可对其进行预加压试验——用为设备 1.5 倍重量的钢坯或废钢，在基础上放置 3 ~ 4 天即可。

（5）混凝土基础由浇灌完毕到设备在其上安装、拧紧地脚螺栓螺母，一般需要经过 28 天。如果工期紧急，设备需提前工作，那么应该在浇灌混凝土基础时采取必要的措施。对预留孔地脚螺栓，需在螺栓孔中的二次混凝土强度达到或超过周边混凝土基础强度时，方可拧紧地脚螺栓螺母。

8.1.3.2　设备基础检验

设备基础检验工作也称为基础验线。其主要内容是：混凝土基础的强度检测、基础尺寸与位置质量核准和基础的处理。基础完工后土建施工单位应提交中间交工技术资料，对基础进行自验收，然后共同验收。未经验收的基础不得进行设备安装。

设备就位安装时，一般应待混凝土达到设计强度 70% 以上才可安装。但设备精平调整时，拧紧地脚螺栓必须达到设计强度 90% 以上才可进行。设备就位前，应按设计和设备实况核对地脚螺栓的位置与尺寸、螺纹有无损坏及与螺母配合松紧程度等。

设备基础尺寸与位置质量要求见表 8-2。

表 8-2　基础尺寸与位置质量要求

项　目	允许偏差/mm	项　目	允许偏差/mm
基础坐标位置（纵、横中心线）	±20	竖向偏差（垂直偏差）：每米 全长	5 20
基础各不同平面的标高	0 −20	预埋地脚螺栓：标高（顶端）	20 0
基础上平面的不水平度：每米 全长	5 10	中心距（在根部和顶部两处测量）	±2

8.1.3.3　基础问题的处理

基础问题表现为易产生标高不符合要求及地脚螺栓位置埋偏。

（1）基础标高不符。过高时可用扁铲铲低；过低时可在原基础表面铲麻面之后再补灌原标号混凝土。

（2）基础中心偏差。在基础中心偏差很大时，可借改变地脚螺栓的位置来补救。

（3）地脚螺栓的偏差。当偏差小时，可把螺栓烤红矫正到正确的位置；偏差较大时（大螺栓），可采用挖到一定深度后割断，补加钢板焊牢的特殊方法补救。

8.1.4　拧紧地脚螺栓注意事项

（1）螺母下应加设垫圈。拧上螺母之前应用机油润滑地脚螺栓的丝扣，预防日后锈蚀。

（2）拧紧地脚螺栓螺母应从设备的中间部分开始，然后往两端交错对角进行。严禁紧完一边再紧另一边的作法。紧完螺母后需再复查一次设备水平。

（3）对承受较剧烈振动的设备，如冲压设备，其地脚螺栓应以双螺母锁紧。

（4）拧紧地脚螺母后，螺栓需露出螺母的长度宜为 1.5 ~3 倍螺距。

（5）地脚螺栓螺母的紧固程度，一般可用手锤敲击螺母，根据响声和反弹力凭经验检查。

8.1.5　环氧砂浆锚固地脚螺栓

当遇到工期异常紧张的改、扩建工程基础地脚螺栓施工时，或遇到事故性地脚螺栓抢修时，按上述正常的土建施工方法不能满足工期要求，这时就需要采用特殊的办法来解决工期问题。在需“栽丝”数量较少时（一般在8个以下），现场通常采用的是环氧砂浆锚固地脚螺栓方法。该法简便、快捷，效果可靠，能够显著地缩短抢修时间，提高设备作业率。应用该办法的前提条件是设备原基础混凝土抗压强度不小于10MPa，地脚螺栓环境使用温度为-40~70℃。

（1）制作地脚螺栓。一般采用光面直杆螺栓，埋设深度为$11d$~$15d$（d为螺栓直径）；重要部位螺栓的埋入端部可做增加锚固作用之处理，如加焊丁字圆钢段或端部镦粗等。

（2）原基础钻孔。钻孔直径根据螺栓直径的大小而定，基础钻孔直径数值见表8-3。

表8-3 基础钻孔直径数值

螺栓直径/mm	钻孔直径/mm	环氧砂浆平均壁厚/mm	螺栓直径/mm	钻孔直径/mm	环氧砂浆平均壁厚/mm
16~24	24~34	4~5	48~64	64~84	8~10
30~42	42~58	6~8			

（3）清理基础钻孔。浇注环氧砂浆前需要清除孔中的粉尘、积水及杂物。孔壁应干燥、无油污，地脚螺栓表面也应清理干净、露出新痕。

（4）调制环氧砂浆。调制环氧砂浆的材料和配比，见表8-4。

表8-4 调制环氧砂浆材料和配比参考值

材料名称	规　格	用量(按重量计)/%
环氧树脂	6101（E-4）	100
磷苯二甲酸二丁酯	工业用	17
乙二胺	无水（含胺量98%以上）	8
粗　砂	自然级配，粒径不大于1.0mm、含水量不大于0.2%、含泥量不大于2%	250

（5）地脚螺栓插入前预热到60℃。螺栓固定后应视气温情况采取蓄热法或加热法进行养护。在气温低于15℃时，孔壁与环氧砂浆的温度应保持在40℃左右。浇注后的环氧砂浆具体养护时间见表8-5。

表8-5 浇注环氧砂浆养护时间参考值

平均气温/℃	养护时间/天		平均气温/℃	养护时间/天	
	采用无水乙二胺时	采用有水乙二胺时		采用无水乙二胺时	采用有水乙二胺时
15	4	6	25	2	4
20	3	5	>30	1	3

8.1.6 垫铁放置

8.1.6.1 垫铁的作用

在设备底座下安放垫铁，借助调整垫铁厚度，使设备安装达到所要求的标高和水平度，并使设备的全部重量及工作负荷通过垫铁均匀地传递到基础上。

8.1.6.2 垫铁的种类、规格和适用范围

（1）矩形垫铁，又名平垫铁，应用广泛。

（2）斜垫铁，单独成对使用时，用于不承受主要负荷（基本上由灌浆层承受）场合。通常都与平垫铁配合使用，起到微调作用，用于承受振动的机器和精密的机器。斜垫铁安装完毕后在垫板间用点焊方法固定。平、斜垫铁的规格见图8-1、表8-6和表8-7。

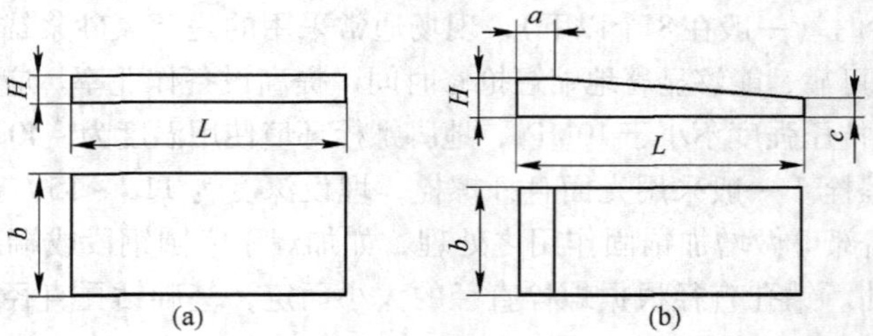

图 8-1　平垫铁和斜垫铁

(a) 平垫铁；(b) 斜垫铁

表 8-6　平、斜垫铁规格参考值

序号	平垫铁/mm			斜垫铁/mm				
	代号	L	b	代号	L	b	c	a
1	平 1	90	60	斜 1	100	50	4	6
2	平 2	110	70	斜 2	120	60	5	8
3	平 3	125	85	斜 3	140	70	6	10

表 8-7　重型机械应用的平垫铁规格参考值

地脚螺栓直径/mm	平垫铁的长与宽/mm	厚度/mm	垫铁材料
M18 ~ M35	100 × 60	15，10，5	钢板，锻钢
M35 ~ M50	150 × 100	25，20	
M50 ~ M60	200 × 100	25，20，15，10	
M60 ~ M70	250 × 100		

1）厚度 H 可按需要而定，斜垫铁斜度为 1/10 ~ 1/20，应与同号平垫铁配合使用。

2）一般表面粗糙度 Ra 值：上下平（斜）面 Ra12.5 ~ 25；四周边不加工。

3）如有特殊要求，可采用其他规格和精度的垫铁。

（3）开口垫铁。在金属结构上边安装设备或当设备底脚的面积很小时使用。

（4）勾头成对斜垫铁。有些设备不需要设置地脚螺栓（如磨床等），直接安装在地坪上，此时可用勾头成对垫铁，由垫铁承受主要负荷。在底座与垫铁之间放置防振填料。

（5）L 形垫铁。在以上几种垫铁不能放置时，可用 L 形垫铁，如剪切机。因设备底脚与垫板接触面很小，采用 L 形垫铁为佳，见图 8-2。

（6）螺栓调整垫铁。适于机床类设备安装，如图 8-3 所示。只需拧动调整螺栓，即可灵敏、有效地调节机床高低，提高了工作效率。螺纹部分和调整块滑动面上应涂以耐水性较好的

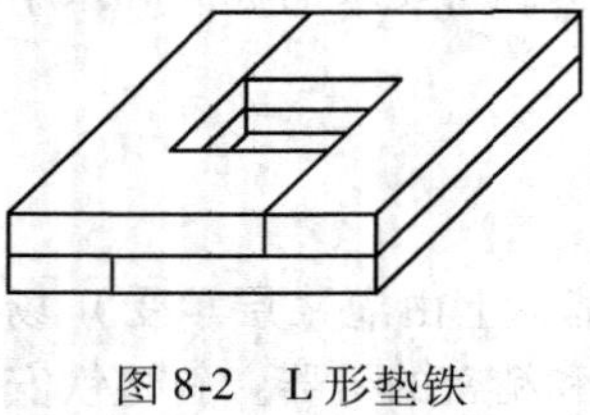

图 8-2　L 形垫铁

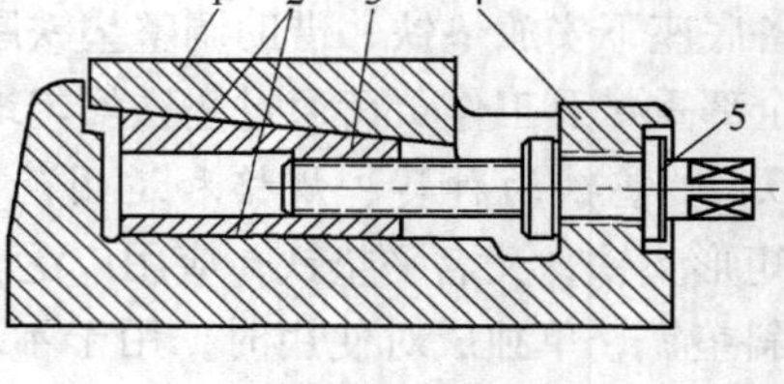

图 8-3　螺栓调整垫铁

1—升降块；2—调整块滑动面；3—调整块；4—垫座；5—调整螺栓

润滑脂。垫座应用混凝土灌牢，但不要灌入活动部分（浇灌混凝土时可临时应用钢板围挡）。

8.1.6.3 放置垫铁的注意事项

（1）设备下的一般垫铁组之间允许的最大距离（间隔）是500～900mm。

（2）垫铁组应露出设备底座外缘10～50mm。

（3）垫铁与地脚螺栓的边缘可保持50～150mm的距离。

（4）垫铁组合计高度一般控制在60～100mm范围，要考虑稳定性和二次灌浆层高度。平垫铁组中，最厚的垫铁应放在下面，最薄的垫铁应放在中间。

（5）在放置垫铁的混凝土基础局部位置上，需要事先手工铲平（“刨毛”），要求垫铁与基础之间原则上大部接触，手按垫铁板不能有明显翘动。

（6）安装妥善之后，各垫铁间应相互点焊牢固。

8.2 设备找正、找平工作

8.2.1 设备找正、找平工作的目的与内容

8.2.1.1 设备找正、找平工作的目的

（1）保持设备稳定及重心力的平衡，减小附加力及力矩，从而避免设备变形和减少运转中的振动。

（2）避免运转零部件不必要的磨损和功率消耗，保证设备的正常润滑。

（3）保障工件加工精度及工作质量，保障设备达到设计规定的精度标准。

8.2.1.2 设备找正、找平工作的内容

找正、找平之前需完成前期准备工作，即挂设中心线工作。设备在基础上就位后，就可根据图纸要求在现场挂设中心线。中心线就是标准线，用来确定设备纵横水平方向的方位，从而确定设备的正确位置与标准。具体挂线需注意：

（1）可采用25号～20号（丝径0.5～0.8mm）的整根钢丝。两交叉的纵横中心线，长线在下，短线在上，间隔距离不小于300mm，避免相互接触。

（2）挂线架两端所挂线坠质量，约为钢丝拉断力的50%～80%。例如，采用丝径0.5mm钢丝，则线坠质量约为$Q \approx 20$kg。

（3）线坠的锥尖要对准基础表面上的中心点，可在同一根中心线上吊挂两个线坠，以达到“三点一线”，方便对准查验。

（4）除两端支点外，沿线全长不许触及任何物体。通常钢丝两端距离小于16m。

（5）水平方向拉钢丝检测需考虑挠度影响，钢丝在自重作用下的下垂度可按下式计算：

$$f = 500qX(L - X)/P \tag{8-1}$$

式中 f——检测点的挠度，mm；

q——单位长度的钢丝质量，kg/m；

X——检测点至一端支点的距离，m；

L——钢丝两端支点间的距离，m；

P——钢丝水平拉紧力，N。

（6）拉线测量法是设备安装时基础找平、同轴度测量和起重机械（天车、龙门吊）桥架上拱度检测等常用的一种测量方法。该法简单、操作方便、比较准确，但在计算分析时需要扣除由钢线自重造成的下垂量。拉线测量法由近似公式进行计算已完全可满足安装精度要求，误差已小于0.0001m。钢线任意点的下垂量可由式（8-2）近似确定。

$$f_i = q/8T(L_k^2 - 4X^2) \tag{8-2}$$

式中　f_i——钢线任意点的下垂量，mm；

q——钢线单位长度的质量，kg/m；

T——重锤的重量，kg；

L_k——钢线两端支点间的距离，m；

X——点 i 距跨中点的距离，m。

设备找正、找平内容除准备阶段外，主要工作有以下两点：

（1）将设备安全的安装到基础上，并调整正确的中心线（水平位置）、标高（垂直位置）及水平性、平行性、垂直性。

（2）各项细致的调整工作。大量后续工作待完成，尤其各运转部位需要微观、细致地调整并达标。主要包括：

1）间隙值检测、确认。如齿轮啮合侧间隙值、轴承端面预留间隙量等是否达标。

2）密封件的装配（密封失效的主要原因往往是装配工艺不好）。须保证合适的装配松紧程度，当压紧不足时易引起泄漏，而压紧过大则引起发热，加速磨损。密封盖的锁紧程度应均匀，拧紧压盖螺栓时要注意按多次对称位置、逐个进行。

8.2.2　设备找正

中心线挂设完毕，即可进行设备找正。每台设备必须找出中心点，才能确定其正确的位置，这是找正的依据。设备的标高测定面和找平找正的测量点应选择在精确的、未经磨损的主要加工面上。测量工具的精确度应相当或高于设备的安装精度等级。一些通常采用的常规测量和检查方法见表 8-8。

表 8-8　设备找正常规测量与检查方法

检测方法	检测项目	检测精度	备　注
在被测件内设置钢丝，应用内径千分尺结合导电接触讯号法测量距离	尺寸较大的套筒类零件的同轴度、直线度、平行度等	0.02mm	应考虑钢丝的下垂度
在被测件内设置钢丝，应用钢板尺测量距离	尺寸较大零件的同轴度、直线度、平行度等	1.0mm	应考虑钢丝的下垂度
架设水准仪，应用普通标尺检测数值	不同设备或较大设备的标高偏差、水平度等	1.0mm	标尺上刻度采取措施（细化）后，被测最小误差可达 0.3mm
吊线锤，用钢板尺测量距离	零部件的垂直度	1.0mm	要求线锤无摆动现象
吊钢丝线锤，用内径千分尺结合导电接触讯号法测量距离或用放大镜观察接触	重要设备的垂直度	0.05mm	要求线锤无摆动现象
在被测件旁设置钢丝，用摇臂旋转测量法检测	零部件的垂直度、平行度等	0.03mm/m	用内径千分尺检测
应用激光准直仪	同轴度、直线度、平行度、水平度等	距离不大于 20m 时为 0.05mm，距离介于 20～40m 时为 0.1mm	
应用有刻度的液体连通器测量	平行度	1.0mm	

（1）挂边线法。因圆形机件不易找出中心点，而且都是转动的，中心挂线找正不易准确，故一般都采用挂边线与轴圆相切的方法。例如，车间内成组辊道的找正即用此法。

（2）瓦口法。通常遇到的是机器箱体上轴承底座相邻半圆孔处寻找中心线。可在半圆瓦口上装卡一块已钉上小铁皮的木板，再用圆规在铁皮上画找中心。当遇到的是纵向排列的成组轴承底座半圆孔时，可应用内径千分尺棒来检测已悬挂其上的钢丝线的正确位置。

（3）圆孔法。可根据要寻找中心线两侧已加工好的圆孔来确定。例如，辊式矫直机在找中心时就可利用两个销子圆孔，在圆孔里卡上圆木及铁片，再画找中心。

（4）侧加工面法。一般减速器在寻找自身纵中心线时，常用该方法。可依据箱体上两侧已有的闷盖、透盖的加工面来分出中心找正。

（5）样板找正法。遇到技术要求较严格的设备，可采用事先制作钢结构样板的方法来确定其中心。这样既可保证安装质量，又可缩短工期。例如，轧钢机的轨座安装时就应用样板找正法。

8.2.3 设备标高面的选择和度量

在厂房内固定安装的各种机械设备，依据功能不同所占据的位置高度，就是设备的标高。标高决定机器垂直方向设计位置的正确性。施工图中设备所在的标高均有注明，工程施工开始和结束时必须照此要求标准检测与验收。机械加工面标高值减去基准点标高所得的值，就是机械加工面到基准点的距离。

测量、确定设备的标高，通常是在设备上选定一个精确加工面或工作面作为根据，即选定标高的基面，如轧钢车间主减速机上盖与底座合箱口处的剖分面，就可作为基面。具体测定时，在基面上，先将水平尺（框式水平仪）在多个方向调整至水平，然后用内径千分尺棒或专用测杆来测得平尺与基准点间的距离，即可求得标高。

确定设备标高时需注意：

（1）在拧紧设备地脚螺栓前，应先使标高高出设计标高 1mm 左右，这样拧紧地脚螺栓后其标高值将会接近要求数值。

（2）在调整设备标高的同时，应兼顾其水平度，二者须同时进行调整。标高的基面一定要选择精密的主要加工面。

寻找、调整设备标高的几种情况：

（1）加工平面找标高（如上所述）。

（2）曲面找标高。在图纸中找出与曲面下部（上部）相切的水平面的标高，测量时用平尺引出。因平尺不能与曲面完全接触，存在着间隙，可用塞尺来测量这个空隙。

（3）在轴顶度量标高。这是最常用的方法。施工图中通常给出的是轴中心标高，在计算实际标高时，不要忘记加上轴的半径值。具体测量通常有两种方式：

1）应用水准仪测量。将标尺放置在某个基准点，测读数值 A，再移动标尺将其直接放置在要测的轴顶，测读数值 B，两数值相减则得到轴顶的标高（$A-B=$标高值）。

2）当某个基准点距离要测的轴很近时，在轴顶上先将水平尺（框式水平仪）调整至水平状态，再用内径千分尺棒测量出该基准点至平尺底平面的实际尺寸，即为轴顶的标高值。

（4）用水准仪测量找标高。这是最简单的方法。需注意在要测的设备上能否放置标尺，附近的设备、建筑、构筑物是否妨碍测量视线。

8.2.4　水平性、平行性、垂直性

8.2.4.1　安装检验的几种基本方法

机器的水平性是指机器的一个平面在一条水平直线上，或几个平面在同一水平面上。它是机器获得精度的重要因素之一。机器的平行性是指各机件平面或中心线间的相互平行。机器的垂直性是指机器的关键基准面（或中心线）之间的角度与理论直角（90°）的误差程度。如平行刃剪切机机架内滑轨面与其下刀片间必须保证规定的垂直性（垂直度）。

（1）机器平面的水平性检验，一般可将平尺放置在要测平面上用水平尺检查。若平面较长时，可采用如下方法：

1）一般平面小于3m时，可以将平面分为若干段，分段检测其偏差。

2）平面小于6m时，采用附设垫块法，如图8-4所示。把几个厚度不同的标准垫块放置在要测平面上，将平尺放在垫块上并用水平尺找平后，然后用塞尺或内径千分尺测量其间的间隙，即测量平尺底面与机器要测平面之间的间隙值。按直线方向移动平尺，即可完成检测工作。

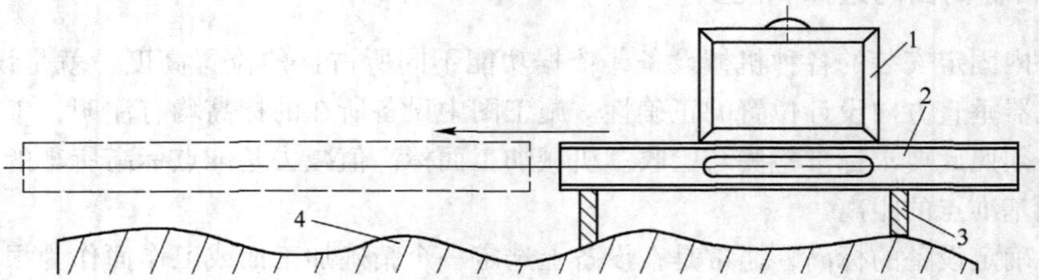

图8-4　用平尺和水平尺检验水平性
1—水平尺；2—平尺；3—垫块；4—要测平面

（2）如果要检查的平面长度很大（大于5m），可应用光学检验法——水准仪测量。

（3）两个平面共同水平性检验。机器两平面水平性检验方法如图8-5所示。间距较小时，应用水平尺（框式水平仪）和平尺；间距较大时，应用水柱水平器进行检验。

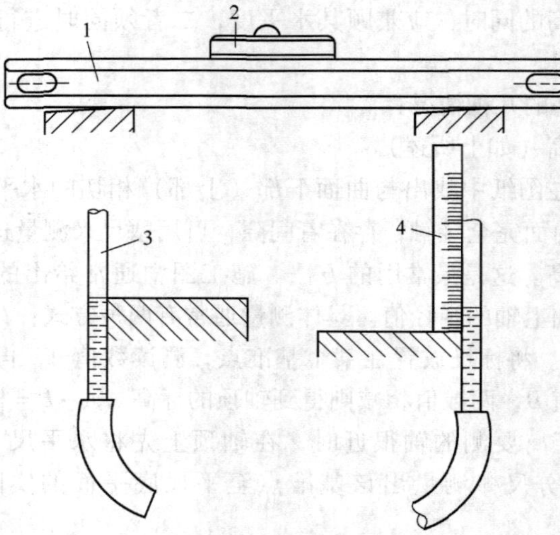

图8-5　机器两平面水平性检验方法
1—平尺；2—水平尺；3—普通水柱水平器；4—平板钢尺

（4）平行性的检验。

1）距离较小时可用千分表或高度规检查。如图 8-6 所示。

2）若平面的范围较大，如基础底座，则需应用平尺。

3）机器中的轴与平面平行的检验，可应用千分表检测，如图 8-7 所示。

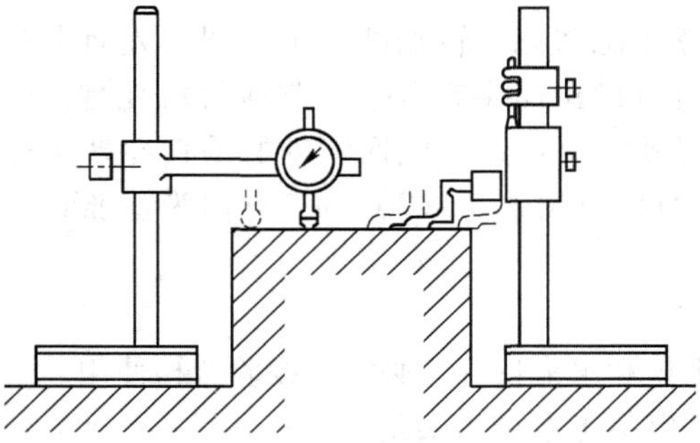

图 8-6　平面平行性检验

（a）用千分表；（b）用高度规

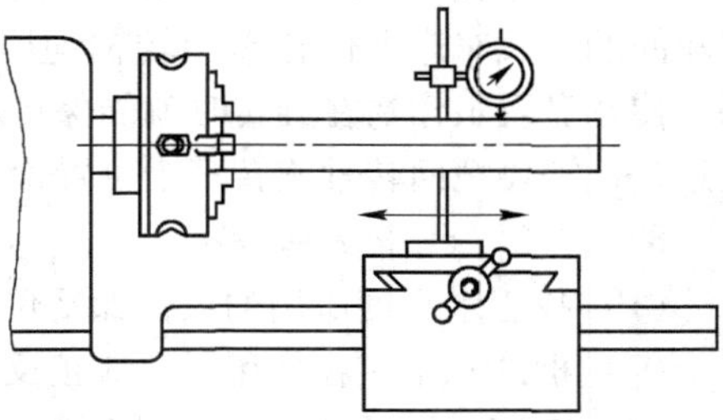

图 8-7　轴与平面平行性检验

（5）垂直性的检验（机件间相互关系）。机件间垂直性检验如图 8-8 所示，可用千分表加直角尺检测，也可用水平尺（框式水平仪）检测。

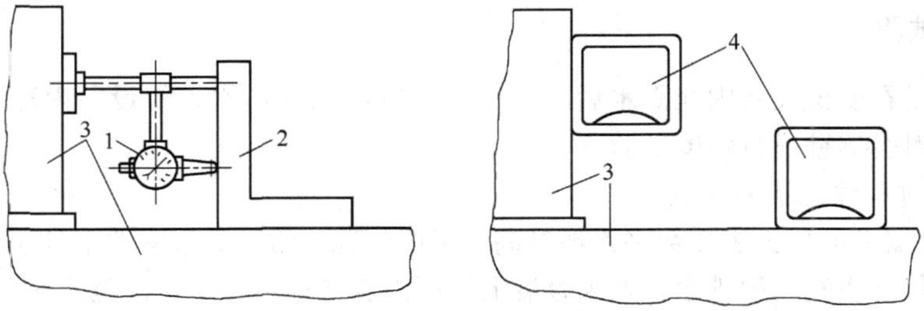

图 8-8　机件间垂直性检验

（a）用千分表和直角尺检验；（b）用水平尺检验

1—千分表；2—角尺；3—平面；4—水平尺

8.2.4.2　*基准面和找平方法*

（1）加工平面为基准面。这是最常用的方法，纵横方位找平都在此平面上。如减速器底座的找平，即在合箱口处底座的剖分面上应用框式水平仪来找平。

（2）加工立面为基准面。有些设备仅找水平面的水平是不够的，立面的垂直度也应找好。轧钢主机列中人字齿轮座箱体的 U 形窗口面，机加工车间龙门刨床的立柱面都是主要的找平依据。应用框式水平仪靠在基准面上来找平检验。

（3）轴承座找平方法。轴承座找平可在瓦口底部用框式水平仪来找平；若轴已放上时，则可在轴承外套上找平。当检验轴承座的横向水平时，可在瓦口水平面上放置两块经过加工的钢垫块，之后在其上安放平尺和框式水平仪找平。

(4) 机床异形导轨找平。有些机床的导轨断面呈V形或U形，对其找平就需要借助辅助物如精加工的圆钢棒和特制的垫块进行。通用量具应用直角尺、平尺和框式水平仪检测。

(5) 样板法找平。有些设备没有放置水平仪的位置，其加工面是倾斜的。遇此情况，可采用样板法找平，特制一个精确的样板卡在其加工面上，再放置框式水平仪找平进行多个方向找平。

(6) 旋转找平法。有些设备的回转轴处于直立工况状态，轴端部的工作圆盘表面常有变形，不适于作找平基准面。例如，轧钢车间加热炉出口处的钢锭转头机回转轴轴端托盘，机加工车间的立式车床卡件花盘回转轴均属此类。这时就需要通过检验回转轴的垂直性来间接找平，使花盘及工作物在旋转时就能保持水平状态。具体方法如“(2) 加工立面为基准面”中所述，但需要把回转轴旋转多个位置检测。

8.2.4.3 找平注意事项

(1) 找正水平度所用的仪器如平尺、框式水平仪和水准仪等，必须经校验合格使用。

(2) 框式水平仪在使用时，应正反各测一次，以纠正本身的误差。

(3) 在滚动轴承外套上检测水平度时，轴承外套与瓦座不得有夹帮现象。

(4) 初步找平时，有些设备可用水准仪先核查一下大致位置，以提高工作效率。

8.3 设备试压

试压的目的在于检验设备的强度及接头处有否泄漏，即通常所说的强度试验和严密性试验。常用试验方法有水压试验、气压试验和气密性试验三种。

8.3.1 水压试验

水压试验是在受试设备内充满水后，用试压泵继续向内压水，使设备内形成一定的压力，借助水的压强对容器壁进行强度试验。

(1) 加压过程注意下列几点：

1) 如果容器上的压力表读数平稳地升高，说明情况正常；如果容器上的压力表指针跳动，说明容器里面仍有空气，须排净；如果容器上的压力表指针不转动，甚至反转，说明阀门或接头处泄漏，须停止加压，修好后重新加压。

2) 加压时，应使压力缓慢、均匀升高，速率小于0.12MPa/min。

3) 加压过程中发现设备大量漏水，应泄压后进行修理；如漏水不多，可继续缓慢加压(同时注意漏水量是否增加)，以彻底暴露出全部缺陷一并检修。

4) 当加压达到试验压力时，将试压泵停止并关闭容器进水阀门，在试验压力下保持5min(此时不做详细检查)。之后稍开启容器进水的阀门及试压泵的溢流阀门，使压力降低到工作压力再进行检查。检查时，使用1~1.5kg的木槌，沿各接缝的两侧轻轻敲打查看。如无泄漏、变形且容器上的压力表表值维持不变，则表示水压试验合格。

(2) 强度试验压力要求：水压强度试验压力的规定要求见表8-9。

表8-9 水压强度试验压力

工作压力 p/MPa	试验压力 p_s/MPa	工作压力 p/MPa	试验压力 p_s/MPa
$p \leqslant 0.07$	$p_s = p + 0.1$	$p = 0.6 \sim 1.2$	$p_s = p + 0.3$
$0.07 < p < 0.6$	$p_s = 1.5p$，且 p_s 不小于0.2	$p > 1.2$	$p_s = 1.25p$

8.3.2　气压试验

气压试验是用压缩空气打入承压设备内，进行设备的强度试验。它比水压试验灵敏、快捷，但危险性较大，故气压试验必须在具有可靠的安全措施情况下进行，必须认真检查承压设备的质量，比如承压设备的焊缝要经过100%的探伤检查等。

气压试验可在下列三种情况下采用：

（1）承压设备的设计和结构不便于充满液体。

（2）承压设备的支承和结构不能承受充满液体后的负荷。

（3）承压设备内部放水后不容易干燥，而生产使用中又不允许有水分。

气压试验要注意：

（1）试验压力应缓慢上升，当达到规定试验压力的50%之后，压力应以每挡10%左右的速率，逐渐增加到试验压力值，然后降至工作压力，保持较长的时间，以便进行检测。

（2）用肥皂水涂在接缝处检查泄漏，小型容器可浸入水中进行查漏。

8.3.3　气密性试验

在可能情况下，气密试验尽量与强度试验一并进行，但如果试验介质不同只能分别进行。

用气体作气密性试验时，检验方法是检查气体在每小时（一般观察1～4h）内的泄漏量（或泄漏率）是否符合规定。气体的泄漏量（或泄漏率）用压力表测量，同时计入由于温度变化而引起的气压变化值。

当气温无变化时：

$$\Delta p = p_1 - p_2$$

当气温变化时：

$$\Delta p = p_1 - p_2(T_1/T_2)$$

式中　Δp——泄漏压力降，MPa；

p_1——起始的表压，MPa；

p_2——终了的表压，MPa；

T_1——起始时试验介质的绝对温度，K；

T_2——终了时试验介质的绝对温度，K。

气密性试验压力一般都采用设备的工作压力。对于密封性要求较高的设备，规定以1.05倍工作压力进行试验。

8.4　设备试运转

试运转泛指对单台设备的逐项单机试车和车间全部设备的联动试车。它是设备安装过程中重要的、也是最后一项工作。该项工作是将静止的设备进行运转，以进一步检查存在的缺陷，然后做最后的修理和调整。试运转的目的在于综合检验以前各步工序的工作与施工质量，同时检查整台设备设计和制造上的问题，从而使被检验机器的实际特性完全符合技术条件所规定的要求、符合生产现场的需要。

8.4.1　试运转前准备工作

试运转前的准备工作包括：

（1）熟悉相关技术文件，了解被试设备的功能与构造，掌握其操作程序和安全规程。要清楚哪些是未修设备，哪些是已修或新安装设备。试运转前应有完整的设备自检记录和验收手续。

（2）落实“安全第一”的指导思想。试运转现场要具备完善的安全防护装置和清洁、整齐的环境。清除设备上及周边无关的物件，仔细检查整个系统、关联部位是否具备试车条件，是否还有人、物料或工具等障碍物存在。

（3）对大型复杂设备需要事先制订试车方案：

1）试运转程序、进度和应达到的技术要求、标准。

2）现场安全措施、指挥和联络信号。

3）必须设专人现场指挥。

8.4.2　试运转作用与步骤

8.4.2.1　试运转的作用

（1）空负荷试车的作用：检查设备各部件及相互间动作、功能的正确性，从而综合检验装配质量、部件质量和整机质量，同时对某些部件也具有初步磨合的作用。

（2）负荷试车的作用：检验设备能否达到现场正式生产工况要求，验证各部及整体的结构承载能力和各机构（含制动器）的功能。

8.4.2.2　试运转的步骤

遵循“先单机、后联动、逐步推进”的程序进行设备试运转工作。由多台机器组成的联动机组，应将单台机器分别独立试好后，再进行联动试车。在上一步骤未合格前，不得进行下一步骤的试运转。通常试运转按空负荷试运转和负荷运转两阶段进行。

（1）空负荷试车程序：手动盘车（达到设备的工作机构全行程 1 ~ 3 次），确认无异常后，合闸进行电动点动试车，再确认无异常后，进行设备空负荷试运转，即不带负荷的空运转。

（2）负荷试车程序：以 30% ~ 50% 工作负荷运转，确认无异常后，逐步加载达到设备正常的 100% 工作负荷。

8.4.2.3　试运转重点注意事项

（1）关注技术要求与规范。各类机械设备的试运转均有不同的技术要求，具体运作需按专门技术规范执行。设备试运转后，对照技术规范明确回答是否达标。

（2）关注新设备、新部件。当联动机组中存在着新安装的设备或新更换的部件情况时，需密切关注它们全程的运转动态。

（3）关注保障系统。关注保障系统，即关注动力与运行保障系统的安全、有效工况状态。主机设备试车前 30min，须先行启动设备润滑系统、相关液压系统、鼓风和压缩空气动力系统、水冷却系统、控制和反馈系统、通讯联络系统等辅助设施，并使其达到合格工况状态，确认正常后再进行主机设备的试运转。

8.4.2.4　试运转要求

（1）润滑系统调试要求

1）环境温度低于 10℃时，需要对高黏度润滑油进行预热。先启动油泵，调整溢流阀，使系统逐渐升压到规定数值，普查全系统运行状况。启动油泵后应进行整个系统的放气和排污，使每个润滑点都有洁净和充分的油（脂）流出。

2）油压、油温继电器等安全连锁装置、报警装置的动作应灵敏可靠。

3）干油（油脂）集中润滑系统油泵的工作压力，应保证距离最远的润滑点能流出润滑脂并能使终端压力控制阀动作。干油（油脂）集中润滑系统有较长支管时，可将支管拆开，人工灌注润滑脂且充满，待开动油泵将干管内充满油脂后，再连接支管进行供油运转。

4）设备试运转期间，必须保证润滑系统畅通、正常，特别要关注系统的油压、油量与油温。

（2）液压系统调试要求

1）油泵初次启动前，应将溢流阀调整至最低压力，待油泵运转正常后，再调整溢流阀使压力逐步升高至正常压力。

2）液压系统内的空气应充分排除。启动油泵，多次开闭放气阀，并使工作缸以最大行程多次往复运动。

3）液压系统的全面调试跟随设备的试运转一并进行，在各种负荷阶段试运转时，作以下检查：

①安全连锁装置和调压、调速、换向等各种操纵装置，应灵活可靠；执行机构的推力、行程和速度应符合设计要求。

②启动、换向、变速、停止时应平稳，不得有爬行、跳动和冲击现象。

③管路系统不得有剧烈振动和刺耳噪声。

④零部件全部工作行程内，压力表读数应稳定。

⑤油泵、阀件、管路及其附件的所有连接处，不得有泄漏现象。

⑥运转一段时间后，检查油液温升，一般不得超过60℃。油位应保持在规定范围内、油面上不得存有过多的泡沫。

⑦滤油器应保持畅通，必要时进行清洗。

（3）轧钢机械主机列的试车步骤

轧钢车间主机列的主减速器内更换了高、低速新齿轮，那么该主机列的试车步骤为：

1）主电动机试车20～30min，无异常后连接与主减速器之间的CLZ齿型联轴器。

2）按规定试车程序运转主电动机及主减速器的连接整体，试车30～40min，无异常后连接与人字齿轮座之间的CLZ齿型联轴器。

3）按规定试车程序运转主电机、主减速器和人字齿轮座的连接整体，试车20～30min，无异常后连接与轧钢机之间的连接轴（或万向联轴器）。

4）与车间生产方面人员共同进行主轧机列的整体联动试车，通常空运转15min左右。无异常停车后，集合各方面、各专业人员会商主轧机列试运转阶段的状况与问题，并确定下一步轧机列负荷试车程序与方法。

8.4.3 空负荷试运转检查项目

空负荷运转的检查内容为查安全、查异常、查环境。检查项目有：

（1）检查运转的振动和声音：应用、专用听诊棒，进行动态监测。正常运转的振动和声音是平稳、微小、均匀的。如听到铿锵的明显金属声，表明内部有问题，应立即停车诊断，消除故障。

（2）密切注视温度变化：重点注视各处轴承、齿轮部分的温升状况。正常运转的温升是缓慢、均匀的。在空负荷试运转阶段，各部位温度应适当低于其最高上限。运转时，滑动轴承工作温度一般不超过62℃；滚动轴承工作温度一般不超过68℃。试车过程中需指定专人密切注视设备各测温点温度计显示数值。对不便设置温度计的部位，如齿型联轴器等旋转机件，可采用手枪式快速远红外测温仪进行动态监测。

（3）观察各运动机构状态，检验其规定功能：检查各机构的工况是否达到规定的动作、功能技术要求。离合器、制动器的动作应灵敏可靠；转轴、联轴器等传动零部件的振动、窜动不得超过规定值；曲柄连杆、偏心套类往复运动部件，在全行程上不得有跑偏、阻滞等异常现象。

（4）检验设备操作系统和制动装置的可靠有效：设备运转中，要反复对操作系统和制动装置作数次试验，以排查故障，确认正常。

（5）保障不间断的动力能源和工作介质供应：油、水、气路系统要求通畅无阻并保持规定的压力和温度。

8.4.4　设备空负荷试车时间

（1）单体设备试运转时间：

1）在生产期间停车次数较少的设备，空载运行时间为 1.5 ~ 2h，中途停车不得超过 2 次，每次不得超过 0.5h。

2）在生产期间间歇工作的设备，空载运行时间一般为 0.5 ~ 1h。

3）对往复运转的设备，如剪切机、锯切机等，需在全行程范围内动作连续试转 10 ~ 15 次。

（2）联合试运转时间：一般为 2 ~ 3h。对连续运转设备，允许停车 2 次，每次停车不得超过 15min；对间歇工作或往复运转的设备，可适当增加工作次数，但不应超过 15 ~ 20 次。

8.4.5　试运转结束后工作

试运转结束后应随即完成下列工作：

（1）拉闸断电，关停其他动力来源（压缩空气、水、氧气、油液、润滑油、脂等）。操作时注意按规程减压、停压、释放负荷，即放气、放水、关闭相关阀门等。

（2）对生产现场全线试运转设备的各部螺栓（含地脚螺栓），委派专人复查、紧固。

（3）整理、整顿、清扫、清洁试车现场，收拾与保存贵重的附属装置，如监测仪器、仪表；按定置管理规定，预留存放检修或安装时剩余的材料、备品备件。现场环境卫生需要达标合格。

（4）整理汇总试运转阶段的各专业试车记录。要求所测数据齐全、准确。归纳整理试车期间发生的各种问题和故障、已解决和未处理的设备隐患。针对现存问题，制订出整改计划方案、处理措施、项目负责人和完成期限。

（5）办理工程验收手续或检修完工确认手续。

复习思考题

8-1　简述设备混凝土基础的养护要求。(80 字左右)

8-2　设备基础检验的主要内容是什么。

8-3　在设备底座下安放垫铁的作用是什么，斜垫铁的作用是什么，如何使用？

8-4　设备安装时找正、找平的目的是什么，依据是什么？

8-5 怎样测量、确定设备的标高？

8-6 安装普通减速器（减速器中心距 $A=500\text{mm}$）时，如何进行水平性检验？

8-7 简述轴承座的找平方法。

8-8 简述进行设备试运转的步骤与程序。

8-9 有一个新制成的工作压力为 0.5MPa 的受压钢容器，安装后需做水压试验，其试验压力应为多少？加压过程中，容器上压力表的指针跳动，怎么办？

8-10 设备空负荷试运转的检查项目有哪些？

8-11 设备试运转结束后还应完成哪些工作？

8-12 简述设备找平工作的注意事项内容。

9 液压系统的故障诊断与排除

【教学重点】

本章主要介绍液压系统中常见的故障现象，分析这些故障产生的原因，同时讲解故障分析的方法和故障的排除。通过本章的学习，能够运用逻辑分析法对液压系统常见故障进行分析，并以此举一反三全面了解液压系统故障诊断方法。

一般情况下，液压系统的工作是可靠的。但在实际使用过程中，由于维护不良、液压元件损坏或设计不合理等原因也会出现一些故障，而且排除这些故障，往往也是比较困难的。这是因为在液压系统中，各种元件、辅助装置及油液大都在封闭的壳体和管道内，不能像机械传动那样直接从外部查找。为了能迅速而准确地找出故障所在，并加以排除，这就要求除了对液压系统原理、液压元件结构和在系统中的作用有充分了解外，还应掌握一套故障分析及排除方法。这是从事液压系统维修工作的工程技术人员必须具备的技能。

9.1 液压传动概述

液压传动是机械设备中广泛采用的一种传动方式。它以液体作为工作介质，利用液体的压力能来实现各种机械的传动与控制。液压传动具有许多突出的优点，被广泛应用在机械制造、电子、工程机械、交通运输、军事器械、冶金、石油化工等领域，也被应用在宇宙航行、海洋开发、核能建设等新的技术领域中。

9.1.1 液压传动工作原理

液压传动的结构比较复杂。下面仅以图9-1所示的液压千斤顶为例，说明液压传动的一般工作原理和特性。

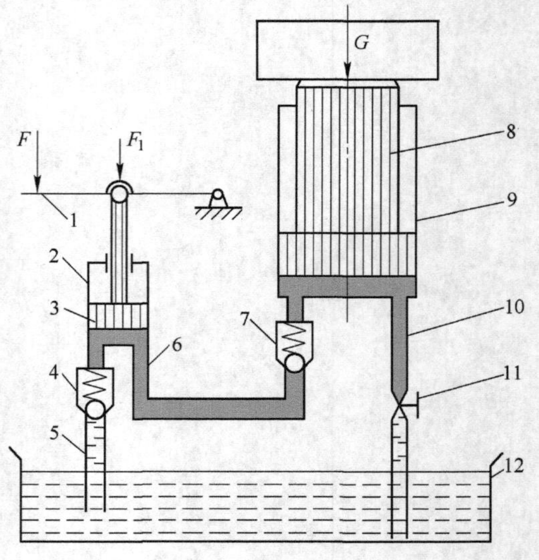

图 9-1　液压千斤顶原理

1—杠杆手柄；2—小缸体；3—小活塞；4，7—单向阀；5—吸油管；6，10—管道；8—大活塞；9—大缸体；11—截止阀；12—油箱

如图 9-1 所示，杠杆手柄 1、小缸体 2、小活塞 3 及单向阀 4 和 7 组成手动液压泵；大缸体 9 和大活塞 8 组成举升液压缸。当提起手柄使小活塞上移时，其下端油腔容积增大，形成局部真空，油箱中的油液在大气压作用下，通过吸油管 5，顶开单向阀 4，补充到小活塞下腔，此即吸油过程。用力压下手柄时，小活塞下移，其下腔油液压力升高，单向阀 4 关闭，单向阀 7 开启，小活塞下腔的油液输入大缸体 9 的下腔，迫使大活塞 8 上移，重物被顶起。

再次提起手柄完成吸油过程时，单向阀7自动关闭，使大活塞下腔油液不能倒流，从而保证了重物不会自行下落。不断地往复扳动手柄，就能不断地把油液压入大缸体9的下腔，使重物逐渐升起。千斤顶能顶多重，决定于施加的压力和两个大小活塞的面积之比。重物举升的速度决定于小活塞的下移速度和大、小活塞的面积之比。如果打开阀11，大缸体9下腔的油液便流向油箱12，负载 G 就下降。阀11的开口小，油液流向油箱12的流速慢，负载 G 下降的慢；阀11的开口大，负载 G 下降得快。这就是液压千斤顶工作原理，也是一个最简单的液压系统。

由此可以归纳出液压传动系统的一般工作特征：

（1）液压传动是以液体的压力能传递动力的。

（2）任何液压传动系统，都是通过处于密闭容积内的受压液体的流动传递机械能的。

9.1.2　液压传动系统的组成

图9-2所示为一个驱动机床工作台做往复运动的液压传动系统。这是一幅半结构式的工作原理图。它由油箱1、过滤器2、液压泵3、溢流阀4、换向阀5、节流阀6、换向阀7、液压缸8及连接这些元件的油管、管接头等组成。该系统的工作原理是：液压泵由电动机驱动，油液经过滤器进入液压泵吸油腔，泵输出的压力油经换向阀5、节流阀6、换向阀7进入液压缸左

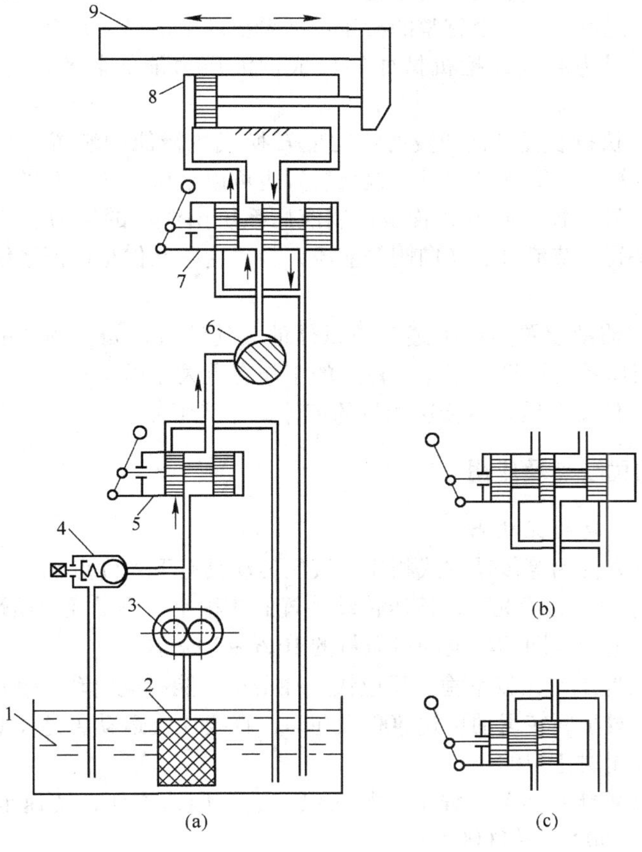

图9-2　机床工作台液压系统的工作原理

1—油箱；2—过滤器；3—液压泵；4—溢流阀；5，7—换向阀；
6—节流阀；8—液压缸；9—工作台

腔。此时液压缸右腔的油液经换向阀7和回油管路排回油箱，液压缸推动工作台9左右移动。当把换向阀7的手柄移动到图9-2（b）所示状态时，经节流阀6的压力油由换向阀7进液压缸的右腔。此时液压缸左腔的油经换向阀7和回油管排回油箱，液压缸推动工作台向左移动。因而换向阀7的主要功能是控制液压缸及工作台的运动方向。工作台的移动速度是通过节流阀6调节的。当节流阀的开口大时，进入液压缸的油液流量就大，工作台的移动速度就快；反之，工作台移动速度将减小。因而节流阀6的主要功能是控制进入液压缸的流量，进而控制液压缸的运动速度。

液压缸推动工作台移动时必须克服液压缸受到的各种阻力，因而液压缸必须产生一个足够大的推力。这个推力是由液压缸中的油液压力产生的。要克服的阻力越大，液压缸中的油液压力越高；反之，压力就越低。系统中输入液压缸的油液流量由节流阀调节，而液压泵输出的多余油液则经溢流阀排回油箱。只有在压力管路中的油液压力等于或略大于溢流阀中弹簧的预压力时，油液才能打开溢流阀流回油箱，所以图示系统中液压泵出口处的油液压力是由溢流阀调定的。一般情况下，液压泵出口处的压力值大于液压缸中的阻力，因而溢流阀在液压系统中的主要功能是控制系统的工作压力。当需要短期停止工作台运动时（如在装卸工件或测量尺寸时），可以拨动换向阀5的操纵手柄，使其阀芯处于左位，如图9-2（c）所示状态。此时，液压泵输出的油液经换向阀5直接排回油箱，不再输到液压缸中去，工作台停止运动。因此换向阀5通常又称为开停阀。液压系统中的过滤器2的作用是滤去油中的污染物，保证油液清洁，使系统工作正常。由此可见，一个完整的液压传动系统通常由以下几个部分组成：

（1）动力装置。动力装置是把机械能转换成油液压力能的装置，一般最常用的就是液压泵。

（2）执行装置。执行装置是把油液的压力能转换成机械能的装置。在上例中，执行装置是做直线运动的液压缸。在其他情况下，执行装置也可以是做回转运动的液压马达等。

（3）控制调节装置。控制调节装置是控制液压系统中油液的压力、流量和油流方向的装置，如上例中的溢流阀、节流阀、换向阀等液压元件。这些元件是保证系统正常工作必不可少的组成部分。

（4）辅助装置。辅助装置是除上述三项以外的其他装置，如上例中的油箱、过滤器、油管等。它们对保证液压系统可靠、稳定、持久的工作有重大作用。

（5）传动介质。传动介质是指传递能量的流体，即液压油。

9.1.3　液压传动的优缺点及应用

9.1.3.1　液压传动的优缺点

与机械传动、电力传动等传动方式相比，液压传动具有下列优点：

（1）在传递同等功率的情况下，液压传动装置的体积小、质量轻、惯性小、结构紧凑。据统计，液压马达的质量只有同功率电动机质量的10%～20%。

（2）液压传动装置工作比较平稳、反应快、冲击小，能高速启动、制动和换向。液压传动装置的换向频率高，对于回转运动可达500次/min，直线往复运动可达400～1000次/min。这是其他传动控制方式无法比拟的。

（3）液压传动装置能在运动过程中进行无级调速，调速方便，调速范围大，而且调速性能好，其传动比可达100∶1～2000∶1。

（4）液压传动装置的控制、调节比较简单，操纵比较方便，易于实现自动化，如与电气控制相配合，可方便地实现复杂的程序动作和远程控制。

（5）液压传动装置易于实现过载保护。由于采用油液作为工作介质，液压传动装置能自行润滑，故使用寿命较长。

（6）液压元件已标准化、系列化和通用化，便于设计和选用。

液压传动的主要缺点如下：

（1）液压传动装置以液体作为传动介质，无法避免泄漏。液体的泄漏和液体的可压缩性使液压传动无法保证严格的传动比。

（2）液压传动装置由于在能量转换过程中存在着机械摩擦损失、压力损失和泄漏损失等，不易作远距离传输。

（3）液压传动装置对油温比较敏感，不易在低温和高温条件下工作。液压传动装置对油液的污染比较敏感，要求有良好的过滤设施。

（4）液压元件制造精度要求高，使用维护要求严；液压传动装置出现故障时不易追查原因，不易迅速排除。

9.1.3.2 液压系统应用

由于液压传动技术优点很多，因而在国民经济的各个部门得到广泛应用。目前，其应用领域仍在不断扩展，从组合机床、机械手、自动加工及装配线到金属及非金属压延、注射成型设备，从材料及构件强度试验机到电液仿真试验平台，从建筑、工程机械到农业、环保设备，从能源机械调整控制到热力与化工设备工程控制，从橡胶、皮革、制造机械到建筑材料生产自动线，从采煤机械到石油钻探及采收设备，从航天航空器控制到船舶、火车、汽车等运输设备，等等，液压传动与控制技术已成为现代机械工程制造业的基本要素和工程控制关键技术之一。

液压传动与控制技术在各个领域和部门中应用的出发点不尽相同。例如，工程机械、矿山机械、起重运输机械、压力机械等领域采用液压传动技术主要是取其结构简单、体积小，可输出力大、功率大；航天、航空等领域采用液压传动控制技术主要是取其单位功率的质量轻、结构尺寸小；机床及其加工自动线上采用液压传动技术主要是取其能在工作过程中实现无级调速，易于实现频繁启动、制动及换向，易于实现自动化，等等。

液压传动技术在各类机械行业中的应用见表 9-1。

表 9-1 液压传动技术在各类机械行业中的应用

行业名称	应用举例	行业名称	应用举例
工程机械	挖掘机、装载机、推土机	轻工机械	打包机、注塑机
矿山机械	凿岩机、挖掘机、提升机、液压支架	灌装机械	食品包装机、真空镀膜机、化肥包装机
建筑机械	打桩机、液压千斤顶、平地机	汽车工业	高空作业车、自卸式汽车、汽车起重机
冶金机械	轧钢机、压力机、步进加热炉	铸造机械	砂型压实机、加料机、压铸机
液压机械	液压机、模锻机、空气锤	纺织机械	织布机、抛砂机、印染机
机械制造	组合机床、车床、自动线	电子机械	IC 制造业

9.2 液压系统常见故障分析

液压系统可能发生的故障很多，其中常见的故障有系统压力不正常、执行机构速度不稳定、系统产生噪声及振动、系统油温过高、运动部件爬行等。造成这些故障的原因是多种多样的。即使是同一种故障，产生的原因也不尽相同。因此，必须对每一故障加以分析，找出造成故障的原因，采取相应的对策予以排除。

9.2.1 系统压力不正常

液压系统工作压力不正常主要表现为系统压力不稳定或不足、压力调整失灵、卸荷压力较高等。而这些故障主要与液压泵、压力控制阀等元件出现故障密切相关。

9.2.1.1 液压泵故障引起的不正常

(1) 泵内零件磨损或损坏，致使内泄漏增大，容积效率降低，进而造成系统压力降低。

(2) 泵内零件配合间隙因超出规定的技术要求或因磨损而增大，造成内泄漏严重，导致压力脉动或压力建立不起来。

(3) 液压泵各结合面因密封不严，造成泄漏或空气进入系统，使系统压力不正常。

(4) 液压泵进出油口接反，或叶片泵的叶片、柱塞泵的柱塞被卡死，致使泵不能正常工作，导致系统压力不正常。

以上原因引起的系统压力不正常，除泵内零件损坏导致泵不能正常工作外，其他主要表现在系统压力波动较大、压力不足等现象。

9.2.1.2 由压力阀故障引起的压力不正常

由压力阀故障引起的压力不稳定，最常见的应属压力阀调压失灵。调压失灵是指当调节压力阀的调压手轮时，系统建立不起压力或压力达不到设定的压力值，当系统需要降低压力时，系统压力又不能降下来。出现这种故障现象，除压力阀的主阀芯在阀体内被卡住不能调节外，还有以下几种原因：

(1) 系统压力达不到调定值，常常是调压弹簧变形、断裂或选用不当而造成。调压弹簧压缩量不够，溢流阀内漏过大，先导阀密封不严等也会造成这种故障。

(2) 主阀芯上的阻尼孔被污物堵死，使主阀上腔无压力油，又因作用在主阀芯上腔弹簧较软，弹簧力很小，所以在进油腔压力很低的情况下，主阀芯就打开卸荷，致使系统建立不起压力。

(3) 若先导阀阀座上的小孔被堵死，油压传递不到锥阀上，则先导阀就失去了对主阀压力的调节作用。小孔堵塞后，在任何压力下，锥阀不能打开泄油，阀内无油液流动，主阀芯上下腔的液压力相等，主阀溢流口不能打开，失去了限压作用。

(4) 溢流阀的远程控制口若安装有远程调压阀，如果控制口到调压阀之间管路过长、泄漏或进入空气，均可以造成压力不正常。

9.2.1.3 系统压力不正常的其他原因

影响系统压力不正常的其他原因，主要有：

(1) 系统的压力油路出现外泄漏，如油管破裂，油管与液压元件接口泄漏严重。

(2) 压力油路上的液压元件，如液压缸、控制阀等元件磨损严重或密封元件损坏，造成压力油路上的内泄漏过大。

(3) 液压泵的驱动电动机规格不符合要求，如电动机功率和转速或电动机转向不符合要求等。

(4) 滤油器被油液中的杂质堵塞、油液的黏度过高或液压泵吸油管太细等，致使液压泵吸油不足或吸不上油。

(5) 系统中混入过量的空气，也会使系统压力不稳定。

一般系统中的压力故障大多表现为突发性的。因此，要特别注意日常的维护和保养，及时发现故障的隐患并加以排除。

9.2.2 系统流量不正常

在液压系统中，执行机构常出现运动速度不正常的现象，例如，执行机构速度调节失灵或调节范围变小，当负载变化时速度随之也变化，速度换接时，出现时快时慢或跳动等不稳定现象。速度不稳定的原因大都属于系统的流量不正常。下面对引起系统流量不正常的故障原因进行分析。

9.2.2.1 由流量控制阀出现故障引起

(1) 流量控制阀出现故障，最明显的征兆就是流量调节失灵。调节失灵是指当调节流量控制手轮时，执行机构的速度不发生变化。造成这种现象的原因大都是由于节流阀芯发生径向卡死造成的。例如，阀芯在关闭位置卡死时，调节手轮后出油腔无流量，阀芯在全开位置卡死时，调节手轮后流量不发生变化。

(2) 流量控制阀的节流口被油液中的杂质堵塞，造成系统的流量不正常。例如，当油液中的杂质堆积并黏附在节流口上时，会使节流口通流面积减小，造成流量降低。如果压力油将杂质冲掉后，节流口又恢复至原有通流面积，流量又升至原来的数值。

(3) 单向节流阀中的单向阀密封不良、弹簧变形或折断失去逆止作用，造成节流阀不能节流，失去对流量的控制。

(4) 节流阀阀芯因磨损与阀孔配合间隙过大，造成严重内泄漏致使调速范围变小。

(5) 如果油液的杂质将调速阀中减压阀阀芯上的阻尼孔堵塞，使定差减压阀无法保证节流阀前后压力差保持定值，当系统负载发生变化时，也会造成流量不正常。

9.2.2.2 系统流量不正常的其他原因

(1) 液压泵的供油量不足：主要原因可能是液压泵的吸油不足，液压泵内、外泄漏较多等。其原因请参看前面关于系统压力不正常原因中有关对液压泵的分析。

(2) 温度的影响：当系统温度发生变化时，油液的黏度会发生变化，通过节流阀的节流口上的阻力相应地也会发生变化，致使系统的流量不稳定。

(3) 系统压力调整偏低：系统中某些压力元件选择不符合系统要求或压力调整偏低，使系统压力不能适应外负载的要求，当负载增加时，系统的油液大部分流回油箱。

(4) 系统中存在严重的泄漏：如液压缸活塞与缸体内表面之间磨损，使压力油腔和回油腔串通；换向阀阀芯与阀体因磨损，致使进油口和回油口相通，造成严重的内泄漏；如若系统中管道有损坏或管接头密封不严均可造成系统的外泄漏。当系统泄漏严重时必然引起执行机构的运行速度不正常。

9.2.3 液压系统中的振动和噪声

液压系统的振动和噪声常常是相互伴随的。严重的振动和噪声不仅污染环境，影响系统的传动性能，而且还会影响液压设备的寿命，甚至造成破坏，特别是噪声极易使人的大脑疲劳，危害人的身体健康。

9.2.3.1 由液压泵引起的振动和噪声

液压泵通常是整个液压系统产生振动和噪声的主要环节。一般来说，主要包括以下几个方面：

(1) 液压泵的流量脉动过大引起的振动和噪声。液压泵流量脉动是泵的固有属性，流量脉动势必引起系统的压力脉动，进而造成泵内零件的振动，零件的刚性越差越易引起振动。如变量轴向柱塞泵斜盘的刚性比定量柱塞泵斜盘的刚性差，就容易产生较大的振动。

（2）液压泵困油现象引起的振动和噪声。目前常见的液压泵在吸油和排油过程中都存在一个困油区。即在吸油腔与排油腔未接通的瞬间，从原来的吸油压力突然上升到排油压力，这样会产生很大的压力冲击。同理，排油腔在与吸油腔未接通的瞬间，从原来的排油压力又突然降到吸油区的压力，同样也会产生较大的压力冲击。压力冲击，加剧了液压泵固有流量脉动和噪声。

（3）液压泵的“空穴”现象引起的振动和噪声。液压泵工作时，如果吸入管道的阻力很大（如滤油器阻塞，吸油管道太细等），造成吸油不足。出现局部真空（即液压泵的吸空现象）。当该负压达到油的空气分离压时，原来溶解在油内的空气便大量析出，形成游离状态的气泡。随着泵的运转，这种带有气泡的油液转入高压区，气泡受高压而缩小、破裂和消失，形成很高的局部高频压力冲击。当这种高频冲击作用在泵内零件上时，一方面对金属起破坏作用，也就是常讲的“气蚀”现象，另一方面使液压泵产生很大的压力振动，激发其噪声的增加。

（4）泵内零件的机械振动和噪声。泵内的零件如加工精度不符合要求、装配精度不高或零件的磨损等会造成泵的振动和噪声。如旋转的转子不平衡和滚动轴承磨损都会引起振动和噪声。

综上所述，液压泵产生振动和噪声的原因是多方面的，其中影响最大的是液压泵流量脉动。流量脉动大，压力脉动亦大，导致的压力冲击也就越大，因此引起的振动和噪声也就增大。另外，液压泵的振动和噪声随着液压泵功率的增加而增加，而液压泵的功率是由泵的输出压力排量、转速三个工作参数所决定的。所以液压泵的噪声实际上是随着三个工作参数增加而增加。其中排量和压力对振动和噪声的影响基本相同，而泵的转速对泵的影响最大，这一点要特别注意。

9.2.3.2 控制阀引起的振动噪声

控制阀是液压系统中另一个振动和噪声源，其中溢流阀和电磁换向阀最易产生振动和噪声。控制阀的噪声按其发生的原因大致分为机械声、流体声和振荡声，对应的振动可分为机械振动、流体振动和振荡。

（1）机械振动和机械声。机械振动和机械声是由阀的可动零件的机械撞击和摩擦造成的，如电磁阀的电磁铁吸合、换向阀换向时阀芯冲击声等都可能产生机械振动和机械声。

（2）流体振动和流体声。液体中发生的压力振动，如溢流阀内的部分气泡溃灭时造成的压力波，换向阀换向时产生的液压冲击，节流阀节流产生的涡流等，都会造成阀体及管道的壁面振动并产生噪声。

（3）振荡和振荡声。振荡和振荡声是由于阀的不稳定振动现象引起的压力脉动而造成的。溢流阀、电磁换向阀、单向阀等，它们的阀芯都由弹簧支承，因此对振动都很敏感。这是因为这些阀有弹性元件（弹簧）和运动元件（阀芯），又有不均匀的激振压力（压力脉动），具备了振荡条件。例如，先导式溢流阀的导阀部分是一个易振部位，如图9-3所示。在高压溢流时，导阀的轴向开度很小，仅为0.03～0.06mm，过流面积很小，流速可高达200m/s，容易引起压力分布不均，使锥阀径向受力不平衡而产生振动。另外，锥阀和阀座加工精度不高，先导阀被胶质物黏结，调压弹簧变形，均可使锥阀振动，并易引起整个阀共振而发出强烈的噪声。

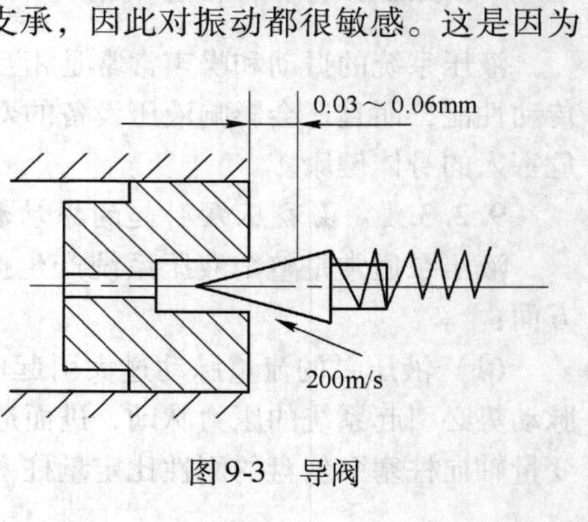

图9-3 导阀

9.2.3.3 其他原因引起的振动和噪声

（1）液压缸在行程到终端位置若无缓冲装置或缓冲装置失控，会使活塞与端盖之间发生碰撞，产生振动噪声。

（2）液压系统管路较长而且细，弯头多而又未加固定，在油液通过时，特别是当流速较高时容易引起管子抖动，有时还会引起噪声。

（3）电动机和液压泵的旋转部分不平衡，或在安装时对中不好及联轴节松动等，均能产生振动和噪声。

9.2.4 液压系统油温过高

液压系统在工作中一定会有不同程度的能量损失，主要包括压力损失、容积损失和机械损失三方面。这些损失大多将转为热能，使液压系统油温升高。液压系统的油温升高会带来一系列的不良后果。如由于油温升高，油液黏度下降，泄漏增加，容积效率降低，甚至影响工作机构的正常运动。油温过高还会使油液变质，产生氧化物杂质，堵塞液压元件中的小孔或缝隙，使之不能正常工作。油温升高还会使热膨胀系数不同的相对运动零件之间的间隙变小，甚至卡死，无法运动。所以应严格地控制液压系统的温度。一般液压系统的油温应控制在30～60℃范围内，最高不超过60～70℃。下面讨论造成系统的油温升高的几种主要原因。

9.2.4.1 液压系统设计不合理

（1）液压系统中液压元件规格选用不合理。如果所选择的阀规格太小，会使阀内油液流速过大，导致产生的压力损失增大而引起系统的发热；如果选用的液压泵的流量过大，则需从溢流阀溢流的流量过大，造成不必要的能量损失，也会引起系统发热。

（2）液压系统中管路设计不合理。管路设计的不合理有油管通径过小、弯曲多、接头多、截面变化频繁等。如果油管通径太细、弯曲过多，当油液通过时其液阻必然会增加，因此将产生很大的压力损失，使油温升高。

（3）液压系统存在多余的回路或液压元件。众所周知，油液通过任何液压元件都会产生压力损失，液压系统越复杂、元件越多则产生的压力损失也就越大。如果系统存在多余的回路或元件，必然会使系统温度升高。

（4）液压系统没有卸荷回路。如果液压系统的执行机构有停止动作要求时，为了防止频繁启动电动机和油泵而造成油泵过早的损坏，系统必须应考虑油泵的卸荷问题。否则高压油长时间不必要地从溢流阀流回油箱而使油温升高。

9.2.4.2 液压系统出现过多的压力损失和泄漏

（1）液压系统所选用的油液黏度过高。当油液在液压系统内流动时，由于油液黏性引起的内摩擦力要消耗一部分能量，导致油液温度升高。黏度越大，消耗的能量也就越大，产生的热量也就越多。另外，系统中的管道因长期未清洗或保养，管道内壁附着的污物，增加了油液流动时阻力，也要消耗能量，使油温升高。

（2）液压系统的调整压力超过实际所需压力。如果调整压力超过实际工作压力较多时，会造成系统泄漏增加和压力损失增多，其结果都会引起系统发热。

（3）液压系统存在严重的泄漏。如若液压元件相配合零件之间的配合间隙过大，密封件损坏，造成系统的泄漏和压力损失，也会使油液发热。

（4）其他原因。

1）油箱的容积小，结构不合理，散热条件差，导致油液发热。

2）周围环境温度高，导致系统油温升高。

3）散热器发生故障，失去散热降温功能。

4）油箱内吸油管和回油管相距太近，致使从回油管流回的具有较高温度的油液，来不及在油箱中降温，又重新被吸入系统。这样会出现恶性循环使油温进一步升高。

9.2.5 液压执行机构的爬行

液压传动中，当液压缸或液压马达低速运行时，可能会产生时快时慢的运动现象，这种现象称为爬行。如果对液压执行机构的运动精度要求较高时，爬行会使系统达不到设计要求。实验证明，物体产生爬行的原因主要有四个方面，如图9-4所示。

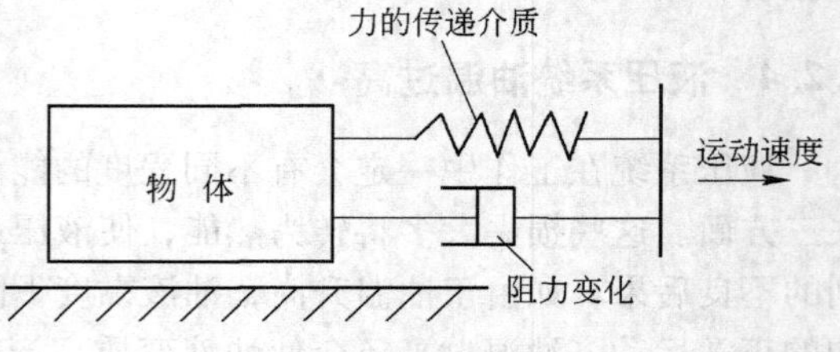

图9-4 物体爬行示意图

（1）力的传递介质刚性差。传递介质刚性差是产生爬行的主要原因。这是因为如果传递介质刚性差（如弹簧），它有吸收和释放力的过程，这样作用在物体上的力也就出现了时大时小的现象，导致物体运动出现爬行。

（2）物体在运动时摩擦阻力的变化。摩擦阻力变化必然要求推力的变化，而推力的变化也就导致物体的爬行。

（3）运动物体的速度低。当物体的运动速度很大时，因惯性的作用，运动物体来不及停止，静摩擦力就来不及产生，阻力也就不发生变化，爬行也就不会出现。反之，物体运动速度较低时，将会出现爬行。事实证明，当系统的执行机构运动速度大于3m/h时就可以避免爬行的出现。

（4）其他原因。

1）液压系统中存在空气：空气的压缩性很大，液压系统中存在空气就使原本“不可压缩”的“刚性”液体，变成了“弹性”液体，因此有可能产生爬行。

2）运动部件表面润滑不良：由于相对运动表面之间润滑不好，相对运动表面之间形成干摩擦或半干摩擦，或运动部件相接触表面精度不高，致使摩擦阻力发生变化，也易引起系统出现爬行。

3）供油压力波动：系统工作过程中，由于负载变化而引起系统的供油压力波动，进而导致工作部件爬行。

4）液压泵磨损：由于液压泵的磨损造成泄漏而引起流量的脉动，也会造成工作部件的爬行。

5）液压缸装配不当：液压缸的装配不当或因载荷反作用力使液压缸歪斜，造成液压缸阻力过大（俗称“别劲”），也会引起工作部件的爬行。另外，液压缸内密封圈的种类及密封方式的不同对爬行的影响也较大。如O形密封圈是依靠强制的体积变形，即由挤压作用来增大接触面压力实现密封作用的，在低压下使用时，其动摩擦阻力与静摩擦阻力相差较大，容易出现爬行现象。

以上对液压系统常见的四种故障原因进行了分析。应当指出，液压系统的故障原因是复杂的，可能是多种原因综合的结果。所以出现故障时必须结合实际认真分析，尽快找出故障的具体原因，确定排除故障的方法。在实际工作中，往往不能一次就准确地判断出产生故障的原因，这时就需要经过反复分析，反复检查，直到找出产生故障的原因和部位并排除它为止。

9.3 液压系统故障的排除

液压系统的故障分析是受各方面因素影响的复杂问题。因此，分析液压系统故障必须弄清楚整个液压系统的工作原理、结构特点，然后根据故障现象进行分析，逐步深入，有目的、有方向地逐步缩小范围，确定区域、部位以至某个元件。液压系统故障不像电气系统那样检测方便，液压管路内油液的流动状态、液压件内部的零件动作以及密封件的损坏等情况，一般是看不见摸不着的，这就给观察分析带来了很多困难。事实上当一个复杂的液压系统出现故障时，绝对不能将所有的液压元件都逐个拆开检查，也不能漫无边际地乱拆、乱查。无目的地乱拆乱装，只能给液压系统带来更多的故障和造成新的损坏。那么如何才能根据故障找到引起故障的元件呢？生产实际中常采用的方法就是逻辑推理、逐步逼近。

9.3.1 液压系统故障特征

液压系统在出现故障后，在寻找和排除故障时，应充分认识不同阶段液压设备所表现出的故障特征，这对迅速、准确判断出产生故障的原因有着实际的意义。一般液压系统设备的使用可分为四个阶段：液压设备调试阶段、液压系统运行初期阶段、液压系统运行中期阶段、液压系统运行后期阶段。不同阶段的液压设备所表现出的故障特征是不同的。

9.3.1.1 液压设备调试阶段的故障

试制的液压设备在调试阶段中的故障率最高，这是因为在调试阶段中包含的设计、制造、安装等质量问题往往交织在一起。在这一阶段比较常见的故障和原因见表9-2。

表9-2 液压设备在调试阶段中的故障

故障现象	故障原因
元件结合处渗漏	在管接头和有关元件的端盖处安装出现问题
液压元件控制失灵	液压控制阀质量出现问题
系统发热、噪声、振动、执行机构运动精度差	液压系统的设计不合理和安装出现问题

9.3.1.2 液压系统运行初期的故障

液压系统经过调试阶段后，便进入正常生产运行阶段。此阶段由于液压系统刚进行生产运行，许多在安装过程中可能出现的缺陷及液压元件的质量问题逐渐显现出来。在这一阶段常见的故障，见表9-3。

表9-3 液压设备在初期阶段的故障

故障现象	故障原因
管接头因振动而松脱	安装设计不合理
内、外泄漏严重	密封件质量不高或装配不当而破损，油箱散热条件差而导致油温过高
压力和速度不稳	系统管道或液压元件的型砂、毛刺等污染物阻塞阻尼孔和过滤器

9.3.1.3 液压系统运行中期的故障

液压系统运行中期是液压系统运行的最佳阶段。因为此阶段所有液压元件经过初期的磨合，液压元件的各项指标都处于最佳，系统最稳定。此阶段出现的故障大都属于油液污染造成的故障，因此控制油液污染是这阶段重要的任务。

9.3.1.4　液压系统运行后期的故障

液压系统运行到后期，液压元件因工作频率和负荷的差异，易损件开始正常的超差磨损。此阶段故障率变高，泄漏明显增加，效率下降（常见故障见表9-4）。针对这一情况，要对元件进行全面检测，对已失效的液压元件应进行修理或更换。液压系统运行中要加强维护，注意观察各部位的工作状况，如发现异常现象，应及时分析原因，采取有效对策，以防发生重大故障。液压系统何时应该大修，寿命还有多长，何时进行局部或全部更新改造，都要进行全面地、科学地综合分析，制定合理的维修和改造计划，使液压系统最大限度地发挥其潜在作用。

表9-4　液压系统运行后期的故障

故障现象	故障原因
执行机构推力不足、速度下降	执行元件内部磨损严重造成内泄漏
动力元件输油量不足、泄漏严重	液压泵中零件磨损不能正常吸油、排油
控制元件调整无效、噪声、泄漏	控制阀中的零件损坏、老化等

9.3.1.5　突发性故障

这类故障多发生在液压设备运行初期和后期。这是因为人们对这两个时期的故障特征认识不足，认为新设备运行不会有什么大问题、老设备过去一直很好用而忽略了监测维护突发性故障发生的区域及产生原因较为明显，如发生碰撞、元件内弹簧突然折断、管道破裂、异物堵塞管道、密封损坏、控制信号失真、动作错乱、内外泄漏失控等。突发性故障往往与液压设备安装不当、维护不及时有关系。有时由于操作错误也会发生破坏性突发性故障。防止这类故障的主要措施是认识故障特征，加强管理维护，严格执行岗位责任制以及加强人员岗位培训。不懂专业知识，未经过液压基础知识、液压故障诊断与维修技术培训的人员不得上岗。

9.3.2　液压系统故障的排除方法

在了解液压系统设备的使用阶段后，根据不同阶段液压系统故障发生的特点和液压系统基本原理，有目的有重点地按照故障的现象，对故障进行逻辑分析，减少怀疑对象，逐步确定故障发生部位和原因，从而决定排除故障的方法和措施。

9.3.2.1　全面了解系统

通过查阅设备的有关技术资料，如液压系统原理图、液压系统装配图和有关的技术文件等，全面掌握设备的液压工作原理，弄懂每个液压元件在系统中的作用及系统安装的特点，并掌握系统在各种工况时，油液从油箱经过系统再返回油箱的流动情况，以及每一个流程液压元件的动作要求。这就是说，液压基本回路知识是分析故障、排除故障的依据。

9.3.2.2　现场咨询

一般情况下，液压系统在出现故障之前都会有种种不正常的先兆，如系统出现不正常的噪声和振动，执行机构出现速度下降或软弱无力现象，油箱中的油液液位下降，油液变质或含有大量气泡，液压元件外部出现油液泄漏，系统油温过高，出现焦煳气味等。可以通过现场勘察和询问设备操作人员，及时了解设备在出现故障之前出现的不正常现象，为进一步分析故障做好充分的准备。

9.3.2.3　检查、核实

在生产实践中，一般通过看、听、摸、闻等最基本的方法先对故障做出一个基本的判断，然后根据判断进行综合分析，最后采用逻辑推理的方法确定故障的原因并排除故障。

（1）看：观察液压系统各个测压点的压力值是否符合要求，压力有无波动现象，执行机构的运动速度有无变化和异常现象，管道有无损坏，管接头和其他液压元件是否有渗漏、滴漏现象等。倘若检修人员有一定的经验，完全可以凭视觉的观察，做出一定的判断。

（2）听：听液压系统是否噪声过大或是否有其他不正常的声音，如液压泵的噪声、溢流阀的尖叫声、换向阀换向时的撞击声等。

（3）触摸：触摸系统中主要部分，感受其工作状态。例如，用手触摸液压泵、油箱和阀类外壳，感受其表面的温度是否过高；用手触摸液压泵和油管，感受其是否有不正常的振动；用手触摸执行机构，感受其是否有爬行现象；用手触摸管接头、液压元件锁紧螺母、紧固螺钉，感受其是否有松动现象等。

（4）闻：用嗅觉器官辨别油液是否发臭变质，橡胶件是否有焦煳味等。

事实上这些简易检查故障的手段，是设备维修人员普遍采用的方法。有丰富经验的维修人员也正是通过这些简易的检查方法，来确定故障产生原因的。例如手触摸油泵的出油管时，有触电的感觉（即高频振荡所致），则说明空气进入了系统。另外空气进入系统后，常常会发出“嘶嘶”叫声，且比较刺耳。又如用手触摸油管 2s 感觉烫手，说明系统温度过高，需进一步分析造成系统温度升高的原因。

9.3.2.4 分析原因，作出结论

通过前面介绍可知，液压系统的任何故障，可能是多种原因所致。所以在确定故障原因时，应结合现场检查的具体情况，认真分析有可能引起故障的原因，并一一列出可能引起故障的元件目录，然后进行逻辑分析，确定怀疑对象，尽可能缩小被检元件的范围，以便在最短的时间内找出故障的真正原因，作出正确的结论。下面仅列举几种常见的液压系统故障逻辑分析方法，请读者举一反三全面了解液压系统故障诊断方法。

（1）液压系统流量不足故障的逻辑分析方法见图 9-5。

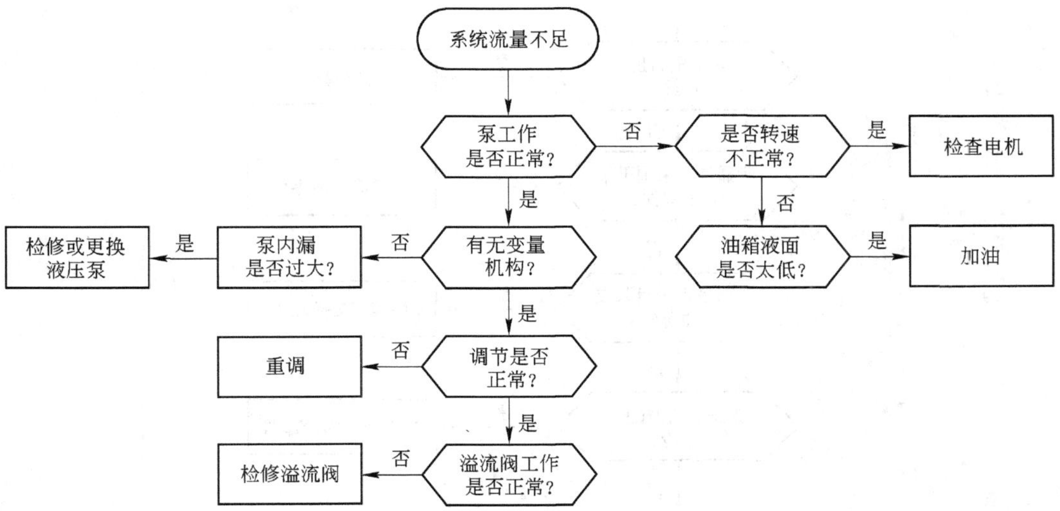

图 9-5 液压系统流量不足故障的逻辑分析方法

（2）液压系统压力不足故障的逻辑分析方法见图 9-6。

（3）液压系统存在过多泄漏故障的逻辑分析方法见图 9-7。

（4）液压系统温度过高故障的逻辑分析方法见图 9-8。

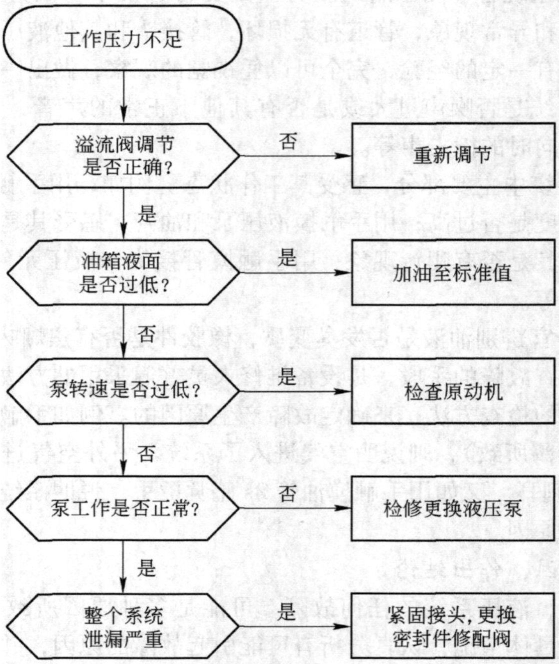

图 9-6　液压系统压力不足故障的逻辑分析方法

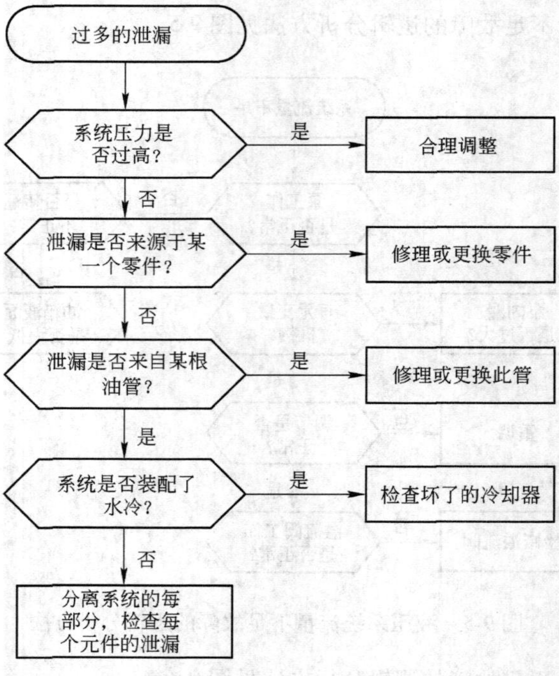

图 9-7　液压系统过多泄漏故障的逻辑分析方法

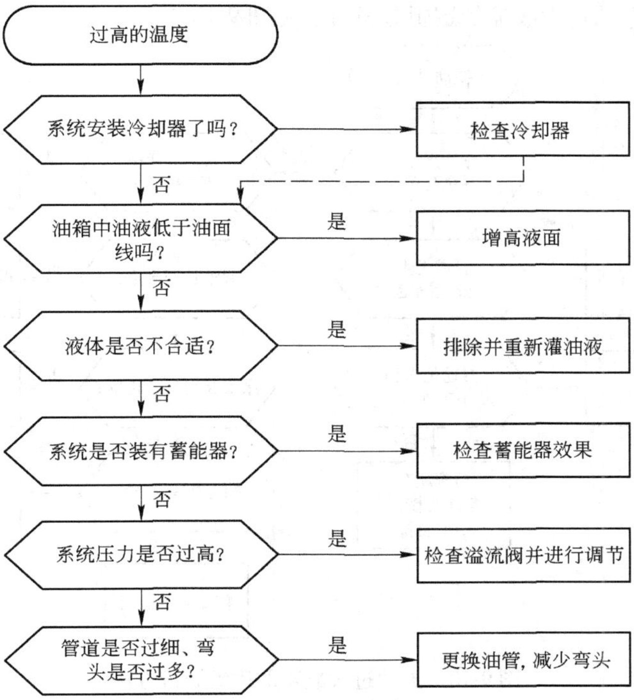

图 9-8 系统温度过高故障的逻辑分析方法

（5）液压系统噪声过大故障的逻辑分析方法见图 9-9。

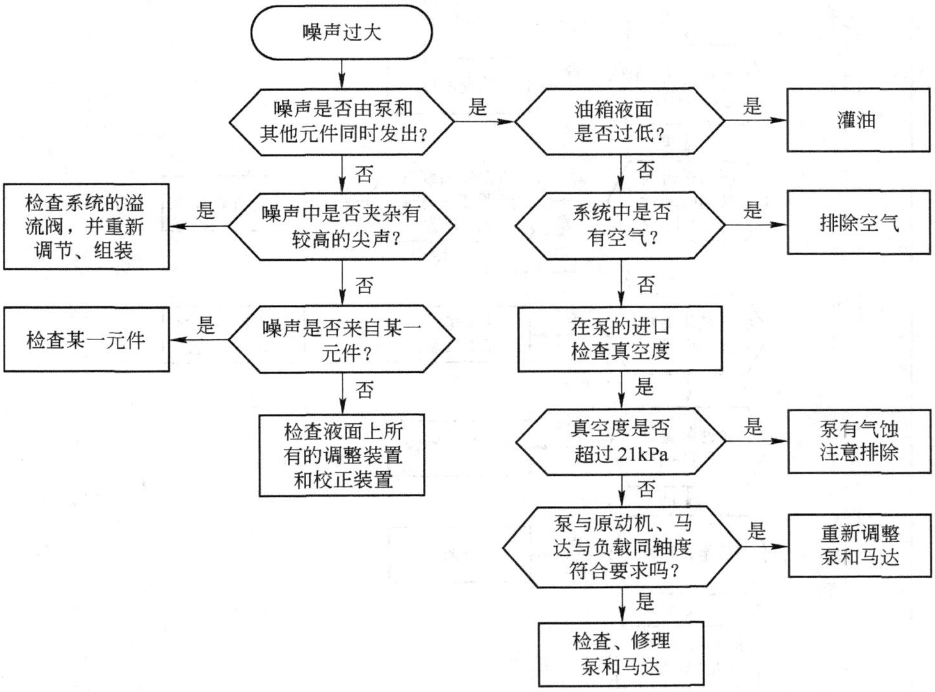

图 9-9 系统噪声过大故障的逻辑分析方法

（6）液压系统振动过大故障的逻辑分析方法见图9-10。

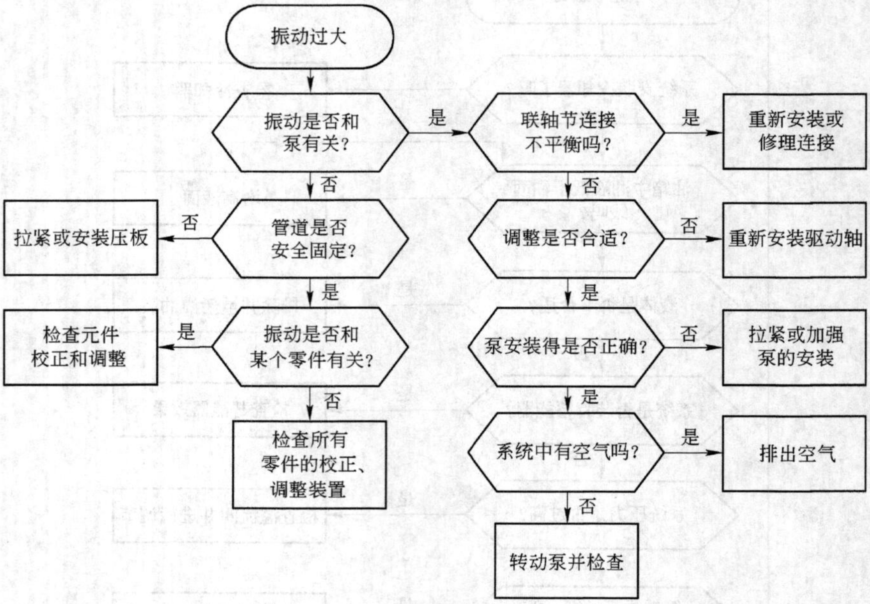

图9-10　振动过大故障的逻辑分析方法

（7）液压系统产生冲击故障的逻辑分析方法见图9-11。

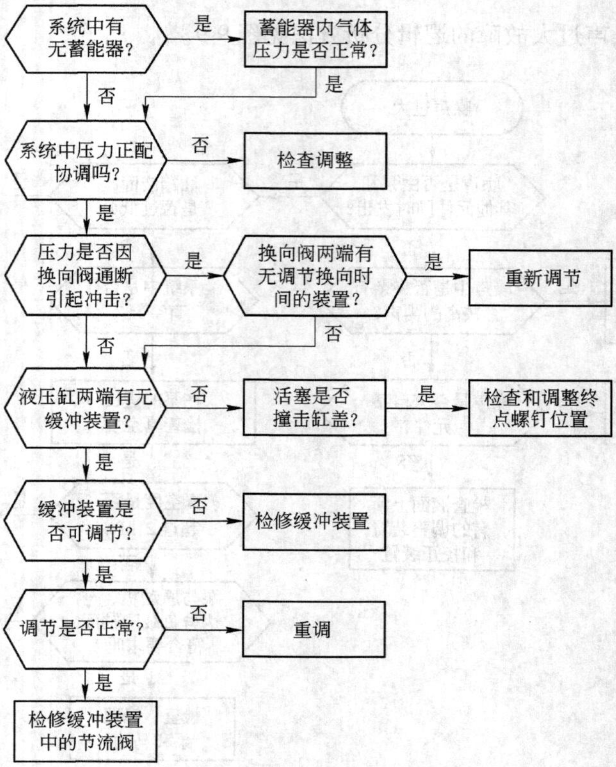

图9-11　液压冲击过大故障的逻辑分析方法

9.3.2.5 排除故障、重新启动

按照以上步骤，找出引起液压设备故障的原因，然后着手进行故障排除。在故障排除时，将有故障的液压元件拆卸下来，如果有条件可在实验台上做定量的分析（如测试液压元件的油压、流量）来判定液压元件是否需修理或更换。但在实际工作中往往没有适当的实验装置来进行检查，这时只好以更换同类型、同规格的液压元件作为排除故障的有效手段，换下的元件再进行检查维修。

另外，在排除故障以后，不要急于启动机器。必须先认真考虑一下这次故障的原因和后果。如果故障是由于污染或油温过高引起的，则应预料其他元件也有被污染的可能性，并应针对隐患采取相应的补救措施。又如系统中若因元件爆裂而产生故障，则可能有碎片进入系统，必须将系统进行彻底清洗。所以在排除液压系统故障之后，必须按照一定的启动程序进行。否则，旧的故障排除了，随即又会产生新的故障，甚至造成系统的破坏。

复习思考题

9-1 液压系统主要由哪几部分组成?

9-2 液压系统常见的故障有哪些?

9-3 液压系统中流量不足的原因是什么，如何解决?

9-4 液压系统中的噪声是怎样产生的，如何防止和解决?

9-5 工作部件产生爬行的原因是什么，如何排除?

9-6 造成油温升得过快的原因是什么，如何解决?

参 考 文 献

[1] 蔡春源．新编机械设计手册[M]．沈阳：辽宁科学技术出版社，1993.
[2] 沈从周．机械设备安装手册[M]．北京：中国建筑工业出版社，1983.
[3] 郑重一．冶金机械设备修理和安装[M]．北京：冶金工业出版社，1960.
[4] 杨宗毅．轧钢技术词典[M]．石家庄：河北科学技术出版社，1991.
[5] 莫解华．机械设计基础[M]．大连：大连理工大学出版社，2006.
[6] 高波．机械制造基础[M]．大连：大连理工大学出版社，2006.
[7] 陈冠国．机械设备维修[M]．北京：机械工业出版社，2005.
[8] 袁建路，马宝振．轧钢设备维护与检修[M]．北京：冶金工业出版社，2006.
[9] 张翠凤，郑文．机电设备诊断与维修技术[M]．北京：机械工业出版社，2006.
[10] 机械工程手册编辑委员会，电机工程手册编辑委员会．机械工程手册[M]．北京：机械工业出版社，1978.
[11] 机械工程手册编辑委员会，电机工程手册编辑委员会．机械工程手册[M]．北京：机械工业出版社，1979.
[12] 周雍鑫，龚九峰．润滑材料使用手册[M]．上海：上海科学技术出版社，1996.
[13]《公差与配合》国家标准工作组．公差与配合标准的分析[M]．北京：技术标准出版社，1980.
[14] 沈水福，高大勇．设备故障诊断技术[M]．北京：科学出版社，1990.
[15] 吴宗泽．机械零件设计手册[M]．北京：机械工业出版社，2008.